U0153849

臺灣工程教育史16第拾陸篇

臺灣化工教育史(增訂版)

發行：財團法人成大研究發展基金會
初版：台灣化學工程學會出版及發行
出版：成大出版社

主編：國立成功大學化工系名譽講座教授／翁鴻山

作者簡介－翁鴻山

■ 翁鴻山教授歷任國立成功大學化工系主任及化工研究所所長、研發會執行長、副校長、藝術中心主任、生物科技中心主任、代理校長、能源科技與策略研究中心籌備處召集人。教學與研究領域包括化學反應工程及觸媒在環保與能源科技的應用，為該校講座教授，二〇〇九年退休，獲頒名譽講座教授。曾擔任高雄工學院教務長暨化工系主任、成大研究發展基金會執行長、教育部顧問室顧問。

■ 曾撰寫成功大學工學院院史沿革篇、編纂成大化工系系史(化工潮源)、負責建置成大化工系史館及設置於成大化工系之臺灣化工史料館。

■ 二〇一五年發起在成功大學設置臺灣工程教育史料館(或中心)，編纂「臺灣工程教育史叢書」及協助成大博物館進行工程教育展示系列之前置作業。

封面照片：單元操作實驗（民國47年）/ 單元操作實驗-蒸餾塔（民國48年）

謝　誌

為未來在國立成功大學建置臺灣工程教育史料館(中心)，在成大博物館的協助下，2014年中開始進行先導性的計畫，邀請十餘位校內外專家學者蒐集工程教育史科，進而在成大博物館展開一系列的展示，並編纂臺灣工程教育史叢書。感謝下列國立成功大學化工系系友，熱心捐款贊助該計畫及後續工作的經費。

陳柱華　美國南伊利諾大學工學院前院長

黃漢琳　美國南伊利諾大學退休教授

陳文源　柏林公司 總裁

孫春山　毅豐橡膠工業公司 董事長

張瑞欽　華立集團 總裁

林知海　德亞樹脂公司 董事長

陳尚文　明台化工公司 董事長

周重吉　美國Dr, Chou Technologies, Inc., President

林福星　富邦媒体科技公司 董事長

又，國立成功大學黃煌煇前校長除參與蒐集水利工程教育史科外，生前也以財團法人成大研究發展基金會董事長的身份，惠允該基金會將贊助《臺灣工程教育史叢書》(約15冊)的編印費用，在此特予銘誌。此外，也感謝臺灣化學工程學會李順欽理事長，同意主編就先前出版的《臺灣化工教育史》進行增訂，並納入《臺灣工程教育史叢書》。

臺灣工程教育史叢書編撰規劃

1. 臺灣工業教育與工程教育發展歷程概要
2. 臺灣工業教育的搖籃 — 臺北工業學校
3. 日治時期之大專工業教育 —
   臺南高等工業學校、臺北帝國大學工學部
4. 臺灣初、高級工業職業教育史概要
5. 臺灣工業專科教育的興衰
6. 技術學院、科技大學工程教育
7. 工程科學研究中心之發展及轉型
8. 機械工程教育(以下書名暫定)
9. 電機工程教育
10. 材料科學與工程教育
11. 臺灣高等土木工程教育史
12. 建築(工程)教育
13. 水利工程教育
14. 臺灣環境工程教育發展史
15. 特殊領域工程教育
16. 臺灣化工教育史

馬哲儒校長　序

成功大學化工系翁鴻山教授，在2014年初告訴我說：他想建議校方設置臺灣工程教育史料館，初步要邀請十數位專家學者一起收集臺灣工程教育的史料，用為奠基資料。我認為這種構想非常好，不但表示贊同也給予鼓勵。一年後，他又決定編纂臺灣工程教育史叢書，且開始進行。

臺灣的工程教育一直不斷地在進行中，而且進行得頗為成功。翁教授是一位實實在在做事的人，他要把臺灣工程教育發展的歷程編輯成一套叢書記載下來，其涵蓋的時間起自日治時代。大事記包括世界重大事件、政府政策與措施、新科技與產業的興起、教育措施以及重要學校的設立，而且分析說明世界潮流、工業演變及政府教育政策的交互影響。這真是一件大工程，也將是一份重要的歷史資料。翁教授曾應臺灣化工學會陳顯彰理事長的邀請，擔任《臺灣化工史》的總編輯，對編輯工作頗有經驗，我預祝他的成功。

國立成功大學 前校長
馬哲儒 謹識
2020. 3

馬哲儒校長簡歷：

馬校長1954年自成大化工系畢業，服役後，進入聯合工業研究所(今工研院)服務。1959年赴美深造，1964年賓州州立大學頒予化工博士學位後，入Selas Corp. of America服務；不久轉入Rochester Institute of Technology擔任資深化學師。1970年回成大化工系任教；歷任系主任兼所長及工學院院長；1988年由教育部聘為成功大學校長。2001年退休，同年1月被國科會聘請擔任科學發展月刊總編輯，2017年年底卸任。曾榮獲教育部工科學術獎、國科會傑出研究獎、中國化工學會工程獎章及會士。

翁政義校長　序

臺灣地小人稠，平地僅佔約三分之一，天然資源稀少，又頻於發生風災、水災、與地震，在如此不良的條件與環境下，而能造就出令人稱羡的經濟與自由民主政治奇蹟，其關鍵在於教育之功。因教育的普及與國人的勤勞努力，提升國民素質，發揮心智，而教育範疇之中的工業與工程教育，更是直接關係到國計民生的經濟發展。

二次大戰後的臺灣經濟還處於以農業為主及少數輕工業的階段，因為支援韓戰的關係，美國對臺施以物質援助，然此並非久遠之計，他們認為唯有如何協助提升工程人才的培育，才能促進工業的發展，以改善經濟。於是，美國國務院主動派遣一個考察團訪問臺灣，從北到南實際瞭解臺灣工程教育的狀況，而後選定成功大學為協助對象，並指定以工科見長的普渡大學為之合作；普大的徐立夫教授於1952年底來成大訪問商談合作計畫。該合作計畫於1953年6月由我國駐美技術代表團與美國國務院屬下的援外總署在華盛頓簽訂，為期三十個月；內容包括普大每年派駐成大一批教授與顧問，協助有關課程、教學法、教科書、實驗室與工廠設備等之研究與建議；以及成大每年選派六位教授赴美研修。所需經費包括駐校顧問團、出國人員、致贈之修建及設備等皆由援外總署劃撥。這個由我國政府和美國政府簽訂的合約，固然對成大影響深遠，對臺灣整體工程教育而言，亦彌足珍貴，這段歷史也見證了工程教育的重要性。

綜觀臺灣發展歷程，由蕞薾之島蛻變為交通四通八達及高科技產業的基地；舉凡公路、鐵路、港埠、水庫、發電廠的興建，以及煉油、石化、鋼鐵、電子及資訊等產業都有蓬勃快速的發展。在工程建設與工業發展兩方面皆有傲人的成就，工業教育與工程教育的成功是重要因素。

總編輯翁鴻山教授，他在教學與研究皆有傑出的表現，在行政事務亦有相當的歷練與貢獻，退休之後熱情不減，他為回溯臺灣工程教育跟工程建設與工業發展過程的交互影響，建構較完整的歷史記錄，在筆者等的鼓勵及多位化工系系友的贊助下，毅然以在成功大學設置臺灣工程教育史料館為目標，而於2015年開始委請十餘位專家學者蒐集史料；其後，又決定編纂出版臺灣工程教育史叢書，現在已開始出書，預定於2021年底以前出版15冊。

編纂本叢書主要的目的，正如翁教授所言，雖然主要是要將百餘年來，臺灣工程教育之發展歷程作有系統的整理留存，但是也希望藉由本叢書的出版，讓從事工程教育工作者，能將前人之經驗奉為圭臬；執掌教育行政者，能審慎規劃工程教育發展方向，避免重踏覆轍。

編著歷史書籍需廣泛收集資料並加予查證，是件極辛苦費神的工作，本叢書諸位著述者及編輯者戮力以赴極為辛勞，筆者至為感佩。

翁教授曾與筆者共事多年，在他副校長任內，襄助我推動校務，作事認真積極，犧牲奉獻，現他特囑我寫序，乃樂意為此短文兼表賀意與謝意。

國立成功大學 前校長
機械工程學系榮譽教授
翁政義 謹識
2020. 3

翁政義校長簡歷：

翁先生1966年自成大機械系畢業，服役後，赴美國羅徹斯特大學深造。獲頒博士學位後，回母系服務。歷任成大機械系系主任、所長、教務長及校長。2000年獲聘擔任國家科學委員會主任委員；其後轉任工業技術研究院董事長、國家實驗研究院董事長、佛光大學校長。曾先後榮獲教育部傑出研究獎及工科學術獎、國科會傑出研究獎與傑出特約研究員獎、交通大學與成功大學榮譽教授。

蘇慧貞校長　序

2014年11月在校友傑出成就獎典禮的場合，翁鴻山前代理校長跟我簡要介紹他擬在成大推動設置臺灣工程教育史料館(中心)，且已獲馬哲儒、翁政義和黃煌煇三位前校長和吳文騰工學院前院長的支持，同時，七位化工系系友答應贊助收集工程教育史料計畫的經費的規劃。翌年二月我就任後有幸參與此一美事，即由當時博物館陳政宏館長協助，首先在博物館籌設展示室。

翁前代理校長和陳館長亦隨即邀請十餘位校內外教授執行蒐集史料計畫，而在計畫進行中，更以此為基礎，進一步擴大編印臺灣工程教育史叢書，分「展示」和「編印叢書」兩大部份持續進行，前者由陳館長推動，後者由翁前代理校長規劃執行，使得成就今天波瀾壯濶、史料豐富的巨作。

《臺灣工程教育史叢書》共規劃編撰15本，後半部是各工程領域的教育史，將有八冊，皆委請本校教師和資深同仁編撰。我榮幸能於本校創校90年秩慶之際，為本書題序，除感佩翁前代理校長的毅力和付出，更期待明年中其餘冊數皆能如期出版，為歷史作記，為未來點燈。

成大校長　蘇慧貞 謹識

2021. 8

蘇慧貞校長簡歷：

蘇校長自臺灣大學植物學系畢業後赴美深造，先後獲頒路易斯安那州立大學生態生理學碩士及哈佛大學公衛學院環境衛生科學碩士與博士學位。其後，赴密西根大學醫學中心擔任博士後研究員。1992年由成功大學醫學院工業衛生科暨環境醫學研究所延聘回臺任教。歷任教授、科主任、所長、醫學院副院長、國際事務副校長、副校長，2015年被遴選為校長，2023年2月卸任。

蘇校長回臺後，曾被聘擔任許多重要兼職，包括：臺灣室內環境品質學會理事長、教育部環保小組執行秘書、教育部顧問室主任、國立大學校院協會理事長及高等教育國際合作基金會董事長等。

台灣化工學會陳顯彰前理事長序

〔為《臺灣化工史》撰寫〕

在六年前本人擔任臺灣區合成樹脂接著劑工業同業公會理事長任內，即接手完成前兩任理事長持續進行的臺灣接著劑工業發展史編纂工作，自此與歷史結緣。卸任後，臺灣化學工程學會選我當理事長，因為2010年輪到化工學會負責舉辦第13屆亞太化工會議大會，要我一定要出來負責籌畫會議。我想說既然要當理事長就不只是主辦亞太化工會議大會，應該替學會、社會做一些有意義的事。

第一件事就是整理臺灣化學工業一百多年來的發展與變遷。臺灣現在化學工業具有世界水準，可以與美國、歐洲、日本比肩。臺灣的歷史跟別的地區方不一樣，經歷荷蘭統治、鄭成功治臺，然後是滿清統治二百多年戰敗後割讓交給日本管理，日本戰敗後再交給中國，中國國民黨遷臺，民主化民選總統的變動，經過這麼多次改朝換代，臺灣人一直為了生活努力打拚，沒路自己開路，到今天能夠打拼做出這種成績，前人的創業艱辛，歷史變化過程應該好好交代讓後輩知道。化學工程學會會員有學術界的校長和教授及、產業界要人，縱跨學術界與產業界，用學術的嚴謹態度結合產業界的親歷體驗，整理臺灣一百五十年來的化工史具有優勢，也有原創性。

第二件事是辦理化工認證制度。我一直為念化工的人抱屈，電機、土木、建築等有專業技術的大學畢業生都必需考證照才能夠自己出去開業，只有同樣具有專業技術的化工系畢業生仍然沒有牌證照制度。化學工廠的設立也沒有安全標準與良好規劃，部份業主不肯定專業人才的知識技術，是造成目前環境汙染、工安事故層出不窮的主要原因。我一直希望學會能建議政府建立化工業的證照制度，將來要蓋工廠時必需找有認證資格的人來蓋，採用清潔製程，回收廢氣熱能再利用減少資源消耗，減少產業進步發展對自然環境的衝擊，如此，經濟發展與環保才可以兼顧。

這兩件事一是回顧過去，一是展望未來，臺灣化工史叢書具有同樣訴求。成大化工系退休名譽教授翁鴻山率領的編纂團隊，有歷史學者及資深化工專家，從歷史、研發、教育不同角度整合，共有六篇。第一篇由成大歷史系高淑媛副教授擔任歷史溯源工作，跨越清末、日治時期接續到戰後初期，從經驗與技術累積角度進行檢討。第二篇由現任石油化學工業同業公會總幹事謝俊雄先生與各產業公會負責，從早期的碱氯、食品化學進而到塑膠、輕油裂解等25種化學產業追溯剖析化學工業在1950-1980年代的發展。第三篇由國立清華大學化工系教授陳信文及國立中正大學化材系教授李文乾負責，聚焦高科技，檢討1980年代臺灣產業環境急速轉變後，化學工業如何調整體質，創設公司生產臺灣電子、光電、太陽能產業需要的原物料，以及建立尖端的奈米科高技及生物科技產業。第四篇為臺灣化工研發史，該篇將記錄公、民營研發機構的發展軌跡及重要的研發事蹟，由工研院材化所陳芃博士撰寫。第五篇由總編纂翁鴻山教授邀請教育界先進，一齊撰寫臺灣化工教育史，描述由工業講習所逐步發展到現況的過程。編輯團隊也拜訪了多位化工界大老，記錄他們的創業歷程，由高淑媛副教授整理寫成十餘篇文章在第六篇呈現。這是一套結合產業、學術研究機構的長期變遷歷史，產學研放在同一平台對話深具意義。回顧過去也展望未來，更能瞭解化工產業的現狀與課題，也許可以促成產學研攜手合作，讓研究室投注心血的成果商業化，從而再提升臺灣化工業的素質能夠獲得永續發展。

台灣化學工程學會理事長　陳顯彰

2012. 6

台灣化學工程學會李順欽理事長　序

化學工業乃工業之母。多少年來，化工業的成長，為臺灣基礎工業奠基，帶動相關產業發展，為臺灣經濟發展作出卓越的貢獻；而化工教育在臺灣化學工業發展過程中，一直扮演著重要角色，各校戮力於人才培育，化工人遍布各領域，貢獻專業，引領社會的進步，居功厥偉。

臺灣高等化工教育，可溯自一戰結束，日人在臺南創設高等工業學校，設置含應用化學在內之三大基本學科。綜觀臺灣化工史，與臺灣經濟成長同步，亦見證臺灣工業水準的提升，化工教育體系的建立，自初高職、專科，技術學院、科技大學，其後至一般大學、研究所，乃至各校普設化學及化工學系，粲然大備。

為了讓人一覽近百年臺灣化工教育的演變軌跡，深具使命感的翁鴻山教授，繼主編《臺灣化工史第五篇：臺灣化工教育史》於2013年出版後，進一步梳理臺灣化學工業發展與化工教育之相互為用、相輔相成的歷史脈絡，以及增補近十年來高科技之進展乃至淨零大趨勢下，化工產業與化工教育之對應與調整，續於繁忙文史工作中撥冗主編增訂版，並獲周宜雄副校長及童國倫副理事長鼎力協助，以及財團法人成大研發基金會資助出版，謹此致上最深的謝意與敬意。

本學會做為連結產官學研的橋樑，一向為促進化工業界之協同合作與交流以及社會大眾的瞭解而努力，值此化工技術與研發應用關鍵演變的轉型時刻，碳循環已然成為化工業賡續發展的解方，《臺灣化工教育史》增訂版於臺灣淨零元年，同時也是本學會成立70週年之際出版，別具意義。

《臺灣化工教育史》增訂版發行，喚起我們對教育界前輩戮力奉獻的感念，也讓我們一起祝福臺灣化學工業開展新頁，邁向永續。謹為之序。

李順欽

台灣化學工程學會
李順欽理事長
2023年12月

臺灣工程教育史叢書總編輯的話

推動工程建設與振興工業是促進國家與社會發展的不二法門。回顧臺灣百餘年來的發展歷程，可見端倪。在工程建設方面，自劉銘傳撫臺以來，就陸續有鐵路及電報的建設；其後，不論灌溉(由水圳到大型水庫)，電力(發電廠及電網)、交通(公路、鐵路、高鐵、港口)等有急速的發展。在工業方面，日本統治時期工業開始逐步機械化；戰後臺灣經濟結構由農業轉變為以工業為主的型態，進而創造經濟奇蹟，更成功發展引以為傲的高科技產業。臺灣能在工程建設與工業發展兩方面有傲人的成就，工業教育與工程教育的成功是重要因素。

為回溯臺灣工程建設與工業發展過程，建構較完整的歷史記錄，筆者在成功大學三位前任校長(馬哲儒、翁政義和黃煌煇)及工學院前院長(吳文騰)的鼓勵，以及多位化工系系友(陳柱華、黃漢琳、陳文源、林知海、孫春山、張瑞欽、陳尚文、周重吉及林福星)的贊助下，於2014年中開始委請十餘位專家學者蒐集史料，冀望未來能在成功大學設置臺灣工程教育史料館(中心)。

另一方面，為讓教育工作者及一般大眾瞭解前人創辦學校的艱辛，筆者也發想編纂出版臺灣工程教育史叢書。然而自忖絕對無法單獨完成此一龐大且復雜的工作，必需邀請專家學者協助方能達成任務。幸獲參與蒐集史料教授們惠允共襄盛舉而得以進行。至於出版費用，幸賴成大研究發展基金會前董事長黃煌煇首肯贊助，筆者銘感肺腑。

編纂本叢書主要的目的，雖然是要將百餘年來，臺灣工程教育之發展歷程作有系統的整理留存，但是也希望藉由本叢書的出版，從事工程教育工作者，能鑑古知今、將前人之經驗奉為圭臬；執掌教育行政者，能審慎規劃避免重踏覆轍；為師者可用為教材，並勖勉學生；而研究臺灣史之學者，可將本書作為分析臺灣教育與社會變遷的參考資料。另外，臺灣目前也正面臨因少子化而導致學校合併或停辦的問題，本叢書引述及剖析的臺灣工程教育發展歷程，或許可以提供思考的方向。

編著歷史書籍需廣泛收集資料並加予查證，是件極辛苦費神的工作，本叢書諸位著述者及編輯者戮力以赴備極辛勞，筆者銘感至深，謹借此一隅敬表由衷之謝忱。

此外，為彰顯工程教育在臺灣工程建設與工業發展扮演的角色，在2014年底，筆者將構想告訴甫當選成大校長的蘇慧貞副校長，她同意在博物館內設置展示室。隔年2月，蘇校長上任即請博物館陳政宏館長推動。陳館長即擬定展示計畫，向校方申請補助，並規劃每年選擇一主題展出。博物館提出的計畫獲校方同意後，筆者就將編纂工程教育史叢書與在博物館設置展示室二個計畫合併進行。

至今，成大博物館已先後以臺灣工程教育的發展歷程、電力及鐵路的發展等三個主題開展；編纂工程教育史叢書方面，也有四冊正在美編或校訂中。這二個大計畫最初的聯絡工作，是委請設置於成大化工系的臺灣化工史科館籌備處陳研如小姐擔任；其後由成大博物館江映青小姐接手，二位不辭辛勞負責安排十餘次規劃與討論會及連絡事宜，方有上述的成果。

臺灣工程教育之史料極為浩瀚，本叢書僅擇要點引述，必有疏漏或謬誤之處，敬祈諸先進不吝賜教，以便再版時訂正。

國立成功大學 前代理校長

化學工程學系 名譽教授

翁鴻山 謹識

2020. 5

增訂版主編　序

『臺灣化工史』第五篇《臺灣化工教育史》於2013年5月出版，基於過去10年中，能源、環境、化工產業及化工教育皆有重大的變化，筆者遂於2023年3月9日北上，與台灣化工學會李順欽理事長討論，建議增訂《臺灣化工教育史》，筆者將負責安排相關工作，增訂後由成大出版社出版，台灣化工學會與成大研究發展基金會共同發行，經費則由成大研究發展基金會支應。該構想幸獲李理事長首肯，亦在同月17日舉行的台灣化工學會理監事會議中報告後開始進行。

為讓讀者更加瞭解臺灣化工教育和臺灣化學工業兩者的發展如何相互影響，筆者將『臺灣化工史』的第一至三篇關於臺灣化學工業發展歷程，摘錄為本書的〈序章〉，並在該章最後借附錄「化工教育因應化學工業發展的措施」，彰顯化學工業的發展對化工教育的影響。

第一章在第四節「經濟發展後的工職及大專化工教育」，增補「工業職業教育的改進」；第五節修改標題為「高科技對高工及大專化工教育之衝擊」，增加說明高級工業職業教育之調整、大專化工教育之變遷以及因應推動淨零碳排與AI科技建議化工科系的作法。第三、四章僅略作增補。

第五章是請原作者之一，周宜雄副校長，就民國100年至今，技術學院和科技大學的變遷、評鑑方式的改革、入學管道的多元化，以及化工系所之改名和轉型等作較詳細的說明，也增補大事紀十年。第六章原作者呂維明教授不幸於今年三月辭世，幸獲台大化工系童國倫教授(兼台灣化工學會副理事長)惠允接替增訂的工作。童教授主要就普通大學十年來，新生與畢業生的人數、必修學分內容及學術研究(包括：國科會計畫與碩、博士論文)的領域等作統計分析與說明，也增補了大事紀。感謝周副校長和童副理事長兩位，鼎力協助《臺灣化工教育史》的增訂工作。

感謝財團法人成大研發基金會資助本書之增訂與出版。

成功大學化工系 名譽講座教授
翁鴻山 謹識

序

序章

臺灣化學工業發展概要

國立成功大學化工系名譽講座教授　翁鴻山

中等與大專的工業教育和工程教育的規劃與發展，是因應國家經濟建設、社會需求和科技發展，臺灣的化工教育也是隨著政府政策、化學工業和科技發展而變遷。所以為了讓讀者瞭解臺灣化學工業發展的簡史，筆者特將《臺灣化工史》的第一至三篇[1]關於臺灣化學工業發展歷程，摘錄為本書的〈序章〉；讀者在閱讀隨後的第一章時，可以更加瞭解臺灣化工教育和臺灣化學工業兩者的發展如何相互影響。

本章最後借附錄「化工教育因應化學工業發展的措施」，彰顯化學工業的發展對化工教育的影響。

第一節　日治時期臺灣化學工業發展概要

日治時期(1895-1945年)初期民間以舊式的方法製造民生用品，其後開始改以新式的方法製造糖、食用油、樟腦等，也由糖蜜製造酒精大量出口到日本；日治後期又以蔗渣製造紙漿建立造紙工業。第一次大戰發生後，因燒碱(氫氧化鈉)無法進口而以硫安法自行製造，俟第一次世界大戰結束(1918年)，日本為了積極參與世界經濟的競逐及向華南與南洋擴張勢力，遂開始在臺灣，發展工業，1934年日月潭發電所竣工後，燒碱改用電解法生產，奠定碱氯工業的基礎，也帶動化學工業的發展。中日戰爭(1937年)發生後，日本為向南洋和華南發展，積極在臺灣發展工業，除持續發展碱氯和肥料等工業外，為應港口、鐵路、糖廠、發電工事的陸續興建，興建多座水泥廠，也開始在高雄建立第六海軍燃料廠，成為戰後臺灣石油工業發展的基礎。

---

[1] 第一篇：臺灣近代化學工業史(1860-1954)－技術與設備的社會累積-高淑媛；第二篇：臺灣現代化學工業史-發展期(1954-1985)－石化工業的興起與傳統化工業的成長-謝俊雄、徐英傑；第三篇：臺灣現代化學工業史－擴張期(1986-2010)新科技產業的創立：電子、光電、太陽能、生物科技產業：陳信文、李文乾；總編輯：翁鴻山，台灣化學工程學會出版，2012年。

一、初期的狀況—農作物加工業為主

臺灣自1895年被清廷割讓予日本後，最初二十年間的工業主要以舊式的方法製造粗糖、食用油、醬油、樟腦等及紡織為主，跟這些工業相關的機械工業為輔，可說大部份為農作物加工業及家庭工業，尚未進入工業社會。

二、化工業開始發展

隨後，藉由化學知識與技術結合，運用分析與合成技術，上列產業出現激烈的變化，加之開發出許多有價值的產品，因而建構了化學工業的雛形。

第一次大戰時有些由歐洲生產的物品無法進口，例如：重要的工業原料—燒鹼(氫氧化鈉)，只好在日本和臺灣製造，即所謂「第一次進口替代」。

第一次世界大戰結束(1918年) 後，日本為了向華南與南洋擴張勢力，遂開始在臺灣發展工業。包括製糖、釀酒、酒精、樟腦、香料、油脂、製紙、製藥、肥皂、肥料、製革、工業藥品、紡織、染料、橡膠、燃料等工業。

三、傳統化學工業逐漸改以機械化生產

1. 製糖業

荷蘭統治時期，招募漢人來到臺灣耕種， 並且鼓勵漢人種蔗製糖。製糖場所稱為糖廍。

日治初期，蔗糖的生產仍由傳統糖廍進行。1900年底成立臺灣製糖株式會社，1902年在今高雄橋頭設置臺灣第一座新式糖廠，從英國進口壓榨機、分蜜機、法國製的效用罐。初期並不順利，於是出現了「改良糖廍」，改用新式機器。

其後，新式糖廠大量設立。1912年，有新式糖廠26座，改良糖廍32座；1941年，有新式糖廠50座。

2. 釀酒業

臺灣原住民在很久以前即開始用自己的方法釀酒，荷蘭統治時期，漢人移民也已經開始在臺灣釀製米酒。

1904年的調查，酒類生產量排名依序是米酒、糖蜜酒、甘蔗酒、蕃薯酒、濾仔酒及紅酒，原料是米、蕃薯及甘蔗。有2,678家酒廠，其中約2/5為糖廍，生產濾仔酒。1910年代釀酒原料由濾仔土、甘蔗汁轉換為糖蜜，釀酒種類開始單純化，集中在米酒與糖蜜酒。機械化製糖業的發展，可供應大量糖蜜，也讓南部糖蜜酒業者引進最新設備、大規模之釀酒設備大量生產糖蜜酒。

1922年總督府為了有效增加財源，將釀酒業收歸專賣，也由政府進行生產。直到2002年政府取消煙酒公賣制度，釀酒業才回歸民間產業。

3. 製革業

清代臺灣社會已有牛皮加工業可製皮箱。林清秀在1912年選擇臺北設立臺灣製革會社，並利用相思樹皮提煉單寧(Tannin, 亦稱鞣酸)，開始用較近代化的生產方式製革。

1937年中日戰爭爆發後，總督府採取了三個措施增產：

(1) 收購四個規模較大的製革工廠，合併成臺灣畜產興業株式會社，並於臺北及高雄設新廠統籌製造。

(2) 制定法令強制豬隻剝皮提供皮源。

(3) 徵集相思樹皮提煉單寧。

4. 樟腦業

臺灣早期的製腦法(稱為焗腦)是類似本草綱目的煉腦法，是由福建漳州一帶隨著移民東渡而傳入臺灣。1895年以後由日本引進比較新式的焗腦設備。焗腦時，是將樟木片放入蒸餾槽中，槽下以熱鍋煮水，以水蒸氣蒸木片，將樟木片中的樟腦油蒸餾出來，蒸出含樟腦的蒸氣，以麻竹管將蒸氣引入水中冷卻成液態，流到一個桶子中靜置，樟腦油會浮在水面上，引流出來就是樟腦油，樟腦油溫度降低以後，

傳統製造樟腦的腦寮。
（下載自苗栗老照片官網）

傳統的熬腦器具。
（下載自苗栗老照片官網）

1920年代的木楔式製油。
（由福壽實業提供。）

鹽水港製糖株式會社酒精工廠。
（由糖蜜製造酒精，高雄市立歷史博物館提供。）

俯看甘蔗壓搾機。蔗渣可用為製造紙漿的原料。
（由高雄市立歷史博物館提供。）

蔗渣用為汽電共生的燃料。
（由高雄市立歷史博物館提供。）

就會有樟腦結晶出來。

比較新式的焗腦設備是將腦鍋與炊桶分開，蒸氣由鍋爐產生後，以管線引至炊桶，這樣可以用一個鍋連接幾個炊桶，增加焗腦效率。1898年臺灣總督府設立樟腦專賣局，下設有樟腦精製廠。1911在臺北設立官營工場(南門工場)開始使用分餾塔，由樟腦油分離樟腦及其它成份，生產再製樟腦。將再製樟腦及山製樟腦用昇華法精製樟腦。

1914年以前，為樟腦產業的全盛期，臺灣樟腦佔世界第一產量，年生產佔世界總產量的70%。當時樟腦之主要用途為製造賽璐珞(Celluloid)的可塑劑。1914年第一次世界大戰開戰的影響下，樟腦產量銳減。1919年將樟腦改為官督民辦，成立臺灣製腦株式會社，以加強控制並減低成本。1934年解散製腦會社，改由專賣局直接經營，以對抗人造樟腦的競爭。1934年以後，合成樟腦(萘丸)逐漸興起，分食天然樟腦的需求。1941年太平洋戰爭爆發後，產量銳減，而於第二次大戰之後，漸漸被合成樟腦取代。

樟腦的用途很多，除了使用在製藥用途上，也是重要的工業原料。在早期塑膠較不普及時，樟腦為製作底片重要的原料，在民間，樟腦一般製成樟腦丸，用於驅蟲、除臭。樟腦具毒性，不可直接食用。合成的樟腦丸過去主要使用的是萘與萘酚，因此又稱為「萘丸」；現在則大部分被對二氯萘所取代。

5. 搾油業

清代臺灣已經有舊式木搾油坊產製芝麻油、花生油。日治時期，在臺北廳農會勸誘下，王慶忠等四人1908年7月創立臺北製油公司，採用水壓式壓搾機，生產食油外也用豆粕製造肥料。1915年由日本人設立的藤田豆粕會社，自中國東北輸入大豆，使用水壓式壓搾器壓製大豆油，是臺灣最早出現的正式機械搾油工廠。

二戰時期，為了增產軍需用油，總督府獎勵日本人在臺灣開設新式榨油工廠，又強制五個州各設立壓榨米糠油工廠一所，發展成較大規模之機械化工廠。由蓖麻種子可提取蓖麻油，從而製造生質柴油、潤滑油及醫藥，所以總督府鼓勵種植蓖麻，用於製造潤滑油。

6. 竹紙業

臺灣傳統竹紙是用來製造祭祀用紙錢，但因生產不足供應需求，紙錢、書寫用紙及包裝用紙也自中國輸入。日本領臺後，竹紙用途變化不大。因竹材是臺灣豐富的資源，總督府想加以利用，先創立嘉義模範製紙場，採用水力機械改良製紙技術但未成功。

接著由日本財閥投資臺灣三菱製紙所，輸入機械，計畫大量生產紙漿，亦因技術不足而失敗，竹紙業繼續保持原有狀貌。約在1920年代中期，採用機械化製程造紙成功。第二次大戰之後由臺灣紙業公司臺中廠及久大紙廠，用更新的機械並採用更大規模製造。

7. 製鹽業

1895年6月日本開始統治臺灣，7月便廢除了專賣制度，鹽產無法順利銷售，鹽民大多轉業而使鹽田廢晒。1899年，總督府恢復專賣制度。兩年後，臺灣鹽田面積恢復到清朝的規模，並且有能力向日本出口鹽。

第一次大戰期間，工業用鹽需求增加，專賣局決定建設新式鹽業，在1919年成立臺灣製鹽株式會社，生產煎熬鹽。1930年代，日本化學工業興起，工業用鹽的需求增加，且擬發展鹼氯工業，專賣局遂在1936年制定以生產工業用鹽為目標的新鹽田四年興建計畫。

四、新化學工業的興起

日治時期，臺灣的化學工業技術研究，由日本人主導，目標是充份利用臺灣原料，供應日本需要，最有成就的產業與糖及樟腦相關，即蔗渣紙漿及芳香油；其次是製造燒鹼的電化學工業，都是日治後期的重要化學工業。相關的技術來源可概分為三類：

1. 運用近代學理改良、發展的傳統產業，以製藥業為主。
2. 日本人在臺灣研究發展出來的產業，主要是糖與樟腦相關產業，找到新的利用方式。
3. 在日本國內吸收歐美技術後，將它移轉到臺灣，先後有肥皂業、化學肥料及鹼氯工業。

日治後期化學工業的發展，深受重要建設及事件的影響。1934年日月潭發電所竣工後，電化學工業逐漸發展，1935年創立製鋁工廠，燒碱也於1940年開始生產。中日戰爭爆發後，經由醱酵產製的酒精、無水酒精及丁醇等成為重要戰略物資。橡膠、製革、燃料等亦成為軍需工業。

第二次世界大戰後期，1942年日本在一系列的海戰中戰敗後，喪失了在西太平洋的主導權，日本與臺灣間的海運愈形艱困，許多原由日本進口的產品改在臺灣製造，形成「第二次進口替代」的局面。這些產品包括：藥品、肥皂、紙張、肥料等民生與農業用品，重要工業原料—燒鹼，以及因應軍事需求的燃料和水泥等。

1. 製藥業—結合近代藥學知識

臺灣製藥業者有兩種，第一是漢藥商吸收近代知識予以改良、研究，第二是日本人設立的製藥廠。

(1) 1910年代，開始導入日本技術製造成藥。本地人聘用日籍藥學士為調劑師，製造西藥及漢藥。包括漢藥整理改良、製造成藥及原料栽培等。另有自日本藥科大學畢業回臺，研製多種方劑成藥，張國周強胃散即為一例。

(2) 第二次大戰時，日本藥品輸入臺灣大量減少，總督府以兩個對策因應。第一，將藥廠整併成一個大廠藉以提高生產力，1943年在臺北創立臺灣醫藥品生產株式會社。另一是找日本製藥會社來臺設廠。其中武田、鹽野義製藥工廠規模較大。前者先後製造粗製酒石酸石灰、酒石酸、葡萄糖、奎寧、維他命B1等；後者在高雄山區栽培金雞納，處理金雞納皮的工場，擬生產奎寧。

2. 樟腦與香料產業—結合研究單位而建立

由樟樹可提煉樟腦、樟腦油；由樟腦油可進一步提煉臭油。臭樟是樟樹的一種，由其提煉的臭油含有豐富的沈香醇(linalool)，是很有價值的香料原料。專賣局從1907年在臺北南門工廠由樟腦油試製臭油，於1912年正式生產，為一種全新的商品。臭油的主要用途是用在製造香皂時添加香味，以及調配香水。1915年總督府將臭樟改名為芳樟，臭油也改名芳油(又叫芳樟油、芳香油)。芳油生產技術改良的單位是總督府中央研究所及專賣局南門工廠。改良的生產技術主要是蒸餾裝置。日治時期，也由香茅草、柑橘皮、檜木等提取香茅油、橘油、檜油，再進一步製造香料。

日治時期，臺南高等工業學校應用化學科的必修科目有「芳香油」乙科，聘請中央研究所人員授課。

3. 電化學工業

電化學工業因日月潭發電所竣工而興起，是電化學工業包括：

(1) 燒鹼工業：以電解法由濃鹽水製造燒碱(氫氧化鈉)、氫氣和氯氣。氫氧化鈉可用於製造肥皂、清潔劑，也是紙漿、紡織品等製程的重要化學品。副產品氯用於製造鹽酸、漂白劑等。(將在後面鹼氯工業中介紹。)

(2) 製鋁工業：以熔融電解法由鋁礬土製鋁。

(3) 電池工業及電鍍工業等。

4. 製糖產業及糖蜜利用產業

與製糖相關的產業有：

(1) 將甘蔗壓搾所得之蔗汁，經濃縮、煎糖、結晶製成糖。

(2) 以製糖留下的糖蜜為原料，醱酵產製酒精、丁醇、酵母。

(3) 由蔗渣製造蔗板、紙漿。

燃燒蔗渣產生蒸氣用於加熱，也可發電。戰後也以糖蜜經醱酵產製味精。

1901年臺灣製糖株式會社成立，採取資本主義大規模機械生產方式的近代製糖業出現。使用機械大量生產分蜜糖，因而也會大量產生蔗渣及糖蜜。蔗渣向來是糖廍的燃料，近代製糖工廠引進小型的火力發電機，用蔗渣為燃料，可以充分利用；糖蜜則沒有被適當的利用。

日人高島鈴三郎於1901年想到可以用糖蜜製造酒精，而向殖產局進言。殖產局認為在臺灣這麼炎熱的地方應該無法發展酒精工業，並未接納。高島乃決定以一己之力進行，而自東京聘請橋本克藏來臺研究，1905年，經過4年研究終於製出符合日本藥局法規定的無臭味酒精，次年又成功製出可用為賽璐珞原料的工業酒精。

隨後，臺灣製糖會社在橋頭糖廠設立了酒精工廠，花了很多心力克服亞熱帶氣候，終於在1908年開始生產。二年後，臺灣製糖在阿緱(今屏東)設置第二座酒精工廠，採用德國最新式蒸餾機，克服了酒精帶有糖臭味的問題，品質改良後，就大量出口到日本市場。

第二次大戰時，日本缺乏石油而積極增產代用燃料，臺灣的酒精產業也做了調整。第一是引進德國、法國的無水酒精生產技術，第二是開發出用糖蜜、砂糖生產丁醇的技術；日本擬用丁醇合成飛機燃料異辛烷(isooctane)。

1929年總督府中央研究所開始研究用醱酵法生產丁醇的技術，負責研究的技師牟田宗基用糖蜜與蕃薯為原料研究成功，1939年由臺灣拓殖株式會社設廠生產，這時戰爭已經發生，產品乃交納給日本海軍。1941年臺灣拓殖的生產能力可達2,500噸，是日本帝國裡規模最大的一個工廠，當時日本本土規模最大的丁醇工廠中為日本窒素會社，採用合成法，生產能力僅360噸。

5. 碱氯工業—以海水為原料的產業

電解濃鹽水可得氫氧化鈉(燒鹼)、氫和氯，從而製造的碱氯產品，包括氫氧化鈉、碳酸鈉(蘇打、曹達、碱灰)、碳酸氫鈉(小蘇打、重曹、焙用碱)、氯氣、液氯、鹽酸、漂白粉等，廣泛應用於紙漿、製紙、油脂、肥皂、紡織、鍊鋁及食品加工等工業，是重要基本化工原料，也廣泛應用在醫藥工業。

第一次大戰時，因德國燒碱輸入中斷，日本供給不足，日本工業界緊急以臺灣鹽為原料用氨碱法增產。1917年由臺灣肥料株式會社高雄工場開始用硫安法(以硫酸銨取代氨碱法中的氨)製造碱灰，不久大戰結束，歐洲製品大量湧入，碱灰價格大跌，1923年停產。

臺灣總督府認為用臺灣鹽製造燒碱應該是可行的，由中央研究所繼續研究，方向改為電解法。1934年日月潭發電所竣工後，在1930年代後期，正式設廠用電解法生產。

第二次大戰發生後，燒碱已經無法順利由日本輸入，影響了飛機原料鋁的生產，因而在1939年底開始由鐘淵曹達工業、南日本化學工業、旭電化先後緊急建立燒碱工廠。

在海軍軍方指示下，1938年鐘淵曹達工業株式會社擬定用濃鹽水製造氯氣、燒碱及各種副產物，同時採用水銀法及隔膜法，工場設在臺南安順，規模很大。氯(與溴)是飛機燃料耐爆劑原料(1,2-二溴乙烷是用為燻蒸劑、抗震劑)，1943年開始生產；1944年開始製造燒碱。

日本曹達、臺灣拓殖、南日本鹽業於1939年月共同投資設立南日本化學工業株式會社，工場設在高雄，以中野式電解槽製造燒碱、鹽酸與漂粉。在日本海軍大力支持下，1943年有25%的電解槽開始生產。(不過燒碱與鹽酸因為沒有包裝器材而無法運出工廠，只能販售漂白粉。)

應日本陸軍的要求，旭電化工業株式會社自海水中提錬輕金屬鎂。(鎂是飛機要用的輕金屬之一) 1939年12月選定高雄建設工廠，碱氯生產為副業，電解槽生成的液態燒碱成分約45%，大部分依軍方命令供應只隔一條河的日本鋁工廠使用，剩下的製成少量固體燒碱與鹽酸販售。1945年2月因美軍空襲毀壞而入停工。

6. 紙漿、造紙產業

紙漿、造紙產業是蔗渣利用產業。紙漿的原料有樹木、蔗渣、竹、芒草等，製程中要使用氫氧化鈉(燒鹼)、硫酸鹽、亞硫酸鹽等。蔗渣因為蘊含豐富纖維受到重視，有許多人投入用為製紙原料的研究。蔗渣製紙是日本殖民時期才出現的新工業，也是在臺灣留下最有意義的化學工業。

第一次大戰發生後，市場需求殷切，臺南製糖株式會社鈴木梅四郎社長決定發展蔗渣製紙工業。1917年初開始實驗，9月選擇煤產量及水資源豐富的宜蘭工廠建設實驗工廠；於1918年建廠，是臺灣也是日本第一家蔗渣製紙工廠。後因紙張品質不良，終於在1921年關閉。1923年於士林成立臺灣製紙株式會社，以稻穗為原料，專門製造各式黃色紙板，為士林紙廠前身。

1931年萩原鐵藏在日本取得「用重亞硫酸的混合液在密閉罐內蒸煮析出纖維之製造法」的專利技術。大川平三郎所率領的團隊組設臺灣紙業株式會社，於羅東鎮二結設廠將該專利用在工業生產，由蔗渣製造白紙供應市場。

其後，製糖業者紛紛建設大規模工廠供應日本的需求；產值在短期內大幅提高，為最重要的化學工業之一。1938年鹽水港製糖投資鹽水港パルプ(pulp)工業株式會社，昭和、大日本製糖合作出資設立臺灣パルプ工業株式會社。

二戰時期，國際貿易困難，包裝砂糖所用的黃麻袋輸入量不足，臺灣製糖株式會社與王子製紙合作，設立東亞製紙株式會社生產牛皮紙提供包裝。1941年當時即已有大小紙廠10餘家。合源製紙工業所為臺灣人經營之重要製紙廠之一。

7. 肥皂業

肥皂是由脂肪酸和氫氧化鈉反應而得，副產品是甘油。1902年臺北大稻埕出現日本人所設的若松商行製造洗衣肥皂，使用椰子油為主原料，牛油、豬油、蠟油為副原料，這是日本人引進臺灣的新產業。不久劉隆修兄弟合股在大稻埕設石鹼製造所恒昌商行，製造洗衣用肥皂(日本人稱為石鹼)。臺灣人很快地學會了製造技術，生產方式則以簡單的手工為主，1910年代才有機械化生產。

第二次大戰時日本供應臺灣的肥皂量減少，且所需設備與原料較難取得，因應的方式主要是從日本搬入舊設備在臺灣生產，或是由業界自主地進行資源整編，由有能力供應原料的日本大公司主導進行合併。1939年日本油脂與1919年設立的東光石鹼合作，另設臺灣油脂株式會社。

8. 化學肥料工業—本土礦產的利用之一

日本統治時期建構的臺灣化學肥料工業，主要有兩種：第一種為過燐酸鈣；第二種為氰氮化鈣、尿素、石膏等，氰氮化鈣是以電石為基礎的合成工業。

過燐酸鈣主要原料為燐礦石。燐礦石本身就可做為肥料，但無法溶解在水中，因此需要加硫酸讓它轉變為可溶於水的燐酸一鈣，製程單純。1910年日本人創設位於高雄的臺灣肥料株式會社，採取日本八重山群島及韓國鳥島的磷礦石製造過磷酸鈣肥料，並且使用印度油粕及骨粉製造販賣混合肥料。1919年大東化學工業合併基隆肥料會社大規模製造硫酸肥料。同年基隆的東亞肥料會社設立，製造硫酸及過磷酸。1920年台灣肥料株式會社基隆工廠(台肥第二廠)，生產硫酸及過磷酸鈣肥料。該廠是以硫鐵礦石製造硫酸。

在此之前臺灣基本上是使用天然肥料、大豆粕、花生粕與進口人造肥料。臺灣施用化學肥料始於1901年日治時期。最初是由總督府輸入，免費配給給蔗農，至1903年由製糖會社自行辦理。

氰氮化鈣是一種合成肥料，它是以電石(CaC_2)為原料合成的。電石的製法是將石灰石用石灰爐煅燒成生石灰，然後加上無煙炭或焦炭、木炭等，用攝氏2000℃以上的電氣爐，將石灰熔解與炭素化合成炭化石灰，冷卻後即為電石。電石粉碎後加熱到1000℃，導入純氮氣讓電石吸收後冷卻，即是氰氮化鈣。

臺灣電氣工業株式會社首先投資生產電石，1920年由臺灣電氣興業株式會社收購，1927年其羅東工廠(台肥第一廠羅東分廠)開始生產。生產氰氮化鈣的是1935年設立的臺灣電化株式會社基隆工廠(臺肥第一廠) ，由日本三井的電氣化學株式會社投資。臺灣肥料株式會社於1939年創立高雄廠(台肥第三廠) ，1942年開始生產過燐酸鈣。(以硫鐵礦石製造硫酸。)

戰爭期間臺灣肥料缺乏，設立肥料工廠計畫不少。臺灣窒素工業株式會社(窒素即氮氣)，在1943年將日本窒素工業會社的舊設備移到臺北中和準備製造氮肥，準備中戰爭結束，戰後亦由臺灣肥料公司接收。

臺灣有機合成會社是1941年在新竹創立，主要事業以利用新竹竹東的石灰石為原料生產電石，加水產生乙炔。1943年電石工廠完工(完成廠房及部分設備如石灰爐、電弧爐之安裝)，但是從日本運送來臺的電氣機械在海上被炸沈，建設尚未完成戰爭結束。戰後由臺灣肥料公司接收改組為臺灣肥料公司第五廠，戰後改裝成生產氰氮化鈣工廠。1951年正式生產。

由乙炔可以合成許多產品，如PVC、合成樹脂、橡膠以及人造纖維、丁醇等。臺灣塑膠公司最初製造PVC即以乙炔原料。

9. 水泥工業—本土礦產的利用之二

日治時期由於港口、鐵路、糖廠、發電工事的陸續興建，水泥需求不斷增加。淺野水泥株式會社即於1915年在高雄設立臺灣第一座水泥廠。從日本運來旋窯一套，生料及水泥磨各二套，1917年興建完成，年產量約3萬公噸。1918年新設石灰窯廠，次年3月完工。1921年設廢熱氣罐一台，利用迴轉窯廢熱發電，也是臺灣最早的汽電共生發電所。由於水泥使用率增加，於1928年再增設工廠。

1939年設立臺灣化成工業株式會社，工廠位於蘇澳，於1942年完工開始生產，年產量約10萬公噸。1944年改名為台灣水泥株式會社，並擴建，年產量增加到24萬公噸。為大甲溪計劃興建之大壩，東洋產業會社與臺灣電力於1942年共同創立南方水泥工業株式會社，在新竹竹東設水泥廠。廠房迭遭盟軍轟炸，至大戰結束未能開工生產。

10. 煉油工業

臺灣煉油工業始自日本第六海軍燃料廠(六燃)的建立。該廠戰後改名為高雄煉油廠，是臺灣石油工業發展的基礎。

1941年日本海軍基於臺灣位於東南亞(爪哇和婆羅洲)的油田與日本本土之間，運輸原油或供應油品給部隊都最方便，決定在臺灣興建燃料廠精煉原油。太平洋戰爭開戰(1941年12月)後，決定在高雄(左營)、新竹(竹東)、新高(大甲溪口左岸)興建燃料廠，其中高雄被排為第一順位，主要生產飛機燃料和飛機潤滑油，訂於1944年中完成大部分的設施。

1943年開始建造，但是日臺間之運輸已發生困難，因此設備與機器儘量節省，也儘量在臺灣製造、僱用本地人工。1944年5月原油蒸餾裝置試爐，試車順利開始生產。1945年4月美軍大轟炸，摧毀大部分設施。

五、日治時期影響化學工業發展的重要因素

戰爭(第一、二次世界大戰、中日戰爭、太平洋戰爭)。

—引發進口取代、積極生產軍事相關用品。

總督府政策(包括關稅、稅制)。

推動臺灣工業化政策(1930年配合南進政策)。

嘉南大圳竣工(1930年)。

日月潭發電所竣工(1934年)。

移殖日本技術與設備。

配合臺灣農產及植物研發新技術。

開辦實業教育及工業教育。

設立臺灣總督府研究所[2]及天然瓦斯研究所[3]等研究單位。

---

[2] 1909年在台北設立，1921年改組為中央研究所；1939年撤廢中央研究所，將原本的農業、林業、工業及衛生四部，分別改制為農業試驗所、林業試驗所、工業研究所及熱帶醫學研究所。

[3] 1936年在新竹成立。該所設三部：分析及試驗系、基礎研究部、工業實驗部。戰後改為中油研究所，是聯合工業研究所及工業技術研究院之前身。

臺灣肥料株式會社基隆工場。
(約1920年代，國家圖書館提供。)

建造中的海軍第六燃料廠，1944年。
由《海軍第六燃料廠探索》下載。)

臺灣總督府研究所，後改稱中央研究所。
(約1920年代，國家圖書館提供。)

天然瓦斯研究所辦公室及研究大樓落成典禮。
(1936年，翻攝自《走過一甲子》。)

經濟部聯合工業研究所成立。
(1954年， 翻攝自《走過一甲子》。)

第二節　戰後迄今臺灣化學工業發展概要

一、戰後初期(1945-1953年)

戰後初期以整修復建為主，持續發展煉油、肥料、製糖、燒鹼工業。

(一) 復建與整合

復建 — 二次世界大戰結束，當時有超過半數的工業設施為空襲所毀，然而復建缺乏資金、技術與專業人力，加之政府播遷來臺，人口增加，整體社會之負擔劇增，而且社經情況尚未穩定，幸賴政府和民間企業共同努力，工業逐漸恢復。公、民營企業以復建為主。

日人公私企業收歸國有 — 除原油煉製外，其他化學工業也逐漸恢復作業。1946年，政府收歸日人所留下的237個公、私立單位與企業，將產業主力收歸國有並予整合。全力修復部份肥料廠及糖廠 — 藉以迅速恢復農糧生產，輸出砂糖賺取外匯。

修復煉油設備 — 中油公司於1947、1948年完成修復遭空襲所破壞的日本海軍第六燃料廠第二、一蒸餾工場。在1947年，中油接收為戰火所毀臺灣拓殖株式會社嘉義化學工場，成立嘉義溶劑廠。因受限於經費，僅修復原規模之四分之一，生產各種溶劑為下階段石油合成溶劑奠定基礎。

恢復生產燒鹼 — 為戰火破壞的鐘淵曹達會社與旭電化工株式會社，在1946年修復後更名為臺灣製鹼公司，恢復生產燒鹼，對於後續逐漸發展的煉油、造紙、肥皂、味精、漂染等產業，乃至於下階段經濟發展的主力 — PVC工業，均有重大的影響。

其後，韓戰爆發，美國協防臺灣，美援的適時挹注，以及政府推動經建計畫，奠下各種產業的發展基礎。

(二) 傳統工業持續發展

第二次世界大戰後亟需復建，又因國共內戰，政府面臨物資、糧食短缺的問題。1949年政府遷臺，人口增加，糧食及民生物品需求劇增，迫使政府調整臺灣整體產業政策，以農業培養輕工業，再發展重工業，也從勞力密集轉向技術密集。這段時間，肥料、製糖、碱氯、造紙、水泥等傳統工業也持續發展。為鞏固農業，臺肥公司積極生產肥料，是當時最具規模的化學工業。隨著農民對化學肥料的依賴加深，戰後肥料工業在美援經費及技術協助下快速成長。

肥料工業

生產肥料的四家重要公司如下：

臺灣肥料公司：

戰後由資源委員會及臺灣省政府共同籌組成立，接收臺灣電化株式會社基隆工廠(台肥第一廠)與其羅東工廠(台肥第一廠羅東分廠)、臺灣肥料株式會社基隆工廠(台肥第二廠)與高雄工廠(台肥第三廠)，以及臺灣有機合成株式會社新竹工廠(台肥第五廠)等日資肥料工廠。接收時，除羅東工場外，其它工廠多已被炸毀。

上列第一至三廠於1946年先後恢復生產。第五廠於1951年開始生產氰氮化鈣。1958年在南港新創立尿素工廠(台肥第六廠) 完工。1960年花蓮氮肥公司與台肥合併經營，其硝酸錏鈣廠改為台肥第七廠。為利用苗栗慕華化學公司生產的氨，1964年在第五廠新建完成硫酸錏工廠。1977年南港尿素工廠停產。1984年新竹廠因天然氣供應不足，停產液氨。

高雄硫酸錏公司：

工廠於1951年1月安裝完成正式開工，製造無水氨、硫酸、硫酸錏、濃硝酸，該廠是當時臺灣唯一硝酸製造廠。1952年煉磺廠竣工生產硫酸。初期技術仍需26兵工廠的協助並代為管理經營；至1970年正式劃分。

啟業化工公司：

該公司南港廠為配合政府第一期四年經濟建設計劃，發展煉鋼事業與製造肥料原料，於1957設廠，1961年建廠完成。主要是利用煤炭乾餾生產焦炭，提供台肥六廠(台肥南港廠)產生水煤氣後再製成氨。

高雄煉油廠啟建(1946年)，
（由《臺灣化工史》第二篇第一章下載。）

中油公司第一輕油裂解工場。
（照片來源：中華民國石油化學工業年鑑。）

嘉義溶劑廠丁醇醱酵工場內景

1948年在高雄久堂新建永豐餘造紙廠。
（1952年，由《何義傳略》下載。）

東南鹼業公司：

1957年正式成立，於盛產石灰石的蘇澳鎮興建工廠，以純鹼(即碳酸鈉)為開廠之首項產品。由於在製造純鹼的索耳未法(Solvay 's Process)製程中會產生氨氣，因此也將氨通入硫酸中生產硫酸錏。

製糖工業

1941年，臺灣已有新式糖廠50座為糖業最盛時期。但同年太平洋戰爭爆發後，勞力缺乏，蔗田管理不週，糖產量自100餘萬公噸急速下降。戰爭末期慘受美國戰機轟炸，糖廠損毀達34座，年產量只剩3萬公噸，而且蔗園荒蕪。

1946年，政府將原由日人經營的日糖興業、臺灣、明治及鹽水港四大製糖會社合併成立臺灣糖業公司。先修復損壞較輕之糖廠9座。經過約三年時間，陸續修復31間殘破糖廠重新開工，產量恢復到60萬公噸，到1952年已大致恢復到戰前的生產量。砂糖出口值高居第一位— 1952-1964年間，臺灣砂糖出口值佔外銷品第一位，最高時更曾佔全部外匯收入約74%。

自1966年後，國際糖價下跌，又面臨工資不斷上漲等諸多不利因素，導致蔗作推廣遭遇困難，經營陷入困境。為謀改善，實施大廠制，希望降低成本，並進行製糖工場十年更新計畫。

然而1980年之後，國際糖價自每公噸1000美元節節跌降到數十塊美元，外銷糖業嚴重虧損。1985年之後台糖改採內銷為主，外銷為副的生產計劃，並減產至60萬噸，至1996年更縮減至34萬公噸。

1989年北港和花蓮兩座煉糖工廠的完成，開始進口原料糖(粗糖)加工煉製為精製糖。製糖工業日漸衰退，至1991年開放蔗糖進口後，臺灣糖業已完全式微。

鹼氯與氯乙烯塑膠工業

1946年日資鐘淵曹達會社及旭電化工株式會社收歸國有，更名為臺灣製鹼公司，1946年底復工生產。 1947年2月，又易名為臺灣鹼業公司。1945年起，國際鹼價飛漲，民間人士紛紛在臺設製鹼工廠，主要產品為燒鹼，副產品為鹽酸，均銷往大陸各地，賺取豐富的利潤。1949年政府播遷來臺，頓失中國市場，若干工廠被迫停產或歇業，產業一蹶不振。

1951年，煉鉛、煉油、造紙、肥皂、味精及漂染工業興起，鹼氯產業也隨之復甦，燒鹼工廠相繼興建。當時生產之氯，用途僅限於漂白粉之製造，以及鹽酸之合成。1957年，臺灣塑膠工業創立，以氯和乙烯為原料製造聚氯乙烯(PVC)塑膠，鹼氯需要量逐漸平衡。

1957年臺灣塑膠公司在高雄仁武設水銀法鹼氯工場，以氯氣及乙烯為原料生產氯乙烯單體(VCM) ，進而製造PVC塑膠，之後並不斷擴增產能。國內另一家PVC廠也隨後在頭份建立鹼氯廠，產品主要供自用。一般規模較小的鹼氯工廠，則以氯氣製造鹽酸、液氯、氯酸鉀、漂白水及BHC等應市。

臺灣之聚乙烯塑膠工廠，原以電石法產生乙炔氣體為原料，製造聚氯乙烯成本較高，後來經由主管機關推動，中國石油公司在高雄供應由輕油裂煉而得之乙烯氣體，在頭份地區供應天然氣，製造氯乙烯單體，並收購臺灣鹼業公司全部股權，擴充臺鹼高雄廠，生產燒鹼、副產氯氣，除以部份氯氣供應氯乙烯工廠外，並以美國華昌之氯化法製造鈦白粉及人造金紅石(synthetic rutile) 供銷。

在1970和1980年代臺灣鹼業公司在國內鹼氯市場扮演要角，後依政府政策被中國石油化學開發公司合併。由於鹼氯工業競爭激烈，且受美國低價傾銷二氯乙烷及氯乙烯單體，鹼氯工廠惟有將氯氣改為製成鹽酸，削價競銷。政府於此期間全面禁止以水銀法製造鹼氯，逐步改為隔膜法(膜析法)，使得部份工廠因此歇業停產。

1986年，中國石油化學工業開發公司與美國PPG公司合作，成立臺灣志氯公司適時引進新法生產鹼氯，取代了原臺鹼的舊廠，成為國內數一數二的鹼氯專業生產業者。

台塑為配合聚氯乙烯塑膠生產需要，於1990年代末期在雲林麥寮六輕廠區建立大規模鹼氯廠，使臺灣的鹼氯工業邁入新的紀元。目前國內有燒鹼工廠六家。

水泥工業

1945年政府成立水泥監理委員會，接收淺野水泥、臺灣水泥及南方水泥等三家株式會社，於5月合併成立為臺灣水泥公司。但當時各水泥廠多遭轟炸破壞，年產量僅有約9萬公噸。1947展開修復高雄廠、蘇澳廠及竹東廠。在政府積極重修及整建擴建下，到1953年時，年產量已達約52萬公噸，當時絕大部分供國內市場。

1953年實施第一期經建計畫，水泥之需求亦隨著各項工程建設之推動增加，供不應求的現象非常顯著。因此政府鼓勵民間興建水泥廠，永康公司成為第一家民營之水泥廠。

配合「耕者有其田」「三七五減租」等政策措施，於1954年底將臺灣水泥公司移轉民間經營。之後更有嘉新、亞洲、建台、東南、啟信、環球、正泰、信大、力霸、南華、欣欣、幸福等水泥公司加入民營的行列。

1965-1980年期間，由於民間營建工程、房地產蓬勃發展，同時政府推動十大建設，水泥的需求成直線上升，1977年產量已突破1,000萬公噸。由於新廠紛紛加入生產，產品品質提升，產能亦增加，舊廠則汰舊換新擴充設備，在新設備規劃時就融入降低耗能及環保新穎設備考量。

1980年國內水泥需求量高達1,330萬公噸，惟自1981年起則逢世界經濟景氣開始衰退，需求量1降低。到1986年以後，才因政府推動重大公共工程和民間的建築業興盛刺激下，又快速的成長，甚至到1993年國內水泥需求高達2,797萬公噸最高峰。政府為貫徹經貿自由化，於1988年起取消水泥進口關稅，開放國外水泥進口。更於1990年宣佈開放大陸水泥熟料間接進口。

政府有鑒於水泥工業對國防及民生之不可或缺的重要性，同時考量臺灣西部石灰石礦源將趨枯竭，為未雨綢繆，政府自1984年起開始評估「水泥專業區」的可行性。1992年通過「水泥工業長期發展方案」，經濟部提出在花蓮選擇適當地點設立水泥專業區，希望引導水泥業東移。

然而水泥產業東移政策，面臨了工業區地價過高、東泥西運的專用

長春人造樹脂的老工廠-甲醇工廠(1964-1966年)。
(由長春公司提供)

奇美公司塩埕廠之一景。
(由該公司網頁下載)

臺塑公司早期生產塑膠粉及以牛車運貨的情景。
(由該公司網頁下載)

長興公司第一批外銷品出貨前留影，
圖中人物為創辦人高英士總裁(1966年)
(由《飛躍的半世紀》複製。)

臺塑六輕麥寮工業園區廠區圖。
(由石化工業雜誌下載)

碼頭地點取得困難、而遲遲未能設置。加之，礦源取得及開採運輸系統的高難度(總計的運輸成本增加四倍之多)、投資金額龐大及投資回收期限不確定性高等因素，導致東移政策無發落實。上列原因及鄰近國家水泥大量傾銷，成了我國本土水泥工業未能持續發展的重要關鍵因素。

造紙工業

1945年，國民政府自日方接收以臺灣紙業公司為主體的五大造紙工廠，其下分為羅東紙廠(即生產新聞紙為主要產品的中興紙業之前身、士林紙廠(生產黃紙板)、大肚紙廠(生產文化用紙)、新營紙廠(生產漂白蔗漿)與小港紙廠(生產牛皮紙) 。

另一部分紙廠由工礦公司接辦後於1948年標售民營。這些製紙工廠在戰爭中除了南日本紙業株式會社公司以外，皆未受到轟炸，戰後繼續生產。現今永豐餘集團即是戰後以標售的日資紙廠持續擴大經營製紙事業。

1950年代，主要有永豐餘造紙公司、中興紙業公司、士林紙業公司等之成立，造紙業逐漸進入大量生產。臺灣紙業公司於1954年民營化，同年正隆紙業成立。1952年時臺灣的民營造紙工業，有機械造紙、半手工造紙二類，此時期機器造紙廠有23家，半手工造紙廠4家。自1950年代後期起，由於國內經濟逐漸成長，國民所得不斷提高，對紙品需求增加，紙漿與造紙工廠已增至44家。

1966年起對外貿易更逐年增加，瓦楞紙箱需求大增，促使工業用紙大量增產。政府於1968年開始推行九年國民教育，1987年宣佈開放報禁，使得文化用紙需求再次成長，廠商產能再度增加。但在1989年後也再次面對經濟衰退與生產過剩的問題，造紙工業成長趨緩。

1990年起，隨著部份大型紙廠的規模化及進口紙輸入競爭，相對於國內用紙需求成長趨緩，再加上環保意識高漲及勞工等社會議題發酵，均增加企業營運負擔，致使造紙業獲利率下滑，小型紙廠逐步結束營運或遭購併。

在1990至2000年代，受臺灣經濟步入穩定成長期、面臨經營環境變遷、下游產業外移、內需市場趨近飽和等的影響，已出現成長遲滯現象，平均成長率只有3%左右。2001年年底臺灣加入WTO後，關稅逐年調降，進口紙挾低價搶佔國內市場，加上產業持續外移，經濟成長衰退等因素，雖然紙與紙板產量在2004年曾創下480萬公噸的歷史新高峰量，但其後年產量卻反而呈現遞減現象。隨著技術轉型與新製程的開發，國內造紙業者也已漸漸朝向環保且多方面應用的目標邁進。

2008年由於環保意識的提升，國內首創無製程污染且可百分百回收資源再利用的環保專用紙類產品。隔年，正隆推出第一家完全採用再生漿及風力發電生產的環保衛生紙。

截至2009年，臺灣區造紙公會會員廠101廠，年產量399萬公噸，每人每年平均用紙消費量由1951年的3.4公斤增至2007年的204公斤，躋身於世界紙業開發國家之林。

二、石油化學發展期(1954-1985年)

前述美援對隨後的臺灣經濟發展裨益甚大，政府適時進行經濟改革措施，推出第三期經健計畫，也在1960年適時公佈獎勵投資條例。藉著這些措施，臺灣工業經濟發展明顯加快，不僅進口替代的工業迅速發展，進而逐漸轉為以外銷為主。為吸引外資，1966年在高雄設置加工出口區，及其後在楠梓和臺中增設二個加工出口區，更帶來工業高度成長，需要更多的技術人員。

1973年11月行政院長蔣經國出：將在五年內完成九項大工程建設，包括南北高速公路、臺中新港、北迴鐵路、蘇澳港、石油化學工業、大鋼廠、大造船廠、鐵路電氣化、桃園國際機場。數月後新加核能電廠，統稱「十大建設」，是一系列國家級基礎建設工程。政府復於1979 年推動十二項建設，工程人才需求更加殷切。十大建設中的石油化學工業主要是中油設置輕油裂解廠的計畫。

因為興建輕油裂解廠，帶動了石化產業的快速發展。

塑膠加工業：1940年代，塑膠應用已趨多元與普及，下游加工業逐漸形成。1949年是由林書鴻、鄭信義、廖銘昆三位創立長春人造樹脂廠製造電木粉。1950年初期，美國J. G. White在審核美援貸款時，即建議我國發展PVC原料。1954年，由美援資助78萬美元、王永慶投資之台灣塑膠公司成立。1953年，奇美實業成立，當初以塑膠玩具、日常用品加工為主，1960年時正式生產壓克力板。中國人造纖維公司於1955年成立，由美國公司合資並提供技術，在1957年成功抽取我國第一條人造纖維，取名為縲縈絲。

在石化工業方面，高雄煉油廠第一、二蒸餾工場之煉量已不敷使用，1954年設置第三蒸餾工場。

合成溶劑的發展：1958年中油公司嘉義溶劑廠芳溶工廠完工，開始生產苯、甲苯、二甲苯等基本石化品；石化合成溶劑的發展，對於農業、染整、紡織、清潔劑、塑膠等工業均有重大影響，是擺脫進口產品限制的開始。

液氨與尿素：中油公司在1962年邀請美國Mobil與Allied Chemical兩家公司，共同投資2,250美元，成立慕華聯合化學公司，在苗栗以天然氣為原料製造液氨與尿素。1971年由臺灣肥料公司收購，改稱苗栗廠，1985年底改用輕油為原料。

PVC塑膠工業：台塑公司透過其三次加工體系，即PVC原料、管材等初製品，以及終端產品的模式，在國內創造出一片天地。當時塑膠產業因國外技術的導入，以及國際市場的需求迫切，蓬勃發展而成為國內加工的主力之一，如在1962年時，塑膠袋類產品的生產商即已有28家；1966年時，華夏、國泰、義芳等三家公司開始陸續生產PVC塑膠原料，更帶動整體塑膠加工業之發展。當時塑膠產品有70%以上供外銷，已逐漸成為工業主力。

石化中游產業：由於國內對於石化中游產業的需求大幅增加，但是卻無足夠之供給；如以進口產品為主，則產業發展將受箝制，國內輿論紛紛倡議投資石化中游產業。

輕油裂解：中油設置(第一)輕油裂解廠的計畫經美國進出銀行同意有條件貸款後，由美國Lummus公司設計，於1968年完工。第一輕油裂解廠為石油化學、塑膠、人造纖維、合成樹脂與接著劑、橡膠等工業的發展奠下基礎。隨後在1975和1978年二、三輕完工，堅實了臺灣化學工業的基礎，同時也有效替代進口品，降低成本、擴大了外銷的競爭力。

1985年，中油開始籌建第五輕油裂解廠，預計淘汰設備老舊、產能小、效率與環保性均不佳的一輕、二輕。五輕於1994年開始運轉，二輕也因五輕的投產而關閉，轉為備用工場。

環保議題：1970年代晚期由西方興起的環保議題，也隨五輕建設開始於國內發酵，成為石化工業最嚴苛的挑戰，至今未能消弭。

台塑六輕：1986年通過的第六輕油裂解廠計畫，是臺灣石化產業第一家由民營企業投資之輕油裂解廠。1990年，台塑在麥寮興建六輕獲得許可，於1994年動工，1998年完成第一期工程。目前台塑麥寮廠區共有61家工廠，其中有3座輕油裂解廠，年產乙烯293.5萬公噸，另有中下游40餘家石化相關廠商，可說是國內最具規模、垂直整合之石化工業園區。在六輕三個裂解工場投產之後，臺灣乙烯自給率由1994年的38 %提高至2009年超過90 %。

三、高科技產業發展期

臺灣必需發展高科技產業，化學工業亦與時代共同進步，繼續扮演重要推手，以電子、光電、太陽能產業及生物科技產業最顯著。

(一) 電子、半導體及光電產業

★ 印刷電路板工業 — 臺灣電子產業從1960年代的裝配開始奠立基礎，尤其是印刷電路板業更是根基雄厚。1969年美國安培公司來臺設廠為肇始，重要化學公司如長春、台塑等相繼投入，經過多年的努力，臺灣的電路板產業躍居全球重要的地位。電路板製造所需的高分子基板(環氧樹脂或聚亞醯胺)、銅箔、玻纖與特用化學品等皆是標準的化學工業；產業外移後則轉而出口原料。

★ 電子積體電路產業 — 1966年美商在高雄楠梓加工出口區成立高雄電子公司，從事積體電路封裝生產為起點，一路發展到台積電。1983年張虔生轉戰半導體封裝領域，同樣在高雄楠梓加工出口區成立日月光公司；隔年，矽品精密公司在臺中潭子成立，至今已然成為全球最重要的兩家半導體封裝大廠。

★ 2016年10月，一線科技大廠如臺積電的徵才計畫，開出不少以化學工程學系為首要科系的職缺。封裝製程中目前最先進的覆晶與三維封裝的發展，化工技術如蝕刻與電鍍，特用化學品如錫膏與模壓樹脂，同樣扮演舉足輕重的角色。

★ 光電產業，包括(1) 液晶顯示器-1987年工研院電子所開始執行「平面顯示器」技術開發計畫，數年後國內薄膜電晶體液晶顯示器(LCD)相關廠商相繼成立，2002年政府更提出「兩兆雙星」計畫支持光電產業的發展。(2) 發光二極體 — 除了顯示器之外，發光二極體(LED)是另一項前途看好的光電產業。

★ 在臺灣電子與光電產業產業蓬勃發展的過程中，產業鏈從上游到下游，包括了晶圓的生產、積體電路的製造、封裝、印刷電路板、產品組裝。重要的週邊元件包括了上述的顯示器、發光二極體、與電池。電子或光電元件，都必須搭配適合之封裝殼體而得以成為可以實際使用之產品並發揮其功能。化學工業提供電子與光電產業關鍵製程與材料，扮演推波助瀾的重要角色。

(二) 生物科技產業

★ 生物科技產業，包括製藥、生技特用化學品、保健食品、生物保護、生質能源、生醫材料與醫用檢測等產業，被世界各國公認為21世紀的明星產業，亦列為國家發展重點項目。臺灣生技產業中，產值排名第一是保健食品，第二是生醫產業。

★ 微生物醱酵工業 — 微生物應用是近代生物技術的開端，臺灣在日治時期的糖蜜醱酵已有雄厚基礎，延續而來的臺灣菸酒公司與臺灣糖業公司，亦為其中翹楚。臺糖於1960年與美國氰胺公司與合作投資成立臺灣氰胺公司，以醱酵法生產氯四環素(金黴素)、鉑黴素等抗生素，是國內以生物法生產原料藥或中間體的開端。之後有中國化學合成、信東及駿瀚生化等公司生產中間體原料藥與抗生素中間體。

★ 麩胺酸鈉(味精)工業 — 從1959年開始以醱酵法工業生產味精。後來因為有化工人的投入，尤其在醱酵槽的放大，臺灣得以創造輝煌的歷史，產量勇冠全球。但在八〇年之後，由於人工成本提高及國內環保意識抬頭，導致紛紛外移到東南亞地區。

★ 保健食品之生產 — 起源可追溯至60年代的綠藻、薑母糖及臺糖公司所推出的健素糖(酵母片)與酵母粉。1964年臺灣從日本引進綠藻生產技術並開始大量外銷至日本，在2007年的綠藻產量占全球總產量的52%。近年來保健食品市場規模逐年擴大，產品範圍涵蓋機能性寡

1977年工研院電子工業研究中心積體電路示範工廠落成
（照片來源：潘文淵文教基金會）

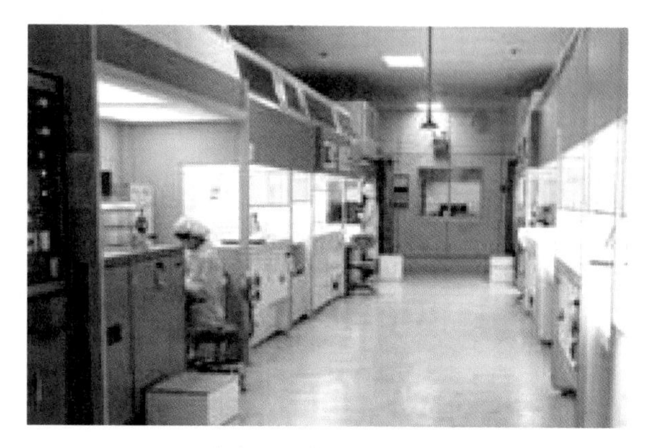

工研院電子工業研究所作業機台
（照片來源：潘文淵文教基金會）

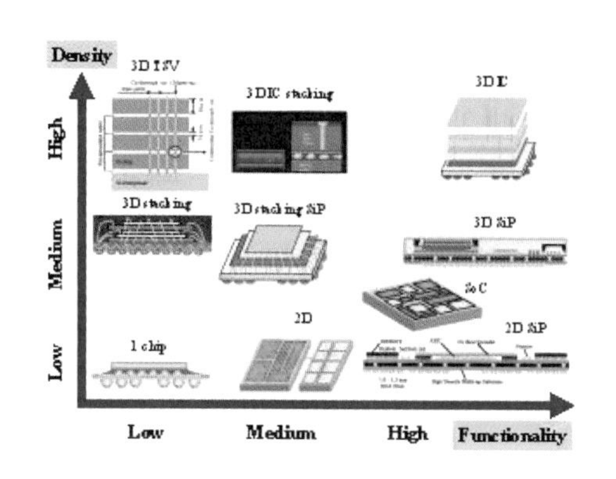

IC封裝技術之發展趨勢。
（由《臺灣化工史》第三篇P. 78下載。）

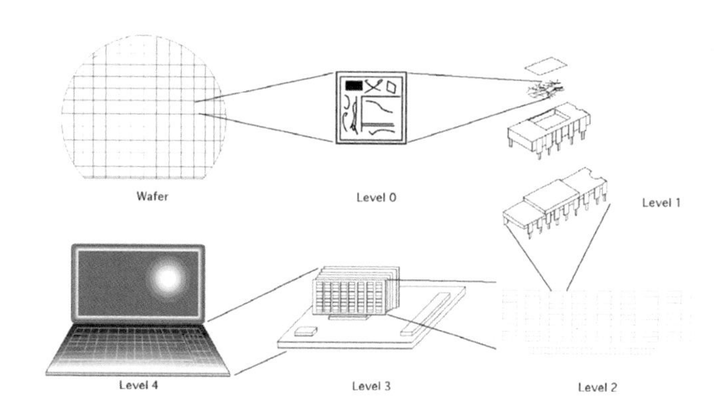

電子產品之電子封裝層次示意圖。
（由臺灣化工史第三篇第三章複製。）

臺塑六輕麥寮工業園區廠區圖。
（由石化工業雜誌下載）

糖類、水產藻類、及發酵類各種保健食品。2000年左右，大部份製藥業者轉用醱酵法生產蟲草與芝菇類的菌絲體，進入保健食品市場。

★ 製藥產業 — 1970至1980年代，臺灣亦有廠商從事人尿提煉尿激酶的製造與外銷，但現已只剩一家公司還在運作。繼抗生素之後，有蛋白質藥物及短暫出現之用醱酵法生產降血脂藥中間體。

★ 蛋白質藥物 — 自從重組賀爾蒙 — 人類胰島素，由Eli Lilly公司在1982年推出以來，重組蛋白質藥物已成為不可或缺的醫藥產品之一。隨著世界的潮流，臺灣開始進入生物相似性藥品與抗體型或疫苗型新藥等研究開發。截至2009年為止，共有58項蛋白質藥物正在進行研發產品階段。

★ 生技化妝品產業 — 因為醫學與美容的需求遽增，1990年代後期及2000年左右國內開始有廠商設廠生產膠原蛋白、透明質酸及甲殼素(幾丁質與幾丁聚醣)。大部分廠商以化妝保養品及保健食品作為主要應用標的；以醫療用途為標的產品，主要是使用膠原蛋白及透明質酸為材料。近年來生技化妝品的市場熱絡，預期生物高分子的產量將會快速提升。

★ 生醫產業 — 涵蓋醫用檢測與再生醫療兩大類。醫用檢測的產業範疇以體外診斷試劑為主，從早期的傳統臨床化學試劑到生物感測器，近年來國內的診斷試劑公司進一步踏入基因晶片及基因檢測的領域，甚至切入個人化醫療。化學工業發展各種醫療保健產品和高效能材料，避免感染與擴散，讓醫療保健品質更好。

(三) 化工相關綠能產業 [4]

綠能產業

綠能產業即為使用再生能源的產業，極受政府重視。目前我國使用進口化石燃料佔能源來源90%以上，為免受控制，必需發展再生能源替代化石能源，並研發相關技術。

[4] 節錄自2014年能源產業技術白皮書。

臺塑六輕麥寮工業園區廠區圖。
（由石化工業雜誌下載）

我國較具潛力技術包括：風能、太陽能(熱能及光電)、生質能、地熱、海洋能、氫能與燃料電池，其中太陽能、生質能以及氫能與燃料電池與化工關係密切。鋰電池及儲能材料之研發亦應予以重視。

經濟部於2009年開始推動「綠色能源產業旭升方案」，選定太陽光電、LED光電照明、風力發電、生質燃料、氫能與燃料電池、能源資通訊及電動車輛等7項重點產業予以扶植。復於2013年推動「綠色能源產業躍升計畫」集中資源推動太陽光電等4項主軸產業，在技術上開發高性能、高品質、低成本之元件與系統，以提升產業競爭力。目標為2020年總產值達新臺幣1兆元。

太陽光電產業

目前我國已建構完整產業供應鏈，上中下游相關廠商逾250家，2013年總產值達新臺幣1,572億元，2013年太陽電池生產量逾7GWp，為全球第2大製造國。

在太陽光電產品大幅跌價，刺激全球太陽光電市場需求持續成長背景下，國內太陽光電業者為擴大差異化，紛紛投入業界科專、主導性計畫，開發各種高轉換效率結構太陽電池如金屬貫穿電極(MWT)、前硼射極(N-Type)、以及CIGS薄膜、染料敏化等技術。

發展目標與策略

為強化我國產業既有優勢，應持續提升矽晶圓、太陽電池與系統業者技術能量，包括：1. 矽晶太陽電池；2. CIGS薄膜太陽電池；3. 染料敏化太陽電池；4. 太陽光電模組；5. 太陽光電系統等五個項目。

生質能產業

臺灣生質能源發展宜結合農林廢棄物、生質資材等自主料源。國內生質能利用與發展，有下列兩主要方向：

1. 在「運輸用生質燃料應用」方面，生質柴油及生質醇類(酒精)之利用是推動重點。在「定置型生質燃料熱電應用」方面，是以發展生質電力為目標。
2. 新一代生質燃料為國內產學研界積極研發方向，包括生質煤炭、生質燃料油、生質航空油、先進生質柴油、纖維素醇(含乙醇、丁醇)及生物產氫與沼氣應用等。

發展目標與策略

「綠色能源產業旭升方案」計畫中，生質燃料產業，係以建立國內生質燃料自主供應系統為願景。策略主軸為開發低成本新料源、開發利基技術，及建立第二代示範生產系統，輔導設置示範工廠，並逐步提高添加比例，期能擴大使用量。

在已完成之第一期能源國家型科技計畫中，生質能技術研發項目包括：生質酒精、生質柴油(作物)、生質柴油(藻類)、沼氣、生質裂解油、生質丁醇、生質氫氣及生質電力等8項。2013年規劃之第二期計畫，則以生質航空油、先進生質柴油、氫化植物油、先進生質燃料(Biomass to Liquid)、微藻能源、纖維素酒精、纖維素丁醇及生物產氫/沼氣等項目，為研發重點領域。

(四) 化工產業運用AI科技 [5]

雖然外部環境因素與內部人才斷層是當前化工業的挑戰，但也觀察到一個新的契機或轉折點，年輕化意味著有效使用新科技技術來輔助作業優化，亦即顯現未來的化工產業化工人，必須是能運用人工智能（AI）科技的專業達人。

近幾年化工產業無論在生產或材料研發類的數據運用上，相較於過去增加許多新科技的輔助，當化學工業結合（AI）科技時，有以下幾大應用方向：

一、運用 AI 輔助產品研發

首先將AI作為新產品材料研發過程中的數據分析與建模工具，透過AI將過去的研發數據建立模型，將研發資料模型化，瞭解到影響產品的關鍵因子；另外，也可以運用模型來協助研發同仁觀察，關於不同配方成分的改變對於產品品質目標的影響，藉此大幅度地透過AI模型來縮短產品研發時間，並透過模型化進行經驗傳承。

二、運用 AI 分析生產品質不良的關鍵要因

化工生產系統所監控的參數繁多，而且加上來料配方等條件，生產數據複雜，若是採用過去運用的統計方式，則難以有效的瞭解影響品質的關鍵點。透過來自 DCS 或 SCADA 系統生產大數據，並結合 AI 技術數據分析的應用，能夠快速地找到影響產品的關鍵因子，縮短問題排查時間，減少不良品或次級品的發生，降低浪費。

三、運用 AI 預測生產過程品質

化工製程往往需品質檢驗，但卻無法做即時的品質全檢。運用過去的生產數據與過去的品質檢驗資料，以AI技術建立預測模型，透過AI+IOT方式預測品質，能夠瞭解品質變化趨勢，在趨勢偏離前能夠及早採取對策，透過AI預測方式提前處理品質問題，避免產品不合標產生報廢品。

四、運用 AI 優化生產系統運作效率

因應ESG的要求與挑戰，如何優化高耗能設備的能源使用效率，

[5] 節錄自：杰倫智能：「化工產業運用AI科技 因應多樣性挑戰」，CTIMES文章，2023年。

也是化工產業的AI運用方向。透過AI建模將過去系統操作參數建立模型，藉此在生產效率、品質與能耗間平衡，取得最佳化的生產參數。

(一) 化工產業淨零碳排[6]

「淨零排放」是努力讓人為的溫室氣體排放量達到最少，並非完全不排放，造成全球暖化的氣體並非只有二氧化碳，也包含其他溫室氣體，所以除了減碳以外，也必須減少其他溫室氣體的排放，才有可能解決氣候問題，而「淨零」概念指的就是使溫室氣體排放量趨近於零。

碳中和的概念則是僅針對二氧化碳，讓「碳排放量」與「碳清除量」相等，一正一負互相抵銷。而比起淨零與碳中和，負碳排則是解決氣候問題更加積極的目標，若是企業或組織更加積極清除二氧化碳，並使得清除量遠大於排放量，就可以達到負碳排。

臺灣淨零碳排目標

依照國際能源總署（IEA）、美國、歐盟等淨零排放能源路徑進行規劃分為短期與長期兩階段，而依照此兩階段，臺灣也做出了相對應的路徑規劃：

短期（2030前）達成低碳：執行目前可行減碳措施，致力減少能源使用與非能源使用的碳排放。

能源系統：透過能源轉型，增加綠能，優先推動已成熟的風電和光電，並布局地熱與海洋能技術研發；以天然氣取代燃煤的使用。

長期（2050前）朝零碳發展：布局長期淨零規劃，使發展中的淨零技術可如期到位，並調整能源、產業結構與社會生活型態。

能源系統：極大化布建再生能源，並透過燃氣機組搭配碳捕捉再利用及封存（CCUS）以及導入氫能發電，來建構零碳電力系統。燃煤則基於戰略安全考量轉為備用。

---

[6] 節錄自：「淨零碳排是什麼？政策、如何實現、關鍵產業一次看！」台灣經濟新報TEJ，2023年5月26日。

極大化各產業部門及民生用具之電氣化：減少非電力之碳排放，集中改善電力部門零碳能源占比。

積極投入各種技術開發：包括高效率的風電及光電發電技術、碳捕捉再利用及封存（CCUS）、氫能發電及運用之技術。

（資料來源：臺灣2050淨零排放路徑及策略總說明）

臺灣2050淨零排放的路徑

根據前面所說的兩階段，為實現淨零排放臺灣於111年3月公布「臺灣2050淨零排放路徑及策略總說明」，其中也公佈了2050淨零碳排路徑圖。

由國發會公布的淨零碳排路徑圖可以知道，臺灣淨零排放路會建立在5大路徑、4大轉型，以及2大治理基礎上。

5大路徑：

工業：提升能效，燃料轉換，循環經濟，創新製程。

電力：再生能源持續擴大，發展新能源科技、儲能、升級電網。

負碳技術：2030進入示範階段，2050進入普及階段。
及建築和運輸兩大路徑。

4大轉型策略：

能源轉型：包含「打造零碳能源系統」、「提升能源系統韌性」、「開創綠色成長」3大策略。

產業轉型：包含「製程改善」、「能源轉換」、「循環經濟」3大面向。

及生活轉型和社會轉型兩大轉型策略。

2大治理基礎：

分別為以發展淨零技術與負排放技術的「科技研發」，和擬定法規制度及政策基礎、碳定價綠色金融的「氣候法制」。

臺灣淨零碳排的12個關鍵策略

政府於111年12月公布「12項關鍵戰略行動計畫」包括：

風電與光電：以風電與光電為再生能源發展主力。

氫能：以氫能為淨零主要選項，運用於產業零碳製程原料、運輸與發電無碳燃料等面向。

前瞻能源：以基載型地熱與海洋能為發展重點，另擴大生質能使用，規劃139年前瞻能源設置裝置量達8－14GW。

電力系統與儲能：推動分散式電網並強化電網韌性，推動電網數位化與操作彈性提升電網應變能力等。

節能：擴大成熟技術應用以提高能源使用效率，同步發展創新能源效率科技，並逐步導入前瞻技術。

碳捕捉利用及封存：以碳捕捉再利用及封存技術移除產業及能源設施碳排放，並開發本土碳封存潛力場址，展開安全性驗證場域計畫。

運具電動化及無碳化：發展電動車上下游相關產業，並整合儲能、充電樁、建築充電安全等基礎建設之技術研發與建置。

資源循環零廢棄：加強產品源頭減量，促進綠色設計及綠色消費，並推動廢棄資源物質能資源化，打造零廢棄的資源永續循環世代。

自然碳匯：執行造林及相關經營工作，降低大氣二氧化碳濃度，並建構負碳農法及海洋棲地、動植物保育技術，保護生物多樣性。

以及淨零綠生活、綠色金融和公正轉型三項。

（資料來源：國家發展委員會網站）

附錄：化工教育因應化學工業發展的措施

一、日治中期－傳統化學工業逐漸改以機械化生產

★ 開辦實業教育及工業教育

臺灣總督府於1912年，在今臺北科技大學現址成立民政學部附屬工業講習所 ，內設土木、金工及電工二科；1917年，修改該所規程，將

上列二科細分為機械、電氣、土木建築、家具及金屬細工等五科並增設應用化學科，該科內分製造、釀造、色染等分科。 1918年，升格為臺灣總督府工業學校，但該校是為日本人所設，修業年限為五年。次年，設立三年制公立臺北工業學校供臺灣人就讀。

1922年，上列兩校合併改名為臺北州立臺北工業學校，設有五年制的本科與三年制的專修科。該校戰後改稱省立臺北工業職業學校，但是在1948年創設省立臺北工業專科學校後，逐年結束停辦。

1931年臺灣總督府在臺南創設了臺南高等工業學校 (成功大學前身) 。先設了機械工學、電氣工學與應用化學三科。應用化學科之教學及研究即以製糖化學、油脂化學、電氣化學和纖維化學四個領域為主。1943年臺南高等工業學校規程修改，在應用化學科之下分設纖維化學部和油脂化學部。復於1944年三月底敕令該校改制為臺南工業專門學校，將機械工學科改稱機械科，電氣工學科改稱電氣科，應用化學科改稱化學工業科。

二、日治後期－新化學工業興起

★ 由於1934年日月潭發電所竣工，電氣化學工業興起，臺南高等工業學校於1940年增設電氣化學科。

★ 增設工業學校及大學工學部

臺灣總督府為因應工業的發展及戰爭的需求，自1938年起，逐步在各地新設三年制和五年制工業學校，至1944年共增設七所州(廳)立工業學校。其中臺中工業學校(1938年)、花蓮港工業學校(1940年)、臺南工業學校(1941年)和嘉義工業學校(1944年)四校皆設有應用化學科；高雄工業學校(1942年)設電氣化學科；新竹工業學校(1944年)則設工業化學科。在增設州立工業學校之前，總督府先增設五所專修工業學校，它們設置的學科以機械和電氣二科為主，僅嘉義專修工業學校(1944年)設置化工科。

臺北帝國大學於1928年開校。最初僅設文政與理農兩學部，在理農學部內設化學科。1936年增設醫學部，1942年理農學部分為理學和農學兩部，1943年增設內含機械工學、電氣工學、應用化學與土木工學等四科的工學部。應用化學科內設有燃料化學、有機工業化學、電氣化學、無機化學、分析化學等五個講座。

三、戰後初期－復建、整合、傳統工業持續發展

★ 戰後教育改制、增設學校：1945年臺灣光復後，教育的體制和內容皆有重大的改變。為了培育戰後復建所需要的人才，政府大幅發展教育，學校和學生數量急遽增加；加之，不復有臺籍 / 日籍學生比例的限制，國民受教機會大增。

四、美援時期－工業開始發展

★ 高工教育及省立工學院的教學大幅改變：1950年起，美援的挹注以及美國教育理念的導入，使得臺灣中等以上的工業職業教育，更有巨幅的改變。在八所高級工業職業學校施行的單位行業訓練制與行業單位教學法；在省立師範學院(今國立師範大學)成立工業教育學系。補助省立工學院(今國立成功大學)大量圖書儀器設備，另新建圖書館；也整修和新建機械、電機和化工三個實習工廠。

五、石油化學發展期－工業蓬勃發展

★ 民國40-50年代：高職 / 高中學生比例為4：6。為增加工業人才，調升高職 / 高工的學生比例，民國60年代：高職 / 高中學生比例為6：4；至70年度，調整高職與高中學生比例為7：3。

★ 1950年代初期，臺灣經濟逐漸發展，工業界需才日益殷切，但是政府受限於財力，就以增班的方式因應。但是同意設置私立大學或學院，遂有國外基督教團體來臺興辦東海大學和中原理工學院；國內人士也逐漸興起辦學之風，前後設立了逢甲工商學院(1960年)、中國文化研究所(1962年，隔年改為中國文化學院成立，設有含實業計畫工學學門)。1963年大同工業專科學校升格為大同工學院；接著1966年淡江文理學院。

★ 1956年國立清華大學在臺復校，9月即招考原子科學研究所首屆研究生；1964年恢復大學部，1972年成立工學院設工業化學系。1958年交通大學在臺復校，先成立國立交通大學電子研究所。1967年，成立工學院並陸續增設系所。

★ 因應高級化學工程人才的需求，1962年國立成功大學領先設置化學工程研究所碩士班，復於1969年增設博士班。

★ 1963年才創設省立高雄工業專科學校。而臺灣塑膠公司創辦人王永慶先生亦於同年設立私立明志工業專科學校，引領私人創設私立專科學校的風潮。在短短的十年內，共新設私立工業專科學校高達20所。

★ 1965年教育部選定25所職業學校於54學年度起試辦五年制職業學校，但是因1968年全面實施九年國民教育，初級職業學校及五年制高級職業學校皆停辦，改辦高級職業學校。

★ 工職實施群集課程，課程設計分為甲、乙兩類：甲類課程加強基礎學科，以培養學生適應變遷及自我發展能力；乙類偏重專業技術之養成，以培育熟練之行業技術基層人員。

★ 為因應臺灣經濟建設的需求，發展高級技職教育，並建構「工業職業學校→工業專科學校→工業技術學院」一貫之工業技職教育，政府乃於1974年設立國立臺灣工業技術學院，1978年才設立化學工程技術系。

六、高科技產業發展期

★ 自1990年代中期開始，政府開放設置私立大專院校；1990年代後期，又開始容許所謂績優專科學校改制為技術學院及科技大學，所以專科學校紛紛升格為技術學院，從而改制科技大學，目前已無工業專科學校，無從培育中級工程人員。

★ 1991年再增設國立雲林技術學院，三年後才增設化學工程技術系。國立臺北工業專科學校遲至1994年才改制升格為國立臺北技術學院，設有化學工程技術系。

★ 工程類系所的改名及轉型，以化學工程學系最多且改變種類較多。改稱化學與材料工程系較多；此外也有改名為化學工程與生物(或生化)科技系，甚至轉型為化粧類學系(例如化妝品應用系)。

★ 教育部於民國82年提出報告，為配合國家經濟建設發展；將逐步擴增我國高等教育數量的發展。教育部也重新檢討高職人數與高中人數的比例，希望到民國90年，調整為5：5。民國89年已達成5：5的目標。

第一章

臺灣化工教育及相關政策之演變

國立成功大學化工系名譽講座教授　翁鴻山

前言

臺灣自1895年被清廷割讓予日本後，最初二十年間的工業主要以製糖、食品與紡織為主，跟這些工業相關的機械工業為輔，所以工業技術僅透過講習所傳授。俟第一次世界大戰結束(1918年)，日本為了積極參與世界經濟的競逐及向華南與南洋擴張勢力，遂開始在臺灣發展工業，將講習所升格為工業學校，設置應用化學科。隨後在臺南創設高等工業學校，設置機械工學、電氣工學及應用化學三科基本工程學科。自1938年起，逐步在各地新設三年制和五年制工業學校，至1944年共增設七所州立工業學校。臺灣總督府為培養高級技術員並從事工業技術的基礎研究，於1943年，在臺北帝國大學增設了內含機械工學、電氣工學、應用化學與土木工學等四科的工學部。

戰後，教育體制和內容皆有重大的改變。加之，國民政府為建設臺灣，積極發展教育，在各縣市廣設職業學校。韓戰爆發後，美國開始協防臺灣並給予經濟援助。不僅新購置許多教學和實驗設備，也對農工教育提供建議，其中施行單位行業訓練制與行業單位教學法，對改進包括化工教育的工業教育有甚大的助益。此外也將臺北工業學校升格為省立臺北工業專科學校。

1953-1960 年，臺灣實施二期經濟建設計畫後，對工業人才的需求逐漸增加，因此政府除於1963年新設省立高雄工業專科學校外，也開放私人創辦專科學校，臺灣塑膠公司創辦人王永慶先生於同年設立私立明志工業專科學校。接著在短短的十年內，共新設含有化工科的私立專科學校高達18所，培育的人才對臺灣化學工業發展裨益甚大。然而自1990年代後期，開始實施專科學校改制政策，專科學校紛紛升格改制為技術學院與科技大學，目前已無工程類的專科學校。

為發展高級技職教育，並建構工業學校 — 工業專科學校 — 工業技術學院一貫之工業技職教育，政府於1974年設立國立臺灣工業技術學院(今國立臺灣科技大學)。隨後又增設國立雲林技術學院，將國立臺北工業專科學校改制升格為國立臺北技術學院，增設國立高雄技術學院。其後因開放私人興辦技術學院(國內第一所私立技術學院-朝陽技術學院於1994年開始招生)，技術學院數量急遽的增加。不久政府又放寬改制科技大學，因此技術學院與科技大學校數大幅增加。

1956年以前，大學層級設有化學工程系的校院僅有國立臺灣大學和臺灣省立工學院(今國立成功大學)。1950年代初期，臺灣經濟逐漸發展，工業界需才日益殷切，但是政府受限於財力，就以增班的方式因應，但是同意設置私立大學校院。因此有東海大學與中原理工學院的創設。其後，又於1970年前後設立四所私立大學校院。此一時期，僅有國立清華大學和國立中央大學二所公立大學設置化工領域的學系。

其後近十八年並無新化工系設立，而是在原有化工系或所增設研究所碩士班或博士班。直至1989年才有遠東企業公司捐建元智工學院(元智大學前身)，1990年燁聯集團(今義聯集團)捐設高雄工學院(義守大學前身)。

1997年長庚醫學院擴大改制而成的長庚大學設立了化學工程學系。公立大學只有在1993年國立中正大學先設化工研究所(1997年設學士班)，同年國立中興大學增設了化工系。2003年國立宜蘭技術學院改制為國立宜蘭大學，設有化學工程與材料工程學系。

另有二所私立專科學校因贈予教育部而改為國立。其一為私立勤益工商專科學校於1992年7月改為國立，1999年升格為技術學院，復於2007年改制為國立勤益科技大學，設有化工與材料工程系。另一為私立聯合工商專科學校，於1995年7月改隸教育部，也於1999年升格為技術學院，2003年改制為國立聯合大學，設有化學工程系。

臺灣大專校院的教學與研究在六十年代有顯著的變化，此種變化肇始於二十世紀五十年代後期，許多工程領域開始以科學方法與理論來觀察、解析及研究。此一趨勢不僅影響到大專院校的教學內涵及研究方向，也促成了相關學系的設置。六十年代以後科技的突飛猛進，使得許多新領域嶄露頭角，包括材料、資源、生物、生醫、光電、微機電等。九十年代起，奈米及新能源科技之興起，使得相關科技之發表更加迅速。這些新領域的發展，也促使化工系教學內容及研究方向進一步改變。

下面，首先對臺灣化工教育的發展及政策的演變作簡要說明，其次針對日治時期與戰後初期的化工教育作較詳細的解析；接著分別就初高職化工教育、專科化工教育、技術學院與科技大學化工教育、一般大學及研究所化工教育作介紹；最後，條列大事記供參考。

第一節　日治時期的實業教育及化工教育

日治初期臺灣在兩種場所進行職業教育，其一是講習所，以農業教育為主；另一則是附設在國語學校之實業部，施行工業教育。講習所方面，1900年在臺北和臺南農事實驗場試行講習生制度，每期一年。該制度直至1919年臺灣教育令公布，實業學校基礎確立後才廢止。這些講習所中，在臺南大目降糖業試驗場附設之糖業講習所，對臺灣的糖業發展貢獻很大。該所於1905年開設，設製糖科與機械科，每期講習二年，十七年中畢業生達363人；製糖科學習的科目包括農學、化學、製糖法等。在國語學校實施之實業教育，最初(1900年底)僅在該校設立鐵道電信科，後來才擴大為實業部，內分農業、鐵道、電信三科。修業年限，農業科二年，其它二科各一年。

總督府為配合其對臺的經濟政策，在職業教育上發展初級職業教育（實業教育）以培養較低級勞動力為目標；在稍後才設置數所中級職業學校及高等職業學校(專科層次)限額招收臺籍學生。在這種教育措施下，臺灣人只能從事較低級的生產工作。在職業學校的學制上，實業學校招收小學畢業生，修業年限三至五年不等，戰時由五年改制為四年制，設置類科僅有農、工、商、水產等四類。也限制私人創辦職業學校，所以在1944年，臺灣僅有一所私立職業學校。[1]

臺北州立臺北工業學校-1930年。(由《飛躍的半世紀》下載。)

化工類科實業教育之創辦

臺灣總督府於1912年(大正元年)，在臺北廳大加蚋堡大安庄(國立臺北科技大學現址)[2]成立「民政學部附屬工業講習所」，內設「土

[1] 汪知亭：臺灣教育史料新編，臺灣商務印書館公司，民國六十七年，頁82-83。

[2] 國立臺北科技大學網頁。

木」、「金工及電工」二科，招收公學校(供臺灣人就讀的小學)畢業或有同等學力的臺灣人，修業年限為三年。五年後(1917年)，修改該所規程，將上列二科細分為五科並增設應用化學科。1918年，將工業講習所升格為「臺灣總督府工業學校」，仍設有應用化學科。但該校是為日本人所設，修業年限為五年(預科二年，本科三年，屬高職層級)。

次年，設立公立臺北工業學校供臺灣人就讀，修業年限為三年。1922年新教育令公布，撤除日、臺人之差別，遂將上列兩校合併改名為臺北州立臺北工業學校，設有五年制的本科(後二年屬高職層級)與三年制的專修科(屬初職層級)。該校光復後改稱省立臺北工業職業學校，但是在1948年創設省立臺北工業專科學校後，逐年結束停辦。臺灣總督府工業學校中之應用化學科及其後省立臺北工業專科學校之化學工程科就是現在國立臺北科技大學化學工程系的前身。

日治時期，工農實業學校很重視實習，每日下午幾乎都是實習時間。相較於農、商學校，工業學校的分科較細，1919年公佈的科別有機械、電氣、土木建築、應用化學、家具及金屬細工等科；其中應用化學科內仍分製造、釀造、色染等分科。在太平洋戰爭發生後，日人為增強戰力，增設許多工農實業學校，也將部分商業學校改為商工專修學校、工農實業學校或擴充工業學科。戰爭後期將修業年限縮減為四年。

化工類科實業教育之擴增

臺灣總督府於1922年將上述二所工業學校合併為臺北工業學校後，十餘年間未再設立工業學校。1934年日月潭發電所竣工及相關輸配電工程完成，高耗電工業興起；加之，1936年臺灣總督府提出工業化與南進基地化之政策，日本大公司紛紛來臺設立工廠；1938年日本政府公佈國家總動員法，以因應中日戰爭之全面化，軍事機構和重工業與化工業相關產業需才更為殷切。在上列三個因素的影響下，臺灣總督府被迫大幅增設工業學校、工業專修學校及工業技術練習生養成所。除臺北工業學校外，至1944年共增設七所州立工業學校：包括臺中工業學校(1938年)、花蓮港工業學校(1940年)、臺南工業學校(1941年)、高雄工業學校(1942年)、彰化工業學校(1944年)、新竹工業學校(1944年)及嘉義工業學校(1944年)[3]。除彰化工業學校，其它各校皆設有應用化學科(或電氣化學科、工業化學科)。另外，也在臺南高等工業學校旁增設州立臺南工業專修學校(1938年)，但未設應用化學科。

此外，也在上列工業學校及臺北商工專修學校，附設了九所工業技術練習生養成所，招收就業中的工人，利用夜間授予技術教育為期一年，其中只有臺北、臺南及花蓮港三所工業學校設有應用化學科。

開南工業學校是最早創立的私立工業學校(1939年)，但未設應用化學科。

化工類專科教育之創辦

臺灣光復前，前後共設有六所專科層級的學校，即臺北帝國大學附屬醫學專門部、臺北商業專門學校、臺中高等農業學校、臺南商業專門學校、臺南高等工業學校及臺北女子專門學校。其中臺南商業專門學校於1928年廢校併入臺北商業專門學校，後來又改名為臺北經濟專門學校。於1931年創設之臺南高等工業學校也在1942年改名為臺南工業專門學校。

臺南高等工業學校本館。(行政大樓)

1932年建竣之臺南高等工業學校應用化學科科館。

[3] 汪知亭：臺灣教育史料新編，前引，頁83-85。

1920年代後期，臺灣島內工業已次第發展，南部工業建設計畫和日本政府南進政策，皆迫切需要高級工程技術人才，但是赴日求學諸多不便，且為進一步提昇臺灣的工業教育水準，臺灣總督府遂於1931年在臺南創設了「臺南高等工業學校」。先設了機械工學，電氣工學與應用化學三科。應用化學科之教學及研究即以製糖化學、油脂化學、電氣化學和纖維化學四個領域為主。該科是臺灣第一個專科層級的化工學堂。[4]

1940年，日本政府為了因應國防工業及配合實業界(包括肥料、鹼業、鋁業等公司和電石廠、電極廠、電鍍廠等)之需要，決定在該校增設電氣化學科並於次年開始招生。1940年，臺灣總督府下令修改該校規程，其中在應用化學科之下分設纖維化學部和油脂化學部。總督府復於1944年初，核准該校增設土木及建築兩科，並於1944年三月底敕令該校改制為「臺南工業專門學校」，四月一日總督府又發佈府令，修改該校規程中有關設置學科之條文，將「應用化學科」改稱「化學工業科」；並增訂第五條明示「工業專門學校教練及修練當為一體」，意謂教學及實習應並重不可偏廢。[5] 曾在該校應用化學科任教或自該科畢業之前輩有賴再得、潘貫、劉盛烈、陳發清等幾位教授。

化工類大學教育之創辦

基於 (1) 臺灣的迴異於日本本島的生態、人文和豐富的物產，值得深入研究；(2) 臺灣特殊的地理位置，可方便研究華南和南洋的自然和人文，為日後向這兩個地區發展鋪路；以及 (3) 方便島內子弟升學並防止臺灣人赴國外留學，當時臺灣總督伊澤多喜男及其擔任學務部長之昆仲伊澤修仁決定創立臺北帝國大學，而於1925年起開始籌備，1928年順利開校。[6] 最初僅設文政與理農兩學部，在理農學部內設化學科。1936年增設醫學部，1942年理農學部分為理學和農學兩

---

[4] 工學溯源－國立成功大學工學院院史，臺南市，國立成功大學工學院，2004年，頁2。

[5] 國立成功大學校史稿，國立成功大學，1991年。

[6] 李園會：日據時期臺灣教育史，國立編譯館出版，復文書局發行，2005年，頁526。

部。臺灣總督府於1940年向日本政府提出在臺北帝國大學增設工學部的建議，獲得同意後開始籌備，而於1943年增設了內含機械工學、電氣工學、應用化學與土木工學等四科的工學部。應用化學科是臺灣第一個大學層級的化工學堂。[7]

臺北帝國大學大門

1963年以前臺大化工系館。(由《臺灣大學校史稿》複製。)

[7] 國立臺灣大學工學院院史，臺北市，國立臺灣大學工學院，2002年，頁3。

第二節　戰後初期的職業教育及化工教育

1945年(民國34年)臺灣光復後，政府引入中國化的教育，因此教育的體制和內容皆有重大的改變。為了培育戰後復建所需要的人才，政府大幅發展教育，學校和學生數量急遽增加；加之，不復有臺籍／日籍學生比例的限制，國民受教機會大增。1950年起，美援的挹注以及美國教育理念的導入，使得臺灣中等以上的職業教育，更有巨幅的改變。

依照我國的學制中等學校分為中學、職業、師範三類，因此臺灣光復後，各實業學校依其性質分別改為工業、商業、農業...等職業學校；原實業補習學校，一部份併入同地同性質的省立職業學校，一部份改為縣市立初級職業學校或職業補習學校。工業職業學校方面，在光復之初，除各州廳立的工業學校一律改為省立工業職業學校外，並將原臺南州立工業專修學校改隸省立臺南工業專科學校(1946年升格為省立工學院)，成為該校附設工業職業學校。(1956年，省立工學院改制為省立成功大學，因校舍不足，附設工業職業學校於1959年被併入省立臺南高級工業職業學校。) 光復之初，全省與工業職業教育相關的私立學校只有開南商工職業學校、大同工業職業學校及建國初級工業職業學校等三所。

高等教育方面，光復後，臺北帝國大學改組為國立臺灣大學，臺南工業專門學校改稱臺灣省立臺南工業專科學校(1946年1月)，後者於1946年10月升格為臺灣省立工學院。省立臺北工業學校則於1948年升格為省立臺北工業專科學校。

日治時代，各實業補習學校修業的年限多為一至二年，光復後均延長為三年。原有各專門學校係招收中學校或高等科畢業生，修業年限為本科三年，專修科一年；光復後，各專門學校改稱專科學校，招收四年或五年制中學校畢業生，本科改為修業四年，專修科改為二年，舊生則仍依舊制畢業。

臺灣光復後，把一學年分為三個學期的制度，改為二個學期。在學制方面，初級職業學校招收國民學校畢業生，高級職業學校招收初中或初職畢業生，修業年限各為三年。為改進初職畢業生不易就業的缺點，逐漸增設高級職業學校，廢止初級職業學校。

光復時，各級學校師資問題嚴重，例如專科學校教員中，臺籍不及十分之一，省教育當局乃採取下列的措施補救：(1) 大專學校及中等學校數理與專門科目的教員，准予留用日籍教師；(2) 至福建等地徵聘教員來臺任教。[8] 迨至1949年，大批教師隨中央政府撥遷來臺後，師荒問題才逐漸解決。

由於就業、軍事訓練和建教合作等措施，皆與全臺職業學校及大專院校之教學相關，所以下面特別就這三項之實施情況予以簡要說明[9]：

就業訓練及考試：民國38年(1949年)起，由政府安排全臺職業學校及省立農、工學院畢業一千餘人，在臺北予以兩週的訓練，成績及格者由政府分發試用半年，經服務機關考核成績優良者，分別補缺實授。39年起，進一步規定，凡本省公私立專科以上學校及高級學校的畢業生，除自行就業外得參加就業考試，考試及格經訓練結業後，再予以分發就業。40年，將就業考試改為就業審查，就業訓練改為就業講習。41年起，由考試院委託臺灣省政府辦理，定名為特種考試臺灣省專科以上學校及高級學校畢業生就業考試，考試及格者再予訓練。42年起，因大專學校及高級職業畢業生接受集中軍訓，就業訓練乃停止辦理，但就業考試乃繼續舉行。

軍事訓練：自40學年度(1951年)第一學期起，各師範學校開始試辦軍事訓練。自41年起，全省大專院校學校畢業生開始接受為期一年的預備軍官教育。43學年度第一學期起，全省專科以上學校開始實施軍事訓練。

建教合作：在臺灣省教育廳之督導下，省立工學院及省立臺北工業專科學校兩校積極進行建教合作事宜，省立工學院設有建教合作部，各系亦均設有服務部，經常接受外界委託。省立臺北工業專科學校辦理與臺灣紙業公司合作設立造紙實驗示範工場，與臺灣區紡織公會合作舉辦紡織人員短期訓練班，與公賣局與工礦公司合作開辦二年制化學工程科。

[8] 汪知亭：臺灣教育史料新編，前引，頁177。
[9] 前引，頁181。

第三節 美援時期的職業教育及化工教育—美援對臺灣化工教育的影響

臺灣經濟成長最快速的幾個時期為1963-1967年、1968-1972年、1983-1987年三個階段。[10] 羊憶蓉在〈教育與國家的發展：「臺灣經驗」的反省〉中認為「工業成長初期的經濟成果，造成政府有財力來擴張教育；而教育擴張加上人力培育策略（高職快速成長），可能是後期經濟快速成長的原因之一」、「在教育擴張與教育結構改變之後，的確出現臺灣的第二波高峰，可能是人力素質改進的功勞」。

光復初期，政府除大量增設高級職業學校及班級以符合社會需求，藉以培養戰後復建所需要的技術人才，並解決初級職業學校畢業生的失業問題。但限於經費，未能達到應有之效果。隨著韓戰爆發與美國援助臺灣，臺灣的職業教育遂有突破性的發展。

1952年，美國安全總署教育顧問安特魯、聯邦教育局副局長李特及美國安全總署中國分署教育組長白朗，在了解臺灣教育改革動向與需求後，向政府提出發展農工教育之計劃，並建議由我國有關院校與美國具有基礎的優良大學合作，經費由美國安全總署籌撥。此項建議經政府研究後認為可行，乃決定高等教育採用國際教育合作的方式，中等職業教育則採資助經費並試辦農工示範職校。[11]

中等工業職業教育

在中等工業職業教育方面，除了資助經費購置教學實驗設備外，也對於職業教育所面臨的問題做成初步決議。包括：課程與教學原則以實用為主，理論為輔；聘請各事業機關中不負專職者參加職校授課，在省立師範學院設工業教育系，以培育師資；學生在校內附設工廠實習外，須參加生產事業工廠實習。

1953年，中美雙方組成視察團於4月至5月赴省立工學院，臺北工專及高級工職實地考查，考查內容包括課程、設備及訓練方法等，事後根據成果寫成報告並提出建議：

[10] 安後暐：美援與臺灣的職業教育，國史館，2010年，頁6。
[11] 前引，頁44。

1. 針對國家經濟建設之需要，從速決定各校現有科別之存廢或加以調整。

2. 工業職業教育以訓練學生就業為宗旨，並不以升學為目的。初職畢業生因限於年紀及體力發展，對實際操作不能勝任應予停辦。

3. 各級工業職業學校應減少理論課程，加強工廠實習。

1953年，在省立師範學院成立工業教育學系，並與賓州州立大學簽訂合約，使師範學院工教系成為培育臺灣工職學校師資中心。院校合作方面，制定師範院校與工業職業學校聯繫辦法。在協定教育政策上，中美雙方採取共同調查、討論，尋找適合改革臺灣職業教育的方式，以解決光復初期工職教育所面臨的問題。

在1953年以前，臺灣共有工業職業學校十八所，分為初級與高級兩種，所設之科別分為機械，電機，化工，土木及礦冶五科。依學校規模設一至五科，但每一科目範圍太廣，且教學太過理論化，培育的畢業生並不十分受工業界歡迎。教育部為改進上列問題，於1954年向相關人士徵求意見，最後決定採用美國施行的單位行業訓練制與行業單位教學法。次學年度起，在八所工業職業學校實施單位行業訓練，成為「工職示範計劃」的開始，並強調各示範學校應配合各該地區之工業活動，且充分利用工廠設備以利學生實習。在此期間，工業職業學校設科分為兩種方式辦理，與化學及化工相關的科別僅有屬單位行業訓練之化驗工科及屬非單位行業訓練之化工科。

以全省設立的科別而言，都市所設立的科別數目較為多元，如臺南，高雄，臺中，新竹等工職學校；至於機工與電工科，則因社會普遍需要，八所工職皆有設立；但化驗工科等科，則因各地需求不同而較少設立。

1958年，工業職業調查團再度舉行全省工業職業調查，並向各校化工、土木、礦冶三科畢業生徵詢就業情況，結果發現學生所學不切實用的情形極為嚴重。教育部根據調查的結果，決定各省立工職內之土木、化工、礦冶三科從1958學年度起不再招生。為使各校對該三科原有之設備、師資員額，班級數目等問題得以解決，並配合社會實際需要，教育廳原則上採取一面擴增工專或增辦工專，一面以新的相關單位行業訓練科目來代替，並要求所設之科目與職業調查結果符合或接近，其中化工科改辦化驗科。

經合會於1963年成立後，在它的建議下，許多農業職業學校改成農工業混合職業學校；後來又有一些商業職業學校改成商工業混合職業學校。

1956年(民國45年)以後，因為本省教育當局全力發展職業教育，所以新設的私立為數甚多。45-49學年度設立的私立工業職業學校，包括桃園縣私立六和高級工業職業學校，臺北縣私立南山工業職業學校，高雄市私立建功高級工業職業學校，臺東縣私立公東高級工業職業學校。50學年度屏東縣立工業職業學校改為省立。

教育廳於1958年(民國47年)2月開始創辦實用技藝訓練中心，選定省立臺中高級工職試辦。因試辦著有成效乃擴大辦理。所設科別屬於化學工業者，有化驗、油漆、陶瓷工、化學工藝等。此外，在本省八所示範工職除繼續採用單位行業訓練科目並酌予增加專業科目時數。也規定實習時數一律增加至每周十五小時，以加強技術訓練。

大專化工教育

在這一段時期，設有化學工程科系仍只有省立臺北工業專科學校(今國立臺北科技大學)、省立工學院(今國立成功大學)及國立臺灣大學，未再增設任何校院。其中省立工學院，經由美國國外業務署介紹，於1953年6月與美國普渡大學（Purdue University）簽訂合作協議，每年由普渡大學派遣教授團來臺，協助該院訂定課程及改善教學方法，並由美國政府補助添購圖書儀器設備及修建實驗室與實驗工廠的經費；該院則每年派遣教授數人赴美訪問觀摩。由於美援的補助，該院圖書儀器設備均有大量增加，另新建圖書館、學生活動中心、保健室各一棟，以及僑生宿舍三棟。也在化工系新蓋了單元操作實驗室及單元程序實驗室，當時是遠東最大的化工實習工廠[12]。

臺北工業專科學校最初僅獲得小額的美援剩餘款，後來美方也同意予以持續的補助，同樣介紹普渡大學跟該校合作。不過補助金額不多，用於化工科的更為有限。倒是美方協助該校成立電子科，對培育電子方面的專業人才助益甚大。

---

[12] 化工溯源-國立成功大學化學工程學系系史，國立成功大學化工系，2011年，頁19-20。

第四節　經濟發展後的工職及大專化工教育

一、工業職業教育的改進[13]

1953年政府連續實施六期的四年經濟建設計畫，後三期(1965年開始)改採出口導向的政策，透過獎勵民間中小企業投資、鼓勵出口、設置加工出口區(高雄、楠梓、臺中)等措施，使得中小企業蓬勃發展，對外貿易長期持續成長和出超。其結果，達到經濟快速成長和物價相當穩定的雙重目標，被譽為「經濟發展的奇蹟」，成為開發中國家的楷模。1963-1973年被稱為經建發展期（也有將1965-1975年視為出口擴張期）。

行政院國際經濟合作發展委員會(簡稱經合會)[14]於民國52年(1963年)成立後，在它的建議下，許多農業職業學校改成農工業混合職業學校；後來又有一些商業職業學校改成商工業混合職業學校。

(一) 試辦五年制高級職業學校

民國54年6月臺灣省政府教育廳訂頒「五年制高級職業學校設置暫行辦法」，除原有18所五年制農校外，另擇工、商、家事三類職業學校中，選擇八所省立職業學校54學年度第一學期起先行試辦。工業職業學校試辦者是新竹工職、彰化工職和嘉義工職[15]。另外也指定臺中縣立沙鹿工業職業學校試辦四年一貫制，由該校紡織科先試辦。民國57年實施九年國民教育後，五年制與四年制分別於57和60年停辦。

同年(54年)，省政府指示：職業教育與科學教育並重。繼而擬定各級學校設立原則，增加職業學校，減少高中增班設校，部分高職改為專科學校。復依據行政院指示，增設工業職業學校班級與工業職業學校，以配合經建發展。

---

[13] 摘錄自：曾勘仁、林樹全、林英明：《臺灣初、高級工業職業教育史概要》，第五章，成大出版社，2023年。

[14] 原為於1948年設立的行政院美援運用委員會（簡稱美援會）。

[15] 教育部中部辦公室：《臺灣省教育發展史料彙編-職業教育補述篇》，國立臺中圖書館，頁139，民國89年。

為改善本省工業迅速發展工業技術人才不足之情勢，自55學年度開始，省政府教育廳選擇部分農業職業學校增設工業類科，變更為農工職業學校。[16]

(二) 實施九年國民教育後職業教育的新措施

為提昇國民整體素質與學識能力，以及國家經濟與各項建設發展之需求，政府於民國57年秋季開始實施九年國民教育。

1. 初職及五年制職業學校停招

民國57年秋季開始實施九年國民教育後，原之初級職業學校及五年制高級職業學校均予停辦。自60學年度開始，完全成為修業三年的高級職業學校。臺灣省40所縣（市）立職業學校之中的36所，自民國57學年度開始分三年改為省立，其中22所改制為省立高中兼辦職業類科或改設為綜合性高級職業學校，其餘的改制為國民中學。

此外，鼓勵私立中學增設職業科，選定適當農校及商校增設工科，以積極發展工科教育。並藉建教合作豐富職業教育內容，提高學生技術水準，擴大畢業生就業範圍。另選定26所國中及社教機關，附設技藝訓練中心。

實施九年國民教育以前，初級工業職業學校設置的科初為有機械科、電機科、化工科、土木科、礦冶科五科，後為機械科、電機科、土木科、紡織科、化學科。高級工業職業學校則除了有機械科、電機科、化工科、土木科、礦冶科等傳統的5科外，另有化驗工科、紡織科、採礦科等屬單位行業22科。[17]

2. 發展職業教育

民國62年，教育廳於中部設立職業訓練中心。為配合產業結構所需技術人力質量變化，職業教育之發展，優先考慮擴充工職及海事等

[16] 教育部中部辦公室：前引書，頁142，民國89年。

[17] 教育部中部辦公室：前引書，頁143，民國89年。

類職業教育，減緩商職之發展，並斟酌各科特性，鼓勵女生報考各類職校。配合內政部技術士技能檢定及發證辦法之全面實施，職業學校畢業生均須接受技能檢定。

在54學年度全省公私立職業學校共計128所，到64學年度已增為157所；其中工業職業學校25所、農工職業學校17所、工商和商工職業學校67所。職業學校學生中工科生佔50％！[18]

民國65年，教育廳鑑於高職學生人數成長迅速，計畫提升高職師資技能水準、充實實用設備，並全面辦理職業學校評鑑。因應經濟迅速的發展，至70年度，調整高職與高中學生比例為7：3。各類職業教育百分率，66學年度工職為48.34%，至71學年度工職增為58.60%。

3. 實施工職教育改進計畫

民國68學年度開始執行為期三年之「工職教育改進計畫」，並繼續調整高中高職結構，包括：1.改高中為職業學校、2.高中兼辦職業類科、3.高中併校發展技職教育及4.新設高級工職。

民國69年，經濟建設十年計劃開始實施，教育部依據「復興基地重要建設方針—文化建設之目標與策略之三」，於是年6月30日成立研究規劃小組，進行規畫「延長以職業教育為主之國民教育」，教育廳亦配合研究規畫「延長以職業教育為主之國民教育、加強職業教育及補習教育」。

高職教育之發展規畫中，工職教育改進計畫自69年度起執行，至72年度完成。其中推廣輪調建教合作有三要點：

(1) 合作工場須接受教育廳委託之工業職業訓練協會「三重管制」；

(2) 自69學年度起，建教合作班新生進入工場生產線前，須接受基礎訓練；

(3) 基礎訓練經費由中央補助一半，省自籌配合一半。

[18] 汪知亭：《臺灣教育史料新編》，臺灣商務印書館公司，頁403，民國67年。

4. 工職實施群集課程 (由群集課程分類得知科組分類)

1974年，行政院院長蔣經國推動十大建設，包括南北高速公路、中正國際機場、鐵路電氣化、北迴鐵路、臺中港、蘇澳港六項重要交通建設；及大煉鋼廠、石油化學工業、高雄造船廠三項重化工業與核能發電廠等工業基礎建設，為臺灣國防、國內外交通、城鄉建設、重工業、石化業與能源發展打下良好基礎。這些重大的經濟政策及設施，使得臺灣晉身亞洲四小龍之列，更創造了難能可貴的臺灣奇蹟。1973-1979年是臺灣經建蓬勃發展期。

因為課程是工職教育改進的要項，教育部遂委請師大工業教育研究所對實施群集課程可行性作調查研究。研究報告提出後，經多次研討，於72年決議工職類科應予歸併分類為機械、電機、電子、化工、營建、工藝等六群發展課程。75年又修訂公布為機械、電機電子、化工、土木建築、工藝等五群。

課程設計分為甲、乙兩類：甲類課程加強基礎學科，以培養學生適應變遷及自我發展能力。乙類偏重專業技術之養成，以培育熟練之行業技術基層人員。[19]

總計有五群，甲類17科、乙類26科；其中化工群的類科為：

甲類：化工科。

乙類：化工、染整、紡織(分機紡、機織、針織等三組)、礦冶(金屬工業組)等四科。

5. 延長以職業教育為主之國民教育

教育廳為強化國中畢業生登記入學「延長國教班」之效果，決定修正「試辦延長以職業教育為主之國民教育」策略，針對應屆國中畢業生升學與就業意願，採行不同措施。計畫於77學年度起，擇校試辦「綜合高中」，以配合延長十二年國民教育之趨勢，高級中等教育分為高中、高職二大類之學制形態，將予廢除。

---

[19] 教育部中部辦公室：前引書，國立臺中圖書館，頁118、149，民國89年。

民國79學年度高級工業職業學校一年級之類科為二類四十二科[20]：

甲類：化工等十六科。

乙類：化工、紡織科機紡組、染整組等二十六科。

跟75年頒布的群科比較，乙類少了金屬化工群的礦冶科(金屬工業組)。

二、經濟發展後的大專化工教育

(一) 專科學校急速增加

在專科層級的教育，繼臺北工業學校於戰後升格為省立臺北工業專科學校之後，政府於1963年才創設省立高雄工業專科學校，臺灣塑膠公司創辦人王永慶先生亦於同年設立私立明志工業專科學校。接著在短短的十年內，共新設含有化工科的私立專科學校高達18所[21]，培育的人才對臺灣化學工業發展裨益甚大。然而自1990年代後期開始，專科學校紛紛升格改制為技術學院與科技大學，目前已無工業類的專科學校，此一風潮不僅導致在我國的教育體制內無法培育中級工程人員，大學畢業生素質也因而低落，亟待設法改善。

[20] 教育部中部辦公室：前引書，頁149，民國89年。

[21] 徐南號：現代化與技職教育演變，幼獅文化事業公司，民國七十七年。

1963年剛成立時之臺灣省立高雄工業專科學校。
(由高雄應用科技大學郭東義副校長提供，下同)

高雄工專化工館。

明志工專化工科教室(1966年新生入學)。
(由明志科技大學簡文鎮主任提供，下同)

明志工專舊化工系館(65年)。

(二) 技術學院與科技大學的增設

為因應臺灣經濟建設的需求，發展高級技職教育，政府乃於1974年設立國立臺灣工業技術學院(今國立臺灣科技大學，該校到1978年才增設化學工程技術系)，至1991年再增設國立雲林技術學院。隨後於1994年將國立臺北工業專科學校改制升格為國立臺北技術學院，次年增設國立高雄技術學院。國內第一所私立技術學院可追溯到1994年開始招生的私立朝陽技術學院。該校於次年成立四年制應用化學系與應用化學研究所碩士班。其後因實施專科改制政策及開放私人興辦技術學院，技術學院數量急遽的增加。不久，部份的技術學院又改制為科技大學，因此科技大學校數也大幅增加。

1977年臺灣工業技術學院初創時之校景。
（由臺灣科技大學周宜雄副校長提供，右同）

1980年臺灣工業技術學院化工系初創時之系館。

美國尼克森副總統主持東海大學破土典禮，
右為蔡培火董事，左為葛蘭翰博士。[複製自《東海大學五十年校史》(2007年)。]

私立東海大學藉篤學勤勞爲國家育英才爲人羣圖福社以歸榮上帝中華民國四十二年十一月十一日經始校舍之營造美利堅合衆國副總統尼克森先生莅行破土禮謹誌

HERE ON NOVEMBER 11, 1953
THE HONORABLE RICHARD M. NIXON, VICE-PRESIDENT
OF THE UNITED STATES OF AMERICA, BROKE GROUND
FOR THE BUILDING OF TUNGHAI UNIVERSITY, A UNIVERSITY
DEDICATED THROUGH LEARNING AND LABOR TO THE
GLORY OF GOD, THE MEETING OF THE NEEDS OF CHINA AND
THE SERVICE OF ALL MANKIND.

東海大學破土中英文紀念碑。
（資料來源：同前。）

行政大樓是東海大學行政與教學的起點。
（資料來源：同前。）

(三) 普通大學化工系的擴增

1955年以前，大學層級設有化學工程系的校院僅有國立臺灣大學和臺灣省立工學院(今國立成功大學)。1950年代初期，臺灣經濟逐漸發展，工業界需才日益殷切，但是政府受限於財力，就以增班的方式因應。同一時期，臺灣政局漸趨穩定，遂有國外基督教團體來臺興辦大學校院，1955年設置東海大學與中原理工學院(兩校皆有化學工程系)，為創設私立大學校院之濫觴。其後國內人士也逐漸興起辦學之風，1962年中國文化大學首開先河，接著在1970~1971年，先後創設了大同工學院、淡江文理學院及逢甲大學。此一時期，設有化工領

上：中原理工學院創校時，化工、物理、化學及土木四系共用科學館_19554年。
下：化工館正式成立_1981年。(由《飛躍的半世紀》下載。)

淡江大學前身淡江文理學院校門(1960年)。
複製自《鷹揚萬里》淡江大學出版，2010年。]

1970年淡江大學一景。(資料來源：同前。)

元智大學創校記者會（1989.7.17）。
[複製自《元智大學》(江弘毅等編輯，1999年。]

元智一館（1989.7）。(資料來源：同前。)

元智二館工程（1991.6），化工系座落於此館。
(資料來源：同前。)

22 本篇第六章。

域學系的公立大學僅有國立清華大學(於1972年設工業化學系)和國立中央大學(1970年設化學工程學系)。臺大呂維明教授稱此時期(1954～1975) 為首波擴增期。[22]

其後近十八年並無新化工系設立，而是在原有化工系或所增設研究所碩士班或博士班。直至1989年才由遠東企業公司捐建元智大學，1990年再由燁聯集團捐設高雄工學院(今義守大學)，兩校皆設有化學工程學系。1997年長庚醫學院擴大改制而成的長庚大學設立了化學工程學系。

公立大學只有在1993年國立中正大學先設化工研究所(1997年設學士班)，同年國立中興大學增設了化學工程學系。此時期(1975～2006) 為第二波擴增期。2003年國立宜蘭技術學院改制為國立宜蘭大學，設有化學工程與材料工程學系。

(四) 課程變革

二十世紀五十年代後期，許多工程領域開始以科學的方法與理論來觀察、解析及研究。此一趨勢影響到教學的內涵及研究方向，諸如流體輸送、熱傳送、質量傳送、電磁傳導的問題。[23] 因應此一趨勢，各校化工系開授科目之內容也逐步更新，例如在化工原理(一)(二)逐步引入輸送現象的觀念，並將化工實驗擴大為單元操作實驗和化工單元程序實驗。

部訂化工課程也於1965年作了大幅度的修訂，將化工原理改為輸送現象與單元操作；化工計算改為質能平衡；二學期的工業化學分為化學工業概論和單元程序；工業分析改為儀器分析；熱工學改為化工熱力學；化學工廠設計改為程序設計；應用力學和材料力學合併為工程力學；增開經濟學、化工動力學和程序控制。有關課程的變革，將於第六章作較詳細的說明。

---

[22] 本篇第六章。

[23] 化工溯源－國立成功大學化學工程學系系史，前引，頁24。

成大化工研究所碩士班
第一屆畢業生與賴再得所長合照。

博士學位證書 博字第一二八號

吳文騰係臺灣省臺南縣人
中華民國參拾肆年拾壹月拾捌日生
在國立成功大學化學工程
研究所研究期滿由該校推薦
為博士學位候選人於六十四年
三月經本部博士學位評定
會考試合格依學位授予法之
規定授予工學博士學位此證

教育部部長 蔣彥士

中華民國六十四年三月 日

成大化工研究所博士班第一屆畢業生
吳文騰之博士學位證書，是由教育部頒發。

(五) 化工研究所的設立

成功大學化工系於1962年率先成立碩士班，兩年後臺大化工系也設立碩士班。此兩校設研究所初期，都採取美國大學的體制，但在師資上都嫌不足，倖有行政院國家科學委員會(簡稱國科會)前身之「長期科學發展委員會」，補助各校邀請國外學人來臺擔任客座教授或開辦短期研習會以彌補此一缺陷，也以下述之措施鼓勵各大學在職教師赴國外進修，數年後各校之師資有顯著改善。[24]

成功大學化學工程研究所復於1969年領先設置博士班。

(六) 國科會與教育部的加持

行政院國家長期發展科學委員會於1965年七月在成功大學設立工程科學研究中心，臺大與交大為協辦單位。該中心的設置對包括化工的工程科學人員之訓練（包括出國進修、研究）與延聘及專題研究之獎助有甚大的助益。

24 本篇第六章。

清大化工系舊館。
（由《飛躍的半世紀》下載。）

1983年行政院為培育科技人才推動科技研究，以專案補助國立大學院校相關系所，用於購置研究設備，領域涵蓋生物技術、食品科技、光電科技、資訊、材料、能源、自動化、肝炎防治。同時也提供額外名額用於延聘科技教師。各校工學院機械、電機、化工及材料等系所獲得此項補助。[25] 此外，行政院也以專案的方式逐年增撥教師名額，供給各校延攬海外學人回國服務。[26] 此二專案對工學院及化工系之教學及研究裨益甚多，不僅擴大了研究領域也提升了研究的水準。

(七) 電子計算機啟用及個人電腦普遍化的效應

電子計算機(俗稱電腦)的發明，雖可追溯到1946年美國賓州大學設計完成第一部主要元件為真空管的大型ENIAC電腦，以及1951年美國國際商業機器公司（IBM）推出UNIVAC-1的第一部商用電腦，但是耗電大、體積大、速度慢。1954年再推出主要元件為電晶體的電

[25] 臺灣省政府教育廳編印：臺灣教育發展史料彙編，大專教育篇，臺中圖書館出版，民國七十六年，頁1324。
[26] 前引，頁1377。

子計算機，使用FORTRAN及COBOL語言，因體積小、省電耐用、計算能力強，而逐漸被採用。1964年IBM又推出主要元件為積體電路的IBM 360型電腦，並開始使用作業系統，發展出BASIC、RPG等高階語言後，始被一些大學與大公司廣泛採用。

行政院國家長期發展科學委員會於1965年七月，分別在成功大學等大學設置工程科學等五個研究中心。[27] 隔年由國科會補助購置電子計算機（成功大學購置IBM 1130），對各大學之教學及研究有極大的助益。

後來於1970年代各大學也陸續成立「電子計算機中心」。

1971年桌上型個人電腦開始大量生產，除了可在辦公室或房間使用而不必到電子計算機中心(室)外，隨後學術網路興起後，搜尋、閱讀、收集資料及通訊更加方便。

(八) 學術網路的衝擊

為展開網路服務，各校電子計算機中心於1980年後期開始建置第一代骨幹網路，各系所也開始建置其內部網路。教育部為支援全國各級學校及研究機構之教學研究活動，並促進資源分享與合作，於1990年(民國79年)7月起，與幾個主要國立大學共同建立一個全國性教學研究網路。

透過此一學術網路，可以很方便地搜尋、閱讀、收集許多資料以及通訊，對師生的教學、研究及學習裨益甚大。1990年後期起，各校為了因應校園網路流量快速成長之需求，骨幹設備全面更新，並陸續將「電子計算機中心」更名為「計算機與網路中心」。

[27] 國立成功大學校史稿，國立成功大學，1991年。

第五節　高科技對高工及大專化工教育之衝擊

前言

1979年臺灣又受石油危機影響，故轉而發展耗能少、較沒有污染且高附加價值的產業。1979年制定「十年經濟建設計畫」，將機械、電子、電機、運輸工具列為「策略性工業」。1979-1990年是臺灣新科技與新產業發展期，電子產業開始發展。

1980年設立新竹科學工業園區，主要為積體電路、電腦及周邊、通訊、光電、精密機械和生物技術等產業發展主軸之科學園區，為我國第一個科學園區，以優惠鼓勵投資新科技產業。新竹科學園區設立的宗旨，在建立臺灣高品質的研發、生產、工作、生活、休閒的人性化環境，吸引高科技人才，引進高科技技術，建立高科技產業發展基地，並逐步擴展至中、南科，以促進臺灣產業升級。

1980年工研院電子所籌組聯華電子公司，同時移轉四吋晶圓技術。1987年工研院電子所將六吋晶圓技術移轉，由工研院院長張忠謀領軍成立台灣積體電路製造公司。

1980年代中期以後，臺灣轉向技術與知識密集的產業發展；2000年又開始發展生物科技、綠色能源、精緻農業、觀光旅遊、醫療照護及文化創意等六大新興產業，綠色矽島及兩兆雙星產業(兩兆產業為半導體產業及影像顯示產業，數年後其年產值將各達新台幣一兆元以上。雙星產業為數位內容產業及生物技術產業，意指為具高度成長潛力的產業)，1990年之後，高科技產業迅速發展，被視為臺灣高科技產業發展期，高級工業職業學校培育這些產業所需的○○人力，而大學相關理工系所即時提供了高至博士級的大量人才因應。

一、高級工業職業教育之調整（民國80-108年）

(一) 高職與高中學生數比例之調整

實施九年國民教育之前，高職與高中學生數的比例約為4：6。其後隨著經濟建設的發展，政府積極發展職業教育，至64學年度比例已達6：4。當時臺灣省公私職業學校共計157所，其中工業職校25所，農工職校17所、工商職校67所；職業學校學生中屬工科者佔半數。

為因應工程建設與工業發展，民國66年經建會提出之「人力發展計畫專案」，修正至民國70年時高職與高中學生人數比要達成7：3之目標；此後7：3便成為固定之政策目標，民國80學年度已達6.9：3.1。[28]

1. 調整原因與目標

因為科技不斷提升，產業型態也由當初勞力密集轉為技術密集、資金密集的型態，加上高科技、電腦、資訊、自動化技術的影響，生產機具推陳出新，所需基層技術人力相對變少，，中高級技術人力、服務業人力需求大增；研發人才、具國際觀的管理人才及國際事務人才嚴重不足，高職教育已難因應社會之變遷。教育部遂於民國82年提出報告，為配合國家經濟建設發展；將逐步擴增我國高等教育數量的發展；也重新檢討高職人數與高中人數的比例，希望到民國90年，調整為5：5。

2. 調整方法

調整方法是藉減設高職，增設高中，或縣市立國中改制為完全中學，允許高職改制高中，並推動綜合中學制，在高職設普通科等等政策，期能達到高職生與高中生5：5的目標。民國89年已達成5：5的目標。

(二) 工業職業學校化工類科之調整

民國87年開始實施的課程，不再強調群集課程而稱為工職新課程，但是仍分機械、電機電子、化工、土木建築、工藝等五類；由教育部於87年9月公布的「職業學校各類科課程標準總綱」可推知，當時工業職業學校共設有化工、環境檢驗等24科。與79學年度比較，有下列的差異：

(1) 科不再分甲、乙兩類。

(2) 化工類中，不再設紡織科機紡組和染整組。

教育部於97年3月公布、98年8月1日起施行的「職業學校群科課

[28] 羊憶蓉：《教育與國家發展：臺灣經驗》，桂冠圖書公司，臺北市，頁49-54，1994年。

程綱要」中，又恢復將工業類的科分為機械群、電機與電子群、土木與建築群、化工群、工藝群等五群，工業類各群中，化工群包含化工科、紡織科、染整科、環境檢驗科等科。

跟87年9月公布的「職業學校各類科課程標準總綱」內列出的科別比較，化工群增設了紡織科、染整科。增設這二科，應該是為因應產業及社會發展的需求。

教育部於107年11、12月公布的「十二年國民基本教育技術型高級中等學校群科課程綱要」中，又恢復將工業類的科分為機械群、動力機械群、電機與電子群、土木與建築群、化工群等五群另加屬藝術與設計類的設計群，工業類中，化工群包括：化工科、紡織科、染整科、環境檢驗科，跟97年3月公布的「職業學校群科課程綱要」中列出的科別相同。

(三) 新課程綱要

「十二年國民基本教育課程綱要總綱（簡稱總綱）」於民國103年制定完成並發布，於108學年度依照不同教育階段（國民小學、國民中學及高級中等學校一年級）逐年實施，因此又稱為「108課綱」。該總綱對化工群的教育目標、核心素養、教學科目與時數、課程架構等皆有詳細規定及說明，請參見第三章最後一節。

二、大專化工教育之變遷

(一) 新設國立技術學院

政府於1974年設立國立臺灣工業技術學院(今國立臺灣科技大學)後，到 1991年才再增設國立雲林技術學院(今國立雲林科技大學)，3年後設化學工程系。遲至1994年才將國立臺北工業專科學校改制升格為國立臺北技術學院(今國立臺北科技大學)，原化學工程科亦升格為化學工程系。次年又增設國立高雄技術學院(後改制為國立高雄第一科技大學，2022年併入國立高雄科技大學)。

(二) 大學化工系所改名與轉型

1973年首波石油危機發生後，大眾警覺從此沒有低廉的化石原料；其後由於人民生活改善更重視污染防治；在1980年代，在臺灣又不幸發生了數起公安和污染的事件，減低了年輕人報考化學或化工系的意願。鑒於環境的變化，國內外大學化工系，紛紛走上改名之途。依據臺大化工系呂維明教授的認知，在美國有超過二成(31/137)改了名稱，多在化工後面加環工、生物或材料。在日本有九成以上的大學把化學工程改為物質化學工程、材料化學工程或生物化學工程。在國內，長庚化工系搶先在1999年改稱化學與材料工程系，此後包括中央、淡江和元智等共十八所校院也改稱化學與材料工程系，此外，也有將化工系改名為化學工程與生物(或生化)科技系，甚至轉型。

(三) 大學化工教育之改進

教育部於1989年起，分三年撥款至數所大學化工系，以改善化工汙染防治教育。除了規劃新實驗項目購置儀器設備外，也持續開授與汙染防治相關的科目。復於1998年開始施行「化學工程教育改進計畫」。包括「化工安全教育」、「程序工程」、「化工電腦教學」和「特用化學品教學」四項，分五年執行。

(四) 改制為技術學院與科技大學的浪潮—工業專科教育衰落

1996年教育部公佈遴選專科學校改制技術學院辦法，輔導績優專科學校改制技術學院並附設專科部，也發布大學及分部設立標準。所以1990年代後期開始，專科學校紛紛升格改制為技術學院；接著，許多技術學院又申請改制科技大學，所以技術學院所剩無幾，而且目前已無工業類的專科學校。此一風潮不僅導致在我國的教育體制內無法培育中級工業與工程人員，大學畢業生素質也因而低落，亟待設法改善。教育部為彌補此一缺憾，特別在數所公、私立科技大學設立專科部，惟就讀學生很少。

三、因應推動淨零碳排與AI科技化工科系的作法

除了先前一再呼籲強調的工安與污染防治的問題外，近年化工產業面臨多種挑戰，包括如何節能、減少碳排、應用AI科技等。自今(2023)年10月起，臺灣將徵收碳費，明年歐盟也要課徵碳稅，對產業界將是最棘手的問題。此外公司也需重視ESG、CSR等因素對營運的影響外，也要注意產業結構與產業趨勢對化工產業的影響。下面將依序簡要介紹淨零碳排、AI科技與ESG，及建議化工科系的因應作法。

(一) 淨零碳排[29、30]

由於煤炭、石油和天然氣的大量開挖使用，排放巨量的二氧化碳，加之甲烷、水汽、氧化亞氮、氟氯碳化物、臭氧等溫室氣體的排放導致地球暖化，引發全球氣候激烈變遷天災頻傳。為降低地球暖化速度，減少二氧化碳生成排放是刻不容緩的工作。世界各國陸續提出「2050淨零排放」的宣示與行動，我政府亦於2022年3月作相同的宣示，並制訂推動的路徑及策略，由相關部會開始執行。

氟氯碳化合物的排放和洩漏也嚴重破壞臭氧層，不僅對人體會造成頭痛、皮膚癌、刺激呼吸道等負面影響，對植物生長、農作物和動物都會受到危害。南極的臭氧層的破洞還導致南半球升溫。

減少二氧化碳排放(簡稱減碳)有三種方式和目標：淨零排放、碳中和、負碳排。其中，「淨零排放」是努力讓人為的溫室氣體排放量達到最少，並非完全不排放，是使溫室氣體排放量趨近於零。「碳中和」是指企業或組織在特定時間內的「二氧化碳排放量」等於「二氧化碳清除量」，互相抵銷達成碳中和，或稱為淨零排放二氧化碳。「負碳排」則是指在特定時間段之內所消除的二氧化碳量大於所產生的二氧化碳量，使得（產生的二氧化碳量）—（消除的二氧化碳量）＝負值。

減少二氧化碳排放最直接且有效的作法，是不使用煤炭、石油和

---

29 臺灣經濟新報TEJ：報導文章，2023年5月26日。

30 國家發展委員會網站。

天然氣為發電廠、工廠與家用的燃料和生產化學品的原料；車輛船隻不使用燃料，改用電池；發電廠改以太陽能等綠能發電。而將發電廠和工廠生成的二氧化碳轉化為有用的產品(負碳排)，且將產品盡量回收利用，也是積極的作法。

負碳排的作法是 (1) 以固體物資吸收二氧化碳製造各種固體產品，或 (2) 以綠氫等還原氣體和二氧化碳反應製成合成氣，用為燃料，或進一步製成其它化學品。

化工科系可以在化工程序、程序設計或污染防治等課程中，介紹淨零排放的作法，項目可包括：

1. 二氧化碳等溫室氣體及效應

2. 關於減少二氧化碳排放的名詞：

   碳中和、負碳排、淨零碳排

3. 減少二氧化碳的方法：

(1) 由源頭著手：
   電力、動力和燃料等能源改用太陽能、風力等綠能。
   不使用煤、天然氣和石油煉製品為燃料和發電。

不以煤液化、石油煉製、天然氣重組等方法製造各種化學品及民生用品。

(2) 捕捉、利用與封存：
   CCS：二氧化碳的捕捉封存
   CCUS：二氧化碳的捕捉、利用與封存
   以固體物資吸收二氧化碳製造各種固體產品。

以綠氫等還原氣體和二氧化碳反應製成合成氣，用為燃料，或進一步製成其它化學品。

(二) AI科技

人工智慧AI科技的研發，雖然可追溯自1951年神經網絡機的問世，其後歷經二次的黃金年代(1956-1974：1980 -1987)及二次跌入低谷，1993年開始快速發展，包括物聯網(IoT)的問世，2012年進入研發與應用的爆發期。人工智慧AI科技應用的範圍相當廣闊，化工科系的教師和學生除瞭解ChatGPT等的使用外，宜聚焦於在化工產業的應用。

近年化學工業面臨許多挑戰，除了 ESG 等因素對產業的影響外，產業結構與產業趨勢的轉變也是化工產業難以避免的困境。其中化學工業如何因應推動淨零碳排和結合人工智慧（AI）科技，人工智慧科技有以下幾大應用方向[31]：

1. 運用AI輔助產品研發

2. 運用AI分析生產品質不良的關鍵要因

3. 運用AI預測生產過程品質

4. 運用AI優化生產系統運作效率

因應ESG的要求與挑戰，如何優化高耗能設備的能源使用效率，也是化工產業的AI運用方向。透過AI建模將過去系統操作參數建立模型，藉此在生產效率、品質與能耗間平衡，取得最佳化的生產參數。

化工科系可以在程序控制或程序設計的課程中介紹AI科技，也可以開授選修科目「AI科技在化工產業的應用」，將下列的項目納入：

(1) AI發展史、(2) AI科技的分類、(3) AI應用範圍、(4) 工業人工智慧、(5) AI在化工相關產業的應用(包括：食品、醫藥；原料、中間產品、最終產品等的調配；晶片)、(5) AI在化工製程的應用(包括：產品研發；製程設計、操作、控制、調整；產品品質的改良(配方、操作條件) 。

(三) 企業永續發展的關鍵指標 - ESG[32]

ESG分別是環境保護（E，Environmental）、社會責任（S，Social）以及公司治理（G，Governance）的縮寫，是一種新型態評估一個企業是否永續經營的數據與指標。其中環境保護代表企業需重視環境永續議題，涵蓋管理溫室氣體排放、能源使用(減少碳排放)、水資源(儘量

[31] 杰倫智能科技公司：CTIMES文章，2023年2月19日。

[32] 鄧白氏D&B集團網頁。

回收使用)和污染處理等。社會責任包括管理它們的供應鏈、勞資關係、員工的工作環境、資訊安全和社區計畫等。公司治理則包含公司內部控管、股東權利、企業道德、資訊透明、企業合規等議題。

近期因為疫情、全球氣候激烈變遷天災頻傳、海平面逐漸上升等現象，人們開始思考如何與自然環境共存，同時也督促企業界在營運中如何保護環境、尚盡社會責任，期能達到永續經營。近年，因為疫情、戰爭與天災，許多品牌供應鏈斷鏈，影響公司營收。現在企業必須落實ESG的目標，確實作好公司治理，減少對環境、社會的衝擊，並能達到永續經營。

化工科系可以在適當的場合，介紹ESG的理念和目標。

第六節　新科技對大專化工教育之衝擊

除上述，因生活改善人們更重視污染防治，自1980年代起，各校化工系逐漸開授與污染防治相關的課程。隨後，生化、生物、半導體、光電、奈米、新能源等新科技相繼問世，為因應新科技時代的來臨，在大專化工教學方面，除了開授新選修科目外，訂定了許多新學程；在研究方面，則有大幅度的改變。教授們為了順應潮流爭取經費，研究方向作了調整，甚至研究領域也作了改變；研究生之研究題目也隨指導教授之旨意訂定。在這種潮流下，從事化工基礎研究者寥若晨星。研究生畢業後就業，也以上列行業為優先，造成傳統產業乏人問津之窘境。

參考資料：

汪知亭：臺灣教育史料新編，臺灣商務印書館公司，民國六十七年。

安後暐：美援與臺灣的職業教育，國史館，2010年。

徐南號：現代化與技職教育演變，幼獅文化事業公司，民國七十七年。

李園會：日據時期臺灣教育史，國立編譯館出版，復文書局發行，2005年。

江文雄：總說（本省職業教育之沿革與展望），臺灣教育發展史料彙編—職業教育篇，臺灣省政府教育廳編印，臺中圖書館出版，民國七十四年。

臺灣省政府教育廳編印：臺灣教育發展史料彙編—職業教育篇，臺中圖書館出版，民國七十四年。

臺灣省政府教育廳編印：臺灣教育發展史料彙編—大專教育篇，臺中圖書館出版，民國七十六年。

教育部中部辦公室編印：臺灣教育發展史料彙編—職業教育補述篇，民國八十九年。

張鐸嚴：臺灣教育發展史，國立空中大學，臺北縣蘆洲市，2005年。
教育部網頁。
國立臺北科技大學網頁。

阿部洋(代表)：日本殖民地教育政策史料集成(臺灣篇)，龍溪書舍，東京，2007年。

楊麗祝、鄭麗玲：百年風華—北科校史，國立臺北科技大學，2008年。

臺灣總督府臺南高等工業學校一覽，昭和七、九、十一、十三年度。

國立成功大學校史稿，國立成功大學，1991年。

國立成功大學化學工程學系系史稿，國立成功大學化工系，1994年。

工學溯源—國立成功大學工學院院史，國立成功大學工學院，2004年。

化工溯源—國立成功大學化學工程學系系史，國立成功大學化工系，2011年。

國立臺灣大學工學院院史，國立臺灣大學工學院，2002年。

陳順清：1927-1956之臺灣工業教育—以臺南工業專門學校與臺灣省立工學院為例，國立清華大學歷史研究所碩士論文，2007年。

方俊育：技術與政治—臺灣戰後工業職業教育發展史(1946-1986)，國立清華大學歷史研究所碩士論文，2010年。

金柏全：日治時期臺灣實業教育之變遷，國立臺灣大學歷史系碩士論文，2008年。

鄭麗玲：臺灣第一所工業學校，新北市，稻鄉出版社，2012年。

鄭麗玲、楊麗祝：臺北工業生的回憶，臺北市，國立臺北科技大學，2009年。

高淑媛：頭冷胸寬腳敏—成大早期畢業生與臺灣工業化，國立成功大學，2011年。

凃照彥著，李明峻譯：日本帝國主義下的臺灣，人間出版社，臺北市，1993年。

教育部中部辦公室：《臺灣省教育發展史料彙編—職業教育補述篇》，國立臺中圖書館，頁139，民國89年。

高淑媛：《成功的基礎—成大的臺南高等工業學校時期》，國立成功大學博物館，2011年。

高淑媛：《臺灣工業史》，五南圖書出版公司，2016年。

翁鴻山：《臺灣工業教育與工程教育發展歷程概要》，成大出版社，2020年。

曾勘仁、林樹全、林英明：《臺灣初、高級工業職業教育史概要》，第五章，成大出版社，2023年。

國家發展委員會網頁及出版品。

維基百科。

第二章

日治時期與戰後初期之化工教育

國立成功大學化工系名譽講座教授　翁鴻山

在第一章，曾提及臺灣的正式化學工程類(含應用化學)教育始自1918年設置供日人就讀之臺灣總督府工業學校與次年增設供臺人就讀之公立臺北工業學校，也提到1931年創立屬專科層級之臺南高等工業學校的應用化學科，以及1943年在臺北帝國大學增設屬大學層級的應用化學科，但未就入學、課程、師資、實習及就業等情形作較詳細的說明，本章將就這三所學校(包括改制後) 在日治時期與戰後初期之應用化學及化學工程教育作較深入之解說。

第一節　日治時期之中等工業教育

大正元年(1912年) 創立民政學部附屬工業講習所，分「木工」、「金工及電工」兩大類，修業年限三年，招收公學校畢業生或同等學力之臺籍學生。1917年重新修訂工業講習所規則，設機械、電工、土木建築、應用化學、家具金工等科。1918年改制為臺灣總督府工業學校專收日本學生，修業年限為五年，預科二年、本科三年，招收小學校畢業生。次年在同一校區增設公立臺北工業學校供臺灣人就讀，修業年限僅為三年。1921年上述兩校分別改名為臺北州立臺北第一、二工業學校，隔年臺灣新教育令公布，撤除日、臺人之差別，1923年上列兩校合併並改名為臺北州立臺北工業學校(以下簡稱臺北工業學校)，設有五年制的本科與三年制的專修科(1938年縮短為二年)，原臺北第二工業學校學生被歸為三年制的專修科 [1]。鄭麗玲將1925年以前稱為舊制工業學校，又將1923年以前視為臺、日隔離工業教育，1923年以後為臺、日共學工業教育。[2]

---

[1] 楊麗祝、鄭麗玲，《百年風華-北科校史：日治時期校史》，國立臺北科技大學出版，2008年。

[2] 鄭麗玲，《臺灣第一所工業學校》，第二章，稻鄉出版社，2012年。

[3] 鄭麗玲，《臺灣第一所工業學校》，頁27、30，稻鄉出版社，2012年。

臺北工業學校招收小學校(以日本學生為主)和公學校(以臺灣學生為主) 的畢業生，但是也有高等科一、二年級學生報名參加入學考試，考上的人也不少。入學考試先有筆試，之後有口試。臺北工業學校招生錄取率，日籍生大都超過30 %，甚至高達80 %；臺籍生則多低於10 %，顯見臺灣學生能就讀臺北工業學校非常不容易，其它工業學校亦然。

至1944年共創立九所工業學校：除臺北工業學校外，有臺中工業學校、花蓮港工業學校、臺南工業學校、高雄工業學校、彰化工業學校、新竹工業學校、嘉義工業學校及私立開南工業學校。

第二節　日治時期化工類之中等工業教育

1912年創立之工業講習所未設置應用化學科，1917年重新修訂工業講習所規則時，始設應用化學科。1918年設置臺灣總督府工業學校時也因應產業界之需求設應用化學科，為臺灣境內正規中等化工教育之始。

下面就以臺北工業學校為例，說明應用化學科之課程、師資、實習、就業與升學狀況。

課程

臺、日隔離工業教育期間，應用化學科的課程列於表二-二-1。表中臺人工業學校和日人工業學校分別指公立臺北工業學校和總督府工業學校。臺人工業學校較少傳授理論而偏重實習，應用化學科內有製造、釀造、色染等分組。

臺、日共學期間，應用化學科的課程如下[3]：

表二-二-1 兩所臺北工業學校應用化學科授課科目比較

台人工業學校							日人工業學校						
	第一年		第二年		第三年			第一年		第二年		第三年	
科目	時數	授課內容	時數	授課內容	時數	授課內容	科目	時數	授課內容	時數	授課內容	時數	授課內容
實修	12	分析預備、定性分析、定量分析	14	定量分析、工業分析（製造、釀造分科）	20	工業分析（製造、釀造分科）	實修	13	定性分析、定量分析、製造實驗	14	同左	19	工業分析、製造實驗
			11	實驗（色染分科）	17	實驗（色染分科）							
機械學及製圖	0		4	機械大意、製圖	5	同左，製造用機械	應用機械學	0		2	力、構造	4	發動機、電池、電機及機械
							製圖	4	臨摹圖、透示圖	3	機械製圖示意圖	0	
應用化學	0		5	一般應用化學、特別應用化學	7	同左	應用化學	0		6	製藥、酸鹼、燃料、油脂、冶金、窯業、石灰、瓦斯等	8	紙、賽璐珞、纖維、製革、護膜、釀造、電氣化學等
							鑛物學	2	岩石及礦物	0		0	

1. 三年制(專修科)：

普通科目：修身[1-1-1]、國語[4-3-2]、數學[5-4-2]、理化學[3-2-0]、圖畫[6-0-0]、體操[2-2-2]、英語[3-2-0]；另有製圖、材料及工作法。括弧內之數字表示三學年每週上課時數。

專業科目：參見表二-二-2。

表二-二-2 臺北工業學校應用化學科三年制授課時數表

	第一年		第二年		第三年	
科目	時數	授課內容	時數	授課內容	時數	授課內容
應用化學	0		5	一般應用化學 特別應用化學	7	同左
圖畫	6	用器畫 自在畫	3	自在畫 一般圖案(色染)	3	色染圖案(色染)
機械學及製圖	0		4	機械大意、製圖	5	同左、製造用機械
實修	12	分析預備 定性分析	14	定量分析、工業分析(製造、釀造)	20	工業分析 製造、釀造
		定量分析	11	實驗(色染)	17	實驗 色染

資料來源：鄭麗玲，《臺灣第一所工業學校》，頁30，稻鄉出版社，2012年。

2. 五年制(本科)：

普通科目：修身、國語(講讀、作文文法)、數學(算術、代數；代數、幾何)、歷史、地理、博物、英語(譯讀、作文文法)、圖畫[6-0-0]、體操(自在畫、用器畫)；第二學年增加物理、化學、體操、教練、作業；第三學年尚有修身、國語、英語、物理、化學、體操、教練、武道，另有製圖、實習；第四學年新增公民、法制經濟(後改為商業大意)。

專業科目：從第三學年起開授，第三學年有礦物、第一應化、第二應化；第四學年有機工、第一應化、第二應化。第三應化、理論化學、分析化學、有機化學；第五學年有機工、電工、第一應化、第二應化。第三應化、第四應化、電化。

師資

專業科目的教師多畢業自高等工業學校，初期來自日本本地，1934年臺南高等工業學校開始有畢業生後，也聘用該校的畢業生。

實習

製造與釀造組在校內實習工場進行醬油、醋等的釀造實驗，色染組則從事包括布料染色的實驗。校外實習是由校方安排，到啤酒工廠、酒廠、糖廠、臺北帝國大學農藝化學教室等機構，也可自行接洽。

就業與升學情況

1917年修訂工業講習所規則而新設的應用化學科，歷經三度改制，在1920年開始有畢業生，至1925年為止共有50名，他們是舊制工業學校畢業生，進入糖廠、酒廠等服務的約佔60 %。

根據《臺北工業學校一覽》[4] 之統計資料，該科畢業生就職於「官公署」佔42%、「製糖業」有25 %，而歸類於「電氣業」、「其它會社」、「教員」、「國內留學」、「日本或海外公司」、「自營商」和「其他」者則分別有3-6 %。由於官署及附屬機構限制任用臺灣人，日本公司不喜歡雇用臺灣人，若有任用，也是同工不同酬；臺籍畢業生因就業較困難，只好到私人公司或成為自營商。日本公司在海外的加給沒有臺、日之別，所以也有些臺籍畢業生遠赴滿州(中國東北)、華南、南洋等地工作。

1920年末期及1930年初期，適逢世界經濟大恐慌，所以就業較不順利。1931年臺南高等工業學校設立，就有不少臺北工業學校五年制畢業生報考該校。至1943年共有19名考上該校應用化學科，另有16名到日本內地升學。

1938年日本政府發佈「國家總動員法」，隨後又公佈「學校卒業者使用限制令」[5]、「從業者雇用限制令」、「從業者移動防止令」

[4] 臺北工業學校編，1920年。

[5] 此處「限制」意指「需經核可」。

及「企業許可令」等，厚生省(在臺灣則為總督府)利用這些法令支配人力，當然也分配工業技術人員，因此對工業學校畢業生的就業有重大的影響。根據前面二個法令，產業方(會社、公司)需向官方提出就業申請書，核可後，各校即配合辦理分派的事宜。「學校卒業者使用限制令」限制聘雇的學科有應用化學等九類，並依教育程度區分為大學畢業、專科學校(含高等學校)畢業及實業學校畢業三級。而「從業者雇用限制令」限制雇用的行業共有十六類，包括化學技術者和分析工兩類。雖然這些法令限制了選擇就業類別及場所的自由，但是因政府與企業亟需工業人員，所以就業並不困難。

工業技術練習生養成所之應用化學科

在第一章曾提到工業學校及商工專修學校附設了九所工業技術練習生養成所，但是其中只有臺北、臺南及花蓮港三所工業學校附設之養成所設有應用化學科，開授的專業科目只有應用化學大意和分析化學二科。

第三節 日治時期之高等工業教育

一、創設臺南高等工業學校

臺灣總督府於昭和6年(1931年，民國20年)在臺南創設了「臺南高等工業學校」。先設機械工學、電氣工學與應用化學三科。(該校創設之背景請參閱本篇附錄：〈臺南高等工業學校開校典禮致詞〉。)該校修業年限三年，招收中學(包括五年制工業學校)畢業生或專門學校學生經檢定合格者；擬插班逕入第二學年者，需經檢定合格。首屆入學考試應考學生共409名，結果錄取72名，上列三科分別錄取25、25、22名。該校學生修業年限原定為三年，1938年8月，日本政府因軍事機構與企業亟需技術人才，宣佈將畢業日期提前三個月，次年更提前半年。[6、7]

1940年，日本政府為了因應國防工業及配合實業界(包括肥料、鹼業、鋁業等公司和電石廠、電極廠、電鍍廠等)之需要，決定在該校增設電氣化學科並於次年開始招生。1943年，臺灣總督府下令修改該校規程，修改後之規程為，機械工學科之下分設機械工學部和化學機械部；電氣工學科之下分設電力工學部和通信工學部；應用化學科之下分設纖維化學部和油脂化學部。由上述之改變，可看出當時日本政府及實業界之需求。繼增設電氣化學科後，臺灣總督府復於1944年初核准本校增設土木及建築兩科，並於該年三月招收新生。

在1940年以前，該校機械工學、電氣工學及應用化學三科各科招生名額都在十餘名至二十餘名。1941年起為因應戰時之需求，機械工學和電氣工學兩科皆擴大招生，陡增為七十餘名，電氣化學科首次招生亦錄取高達三十六名，全校錄取總人數由原均為七、八十名激增為兩百一十一名。

---

[6] 石萬壽、林瑞明：《國立成功大學校史稿》，國立成功大學教務處，1994年。

[7] 日治時期中、小學一學年分三個學期，但是高等工業學校和大學卻只分二個學期，第一學期自4月1日起至10月31日止，第二學期自11月1日起至隔年3月31日止。每年有三次的休業日，夏季休業日自7月11日起長達52天；但是冬、春季休業日則分別僅有8、6天而已。

臺北州立臺北工業學校。
（由《百年風華-北科校史：日治時期校史》複製。）

臺北工業學校應用化學科學生在校內工場製造醬油。
（由《百年風華-北科校史：日治時期校史》複製。）

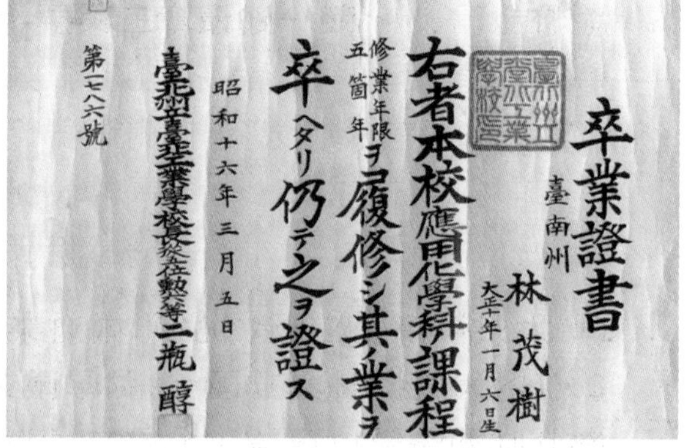

卒業證書
臺南州
林茂樹
大正十年一月六日生
右者本校應用化學科課程
修業年限五箇年ヲ履修シ其ノ業ヲ
卒ヘタリ仍テ之ヲ證ス
昭和十六年三月五日
臺北州立臺北工業學校長從五位勲六等三瓶醇
第一七八六號

臺北工業學校畢業證書。
（由《百年風華-北科校史：日治時期校史》複製。）

該校的教學重視實用，學科目表(即課程表) 中除了安排較多的實用科目外，也安排許多實驗。此外，也替學生安排校外參觀學習與假期實習。

第一次改制

臺灣總督府於1944年三月底敕令該校改制為「臺南工業專門學校」，此一措施顯示當局為配合日本帝國實際的需求，將高等工業教育轉向實用化。四月一日總督府又發佈府令，修改該校規程中有關設置學科之條文，將機械工學科、電氣工學科及應用化學科，改稱機械科、電氣科及化學工業科；並增訂第五條明示「工業專門學校教練及修練當為一體」，意謂教學及實習應並重不可偏廢。

軍訓

日治時期各科的學科目表中每個學期皆有安排「教練」乙科，此學科目實質是軍訓，學校教職員工中配置一名「教練」，由軍方選派，負責軍訓業務。

二、臺北帝國大學增設工學部

創設

日本政府於1943年10月在臺北帝國大學增設內含有機械工學、電氣工學、應用化學與土木工學等四科的工學部，招收高等學校、高等工業學校(或專門學校)畢業生及該校預科生。修業年限三年。日本在統治臺灣最後時期設立臺北帝國大學工學部，建構了初級到高級完整的工業教育體系。[8]

---

[8]《國立臺灣大學工學院院史》，臺灣大學工學院，2002年。

入學

臺北帝國大學入學管道有三種：第一類是由該校預科直升，第二類是由高等學校畢業生志願報名，第三類是高等工業學校或工業專門學校等畢業生報考。工學部首屆入學學生52人中，一半是由預科直升，另一半是招考入學者；52人中，臺籍學生僅有2人；第二屆學生75人中，臺籍學生僅有4人；第三屆學生54人中，臺籍學生僅有10人；每屆臺籍學生僅占3.8 - 18.5 %，顯見日本人與臺灣人之受教權有很大的差別。

教師編制

臺北帝國大學教師編制採用講座制，每一講座設一教授，其下有助教授、講師、助手及副手等若干人，分別執行各自領域的教學、實驗與研究工作。

課程

臺北帝國大學工學部學生修讀的課程，包括工學部共通必選科目(表三-二-1)、工學部自由選修的科目及各科內講座開授的科目。表三-二-2列出由臺北帝大工學部講座開授的課程。

表三-二-1 臺北帝大工學部院共通必選學科(1943年)

科目	每週時數		單位數
	第一學期	第二學期	
數學	3	3	6
數學大意	2	2	4
力學	2	2	4
力學大意	1	1	2
應用力學	3	3	6
應用力學大意及演習	2	2	4
應用彈性學	2	2	4
材料力學實驗講義	0	1	1
工業物理學	2	2	4
熱力學	1	1	2
工業分析化學	1	1	2

續表三-二-1 臺北帝大工學部院共通必選學科(1943年)

科目	每週時數		單位數
	第一學期	第二學期	
金屬材料學大意	2	0	2
金屬組織學	1	1	2
放射線工學大意	1	0	1
工業地質學	2	0	2
建築學大意	2	0	2
工場建築	2	0	2
機構學	1	1	2
機械設計	3	3	6
機構學及機械設計大意	1	1	2
熱及熱機關大意	1	1	2
熱及熱力學	2	2	4
工業熱傳播論	2	0	2
水力學及流體力學	2	2	4
機械工作法大意	1	1	2
機械工學大意	2	2	4
電氣工學概論	1	1	2
電氣磁氣學	2	2	4
電氣測定法及電氣計器	2	2	4
電氣工學實驗大要講義	2	0	2
應用電氣工學特論	2	0	2
物理化學	1	1	2
無機化學	2	2	4
有機化學	2	2	4
水理學第一	2	2	4
土木材料	1	1	2
一般測量	3	0	3
特殊測量（三角測量ヲ含ム）	0	3	3
國土計畫	2	2	4
工業經濟	2	0	2
工場管理	2	0	2
數學演習	2	2	4
力學演習	1	1	2
應用力學演習	2	2	4
材料力學實驗	3	0	3

續表三-二-1 臺北帝大工學部院共通必選學科(1943年)

科目	每週時數		單位數
	第一學期	第二學期	
工業物理學實驗	3	3	6
工業分析化學實驗	9	9	18
機械製圖大要	3	3	6
機械工學實驗大要	3	0	3
電氣工學實驗大要	0	3	3
物理化學實驗	0	3	3
工業化學實驗大要	3	0	3
一般測量實習及製圖	3	0	3
特殊測量實習及製圖	0	3	3

資料來源：臺北帝國大學，《臺北帝國大學一覽》昭和十八年，頁112-117。

表三-二-2 臺北帝大工學部講座課程

講座名稱	開設年度	科目	擔任教授
機械工學第一講座	1943	機械設計法、機械學、機械力學	
機械工學第二講座	1944	蒸氣原動機	
機械工學第三講座	1944	內燃機	
機械工學第四講座	1943	水力學及水力機械	
機械工學第五講座	1943	機械工作法	
機械工學第六講座	1945	冷凍機冷藏法及化學機械	
電氣工學第一講座	1943	電氣理論	
電氣工學第二講座	1944	電氣通信	
電氣工學第三講座	1943	電氣機械	
電氣工學第四講座	1944	電力及應用	
電氣工學第五講座	1943	電氣測定法	
電氣工學第六講座	1945	高週波電氣工學	
應用化學第一講座	1944	工業化學大意	黑澤俊一
應用化學第二講座	1944	化學	高橋久男(兼任講師)

續表三-二-2 臺北帝大工學部講座課程

講座名稱	開設年度	科目	擔任教授
應用化學第三講座	1943	工業電氣化學	加藤二郎
應用化學第四講座	1943	纖維化學	大野一月
應用化學第五講座	1943	石油及燃料	安藤一雄/筒井孝洋
應用化學第六講座	1945	有機化學	山下正太郎
土木工學第一講座	1943	混泥土工學	
土木工學第二講座	1943	橋樑	
土木工學第三講座	1945	上水及下水	
土木工學第四講座	1944	河川、港灣	
土木工學第五講座	1944	鐵道、鐵路	
土木工學第六講座	1944	構造力學	
材料強弱學	1943	材料及構造強弱學、彈性學	
工業物理學	1943	工業物理及實驗	
應用數學力學	1943	數學及力學	
工業分析化學	1943	工業分析學	
金屬材料學	1943	金屬材料學	
金屬材料學	1944	金屬材料學	

資料來源：國立臺灣大學工學院院史25-26頁，2002年。《臺北帝國大學移交檔案》1945年；《臺北帝大沿革史》1960年。

畢業

依規定，修業年限最短三年，修習的科目需超過150單位，提出論文審查合格後可以取得學士學位。第二次世界大戰期間，校方縮短修業年限為二年半，1945年10月開始有畢業生，雖然大戰於該年8月結束，但因該校尚未被國民政府接收，仍由臺北帝國大學頒發卒業證書，機械工學科劉鼎嶽是獲頒卒業證書的第一位臺籍畢業生，劉君復於次年(1946年) 6月由改制後的國立臺灣大學頒發畢業證書，上面登載他在工學院機械工程學系修業期滿。[註：該校工學部於1943年10月創立，上述二戰期間修業年限為縮短二年半，應至1946年3月才有畢業生，但在1945年10月滿二年就有畢業生，需探究原因。

第四節　日治時期之高等化工教育

一、臺南高等工業學校應用化學科

臺南高等工業學校之應用化學科之教學及研究即以製糖化學、油脂化學、電氣化學和纖維化學四個領域為主。該科是臺灣第一個專科層級的化工學堂。第一年招生時，錄取22名，臺日生各半。第二年臺生即降至約三分之一，其後更下降到約十分之一，顯然是臺灣總督府採取歧視臺人政策之結果。

課程

表四-一-1是昭和6年1月公佈之「臺灣總督府高等工業學校規則」[9]中所列應用化學科的學科目及每週教授時數；表四-一-2是該校應用化學科為第一屆畢業生實際開授的學科目表。比較這二個表可知：1. 該科科長對開授的學科目有很大的調整權力；2. 學科目除基礎理論的學科目外，也相當重視實用。熱帶特產物工業化學第一及第二的授課內容包括製糖、肥料、芳香油、橡膠、澱粉、釀造；工業化學第一至第三講授水泥、肥料、燐、製鹽、蘇打、黏土、皮革、樹脂、塗料、壓克力、煤、燃料、鋁、製紙、石油、石灰、酸鹼、晒粉等。重視實用學科目的精神一直沒變，從第一至十三屆畢業生在學中修讀的實用學科目(表四-一-3)，可印證此一說法。

臺南高等工業學校大門。

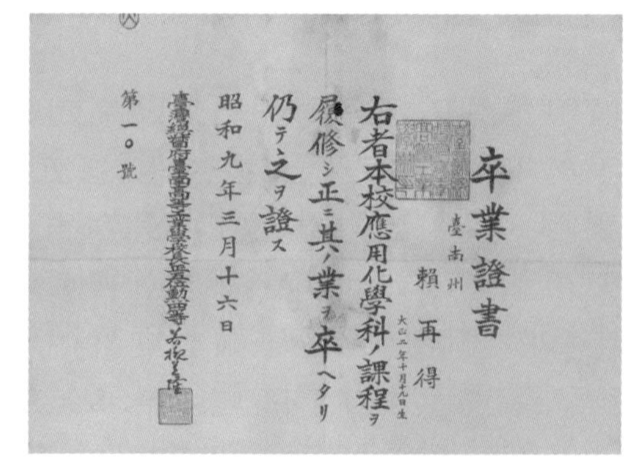

卒業證書

臺南州
賴再得

右者本校應用化學科ノ課程ヲ
履修シ正ニ其ノ業ヲ卒ヘタリ
仍テ之ヲ證ス

昭和九年三月十六日

第一〇號

臺南高等工業學校應用化學科
第一屆賴再得畢業證書。

9《臺灣總督府臺南高等工業學校一覽》，昭和7年。

臺南高等工業學校應用化學科
第一屆開學師生合照（劉盛烈教授提供）。

第一屆高工畢業生合影。

表四-—-1 總督府臺南高等工業學校應用化學科學科目表

學科目 ＼ 每週教授時數	第一學年		第二學年		第三學年		備註
	第一學期	第二學期	第一學期	第二學期	第一學期	第二學期	
修身	1	1	1	1	1	1	
體操	3	3	3	2	2	2	
英語	3	3	3	3	-	-	
獨語	3	3	2	2	-	-	即德語
數學	4	4	-	-	-	-	
物理學及實驗	4	4	-	-	-	-	
無機化學	3	3	-	-	-	-	
有機化學	3	3	-	-	-	-	
物理化學	-	-	2	2	-	-	
電氣化學	-	-	-	-	2	-	
應用膠質化學	-	-	-	-	-	1	
應用生物化學	-	-	-	2	-	-	
鑛物學及冶金學	2	-	-	-	-	-	
同　第二	-	-	2	1	2	2	
工業化學第一	-	-	2	1	2	2	
同　第二	-	-	2	1	2	2	
同　第三	-	-	3	3	3	3	
製糖工業	-	-	-	-	2	2	
機械工學	-	2	2	2	-	-	
機械製圖	-	-	3	3	-	-	
化學機械	-	-	-	-	2	2	
電氣工學	-	-	2	2	-	-	
工廠建築及工廠衛生	-	-	-	-	1	1	
工業經濟及工廠管理法	-	-	-	-	2	2	
分析	14	14	-	-	-	-	
實驗及實習	-	-	11	14	17	18	
特別講義	-	-	-	-	-	-	
計	40	40	40	40	40	40	

備考 特別講義ハ他學科目教授ノ都合ニ依リ随時之ヲ課スルコトトス。

*資料來源：總督府臺南高等工業學校一覽昭和七年度。

表四-一-2 總督府臺南高等工業學校應用化學科第一回畢業生在學中修習科目表(開授學期以「○」註記)

學科目＼每週教授時數	第一學年		第二學年		第三學年		備註
	第一學期	第二學期	第一學期	第二學期	第一學期	第二學期	
修身							*未開課
體操	○	○	○	○	○	○	
教練	○	○	○	○	○	○	*即軍訓，未列於規則學科目表
英語	○	○	○	○			
獨語	○	○	○	○			*即德語
數學	○	○					
物理學	○	○					*未列於規則學科目表
物理學及實驗	○	○					*第2學期包括2小時實驗
無機化學	○	○					
物理化學			○	○			
電氣化學					○	○	
應用膠質化學							*未開課
應用生物化學							*未開課
鑛物學及冶金學	○						
熱帶特產物工業化學第一							*未開課
同　第二					○		*改開樹脂及塗料
工業化學第一			○	○			
同　第二			○	○			
同　第三					○	○	*改開纖維素工業
製糖工業						○	*改開製糖化學
機械工學		○	○	○			
機械製圖			○	○			
化學機械					○	○	
電氣工學			○	○	○	○	
工廠建築及工廠衛生					○		
工業經濟及工廠管理法					○	○	
分析	○	○					
實驗及實習			○	○	○	○	
特別講義							*改開下列科目之一
醱酵化學			○				*未列於規則學科目表

續表四-一-2 總督府臺南高等工業學校應用化學科第一回畢業生在學中修習科目表(開授學期以「○」註記)

每週教授時數 學科目	第一學年		第二學年		第三學年		備註
	第一學期	第二學期	第一學期	第二學期	第一學期	第二學期	
工業化學第四			○	○			*未列於規則學科目表
芳香油					○	○	*未列於規則學科目表
油脂化學					○	○	*未列於規則學科目表
ゴム(橡膠)工業						○	*未列於規則學科目表
產業地理						○	*未列於規則學科目表

表四-一-3 臺南高等工業學校之應用化學科開授之實用學科目

畢業屆次	在學年度	開授之實用學科目	備註
1	1931/4- 1934/3-	鑛物學及冶金、樹脂肪體塗料、纖維素工業、製糖化學、機械工學、機械製圖、化學機械、電氣工學及實驗、醱酵化學、芳香油、油脂化學、橡膠工業、產業地理。	
2.	1932/4- 1935/3	應用鑛物學、應用電氣化學、油脂化學、醱酵化學、製糖化學、芳香油化學、塗料及護膜工業、無機工業藥品、肥料工業、窯業、冶金、乾餾工業、機械工學、化學機械、電氣工學、產業地理、機械製圖、寫真化學、膠質化學、橡膠工業、製革及製膠	
3	1933/4- 1936/3	同上，另增樹脂及塗料	
4	1934/4- 1937/3	同上，但未開授橡膠工業、製革及製膠 另增皮革工業、塗料工業	
5	1935/4- 1938/3	同上，另增電氣實驗、化學兵器	
6	1936/4- 1939/3	同上，另增炭水化合物化學	
7	1937/4- 1940/3	同上，但未開授電氣實驗、炭水化合物化學	
8	1938/4- 1941/3	同上，但未開授皮革工業、塗料工業 另增火藥學	

續表四-一-3 臺南高等工業學校之應用化學科開授之實用學科目

畢業屆次	在學年度	開授之實用學科目	備註
9	1939/4-1942/3	機械工學大意、電氣工學大意、電氣化學、膠質化學、冶金及金相學、火藥學、化學機械、機械設計及製圖	
10	1940/4-1942/12	同上，另增高溫度化學、原價計算	提早3個月畢業
11	1941/4-1943/9	同上，但未開授高溫度化學、原價計算，另增機械工學化學機械、電氣爐工學	提早6個月畢業
12	1942/4-1944/9	電氣工學大意、電氣化學、膠質化學、冶金及金相學、機械設計及製圖、機械工學化學機械、合成燃料、石炭及石油、油脂製品、橡膠及合成橡膠、醱酵	同上
13	1943/4-1945/9	電氣化學、電氣工學、酵素化學、油脂化學、石炭及石油、化學機械、機械設計及製圖、機械、金屬、橡膠工業	同上

表四-一-4是該校應用化學科為第九屆畢業生實際開授的學科目表。

該屆畢業生是於1939年入學，當時中日戰爭已進入第三年，日本偷襲珍珠港二次世界大戰爆發，為了配合1938年發佈縮短修業年限之政策，開授的學科目作了大幅度的調整。不僅開授科目顯著減少。工業化學偏向有機化學而開授有機工業化學(第一至第三)，也開授火藥學。該屆學生原應於1942年3月畢業，提早於1941年12月畢業。

隨後幾屆(1940年起入學者)也提早一學期畢業。校方將第一學年二個學期的學科目授課內容濃縮為一個學期，並將第二、三學年的學科目各提前一個學期開授。表四-一-5是該校應用化學科為第十二屆畢業生實際開授的學科目表。該屆畢業生是在1942年4月入學，提早於1944年9月畢業。如上述，校方將第二、三學年的學科目提前一學期開授。此外因應軍事機構的需求，也開授合成燃料、石炭與石油、油脂製品、橡膠及合成橡膠等科目。

表四-一-4 應用化學科第九回畢業生在學中修習科目

學科目＼每週教授時數	第一學年		第二學年		第三學年	
	第一學期	第二學期	第一學期	第二學期	第一學期	第二學期
體操	○	○	○	○	○	
教練	○	○	○	○	○	
英語	○	○	○	○		
獨語	○	○	○	○	○	
數學	○	○				
物理學	○	○				
物理實驗	○	○				
無機化學	○	○				
有機化學	○	○				
分析化學	○	○	○			
鑛物學						
有機工業化學第一			○	○	○	
有機工業化學第二			○	○		
有機工業化學第三			○	○	○	
物理化學			○	○		
無機工業化學			○	○	○	
工業化學通論			○	○	○	
機械工學大意		○	○		○	
電氣工學大意			○	○	○	
膠質化學					○	
冶金學及金相學					○	
化學機械					○	
工場建築及工場衛生					○	
工業經濟及工場管理法					○	
機械設計及製圖					○	
分析					○	
實驗及實習					○	

表四-一-5 應用化學科第十二回畢業生在學中修習科目

學科目＼每週教授時數	第一學年		第二學年		第三學年	
	第一學期	第二學期	第一學期	第二學期	第一學期	第二學期
修身	○		○	○	○	○
體操	○		○	○	○	○
教練	○		○	○	○	○
英語	○		○	○		
獨語	○		○	○		
數學	○					
物理學	○					
物理實驗			○			
無機化學	○					
有機化學	○					
分析化學	○					
鑛物學	○					
物理化學			○	○		
電氣工學大意			○	○		
電氣化學			○	○		
膠質化學					○	
冶金學及金相學			○	○		
工場建築及工場衛生					○	
工業經濟及工場管理法					○	○
機械設計及製圖			○	○	○	○
分析	○					
實驗			○	○		○
生物化學			○	○		
合成化學			○	○		
機械工學化學機械					○	○
製糖化學					○	○
合成燃料					○	○
石炭、石油					○	○
油脂化學					○	○
油脂製品					○	
物理化學實驗					○	
ゴム及合成ゴム (即橡膠及合成橡膠)						○
醱酵						○
無機化學工業						○

實驗與實習

應用化學科很重視實習，每週實驗課高達11-18小時。興建科館時就設置分析、有機化學、物理化學(二間) 、工業化學、工業分析(二間) 等學生實驗室及天平室(二間) 、蒸餾水室、玻璃細工室與硫化氫發生室。另有製糖化學實驗室、油脂化學實驗室、光學機械室、比色計室、燃料實驗室、液體燃料實驗室。為方便師生從事實驗及研究，設有煤氣槽和蓄電池室，經由配管和線路供應全科館實驗用的煤氣和直流電。此外，也安排校外見習(參觀學習)，場所包括鹽廠、糖廠、紙廠、酒廠、水泥廠、糖業試驗所等。

師資

開校初期，應用化學科聘有教授四位，助手、講師和囑託各一位(三者皆可授課) [10]，四位教授中，有二位擁有博士學位，在當時是很難得的師資。後來又增聘助教授二位，另由中央研究所、日本石油株式會社及專賣局等機構聘請數位教師講授較實用的科目。該科專任教師最初皆為日籍，1939年才第一次聘臺籍賴再得擔任教務囑託(次年因新設電氣化學科，轉入該科升任助教授，開授製造化學概論、實驗及實習)，1940年再聘陳發清為講師，教授有機化學和膠質化學，二位皆為該科的畢業生。

同年電氣化學科聘潘貫為講師，在該科和應用化學科開授電氣材料化學、鑛物學和物理化學。

就業與升學情況

臺南高等工業學校第一屆入學22名學生中，有18名於1934年3月畢業，校方為了建立聲望及後續的發展，提早於前一年就開始替準畢業生引介工作，校長和各科科長多方協助學生找工作。然而適逢世界經濟大恐慌，介紹工作並不順利，甚至校長到滿洲(今東北) 視察時，

[10] 日治時期教師之等級依序為教授，助教授、助手、講師和囑託，皆可授課。

[11] 高淑媛：《成功的基礎》，【成大八十–再訪青春】，國立成功大學博物館，2011年。

也擔負了推介的任務。由於日本公司不喜歡任用臺灣人，臺籍畢業生的就業更加困難，只好到私人公司，或繼續升學。應用化學科第一屆畢業生之就業情況如表四-一-6所示。該屆18名畢業生臺、日籍各半，畢業當年，日籍生已有7名找到工作；而臺籍生只有4名找到工作，其中郭教遠赴滿洲就業；賴再得是由科長介紹到善化私人澱粉廠任職，而以產學合作的方式留在學校從事檢測及乾燥方法的研究。劉盛烈於隔年考入臺北帝國大學農理學部化學科。畢業二年後，日籍生都已就業，但是臺籍生仍有1名找不到工作，另1名成為自營商。第二屆畢業生之就業情況並未好轉，第三屆起則因日本經濟好轉及軍需工業繁榮，技術人才需求殷切，就業轉為容易。[11]

表四-一-6 應用化學科第一回畢業生就業情形

姓 名	畢業當年（昭和9年）	畢業二年後（昭和11年）
濱 明	臺灣製糖株式會社本社（屏東）	臺灣製糖株式會社車路墘製糖所
奏 俊郎	大日本製糖株式會社（虎尾）	大日本製糖株式會社烏日製糖所
廣松建臣	大阪帝國大學工學部釀造學科	大阪帝國大學工學部釀造學科
古橋政一	東京工業大學學染料學科	東京工業大學染料學科
馮全裕	---	新竹州湖口自營商
龜山榮二	高雄杉原商店（臺南高等工業學校應用化學科ニテ研究中）	高雄杉原商店
岸上傑夫	臺中州清水帽子檢查所	臺中州清水帽子檢查所
郭教	滿蒙殖產株式會社（大連）	滿州國專賣石油類大連取扱事務所
小倉 勇	---	專賣局臺北南門工場
賴再得	善化丸林澱粉製造所	善化丸林澱粉工場
李火木	---	製糖株式會社溪州工場
林錫坤	---	---
劉盛烈	---	臺北帝國大學理農學部在學中
谷口與一郎	鹽水港製糖株式會社（新營）	鹽水港製糖株式會社
鄭魏爐	大永興業株式會社（臺北）	臺北市大永興業株式會社
陳進添	---	臺南州勸業課
陳陽生	臺灣製鹽株式會社（安平）	臺灣製鹽株式會社
鶴田大吉	---	專賣局臺中工場

這裡順便提到一個難得的事實：由於賴再得對善化之澱粉廠有突出的貢獻，廠主體會到技術研究的重要性，也對臺南高等工業學校應用化學科給予很高的評價，遂陸續要求他的三個孩子報考該科，後來三兄弟都順利地從該科畢業。

臺南高等工業學校應用化學科第一屆至第十三屆(1934年3月-1945年9月)與電氣化學科畢業生人數請參見表四-一-7。第一至第八屆應用化學科臺、日籍畢業生就業機構類別列於表四-一-8。由該表可看出：日籍生多任職於官署和大公司，而臺籍生多在小公司或私人工廠就業。

表四-一7 臺南高等工業學校應用化學科與電氣化學科*畢業生統計表

屆次	入學**(公元)	畢業(年/月)	應用化學科		電氣化學科		附 註
			日籍	臺籍	日籍	臺籍	
1	1931	1934/03	9	9			1931年開校
2	1932	1935/03	16	8			
3	1933	1936/03	14	6			
4	1934	1937/03	16	3			
5	1935	1938/03	21	2			
6	1936	1939/03	17	2			
7	1937	1940/03	17	3			1940年增設電氣化學科
8	1938	1941/03	17	3			
9	1939	1941/12	21	2			提早3個月畢業
10	1940	1942/09	26	1	14	4	提早6個月畢業
11	1941	1943/09	18	4	30	2	提早6個月畢業
12	1942	1944/09	23	6	24	8	提早6個月畢業#
13	1943	1945/09	26	4	32	6	提早6個月畢業##
合計			241	53	100	20	

* 該校增設電氣化學科(後來改為電化工程系)時，由應用化學科(後來改為化學工程系)調派師資及設備並支援教學，而且1952年電化工程系再改為礦冶工程系時，該系二年級學生併入化學工程系，因此該科畢業生被視為應用化學科及化學工程系之系友。

** 日治時期，每年4月初入學。

1944年該校改制為臺南工業專門學校，應用化學科改名為化學工業科。

1945年8月二戰結束，該屆畢業生仍頒臺南工業專門學校卒業證書。

表四-一-8 臺南高等工業學校第一回至第八回各科畢業生就業狀況
(除職業別外，並以就業地區表示。)

職業別	臺灣			內地*			朝鮮、關東州 滿州、南洋			計
	機械工學科	電氣工學科	應用化學科	機械工學科	電氣工學科	應用化學科	機械工學科	電氣工學科	應用化學科	
會社	87	67	72	27	14	8	17	47	5	344
官公吏	29	23	45	4	1	2	3	1	1	109
學校教員	4	7	3	0	1	0	1	0	1	17
自家營業	3	3	4	0	0	1	0	0	0	11
兵役	0	0	1	2	2	1	1	1	0	8
不詳及未定	4	2	4	1	1	1	0	0	0	13
合計	127	103	132	34	19	18	22	49	8	512

* 內地係指日本本地；另有12名死亡未列入。
資料來源：日本植民地教育政策史料集成(台灣篇)第一集第6卷，頁57，龍溪書社，東京。

教師研究情況

前述二位擁有博士學位的教授，佐久間巖教授和竹上四郎教授，他們都很努力從事研究工作，其中尤以科長佐久間教授更重視研究。他不僅購置很多儀器，也訂購了許多書籍和學術期刊。

臺南高等工業學校開校後四年，自1935年開始發行學術報告，目前祗能找到五期。第一至第五號[12]共刊登18篇論文報告，皆由應用化學科科長佐久間巖教授帶領科內百瀨五十助教授、賴再得囑託、陳發清、正村準之助及長谷川潤作等幾位同仁一起完成的。其中有關木蠟漂白之研究共有11篇，以及與甘蔗糖色素(2篇)、海人草、米糠油、以蘇打法蒸煮臺灣紅松之試驗、油脂中有機夾雜物、蓖麻油及落花生油相關的研究(以上各1篇)共7篇。佐久間教授的研究團隊，善用科內許多新穎的光學及電化學儀器，進行難以計次的分析檢測後，據以說明實驗中許多物理和化學變化才完成上列論文報告。值得一提的是臺籍賴再得和陳發清各參與其中3、5個研究。

12 《臺灣總督府高等工業學校學術報告》第一至第五號，昭和十至十六年。

產學合作

校方現存的資料顯示：佐久間教授和竹上教授皆有產學合作的記錄。佐久間教授與杉原產業油脂廠長期合作，從事木蠟漂白和蓖麻油的研究，後者屬前驅性且與開發軍事資源有關，頗受重視。竹上教授受糖廠委託，從事粗糖灰分和糖汁電導度關係之研究，具實用價值。

二、臺北帝國大學應用化學科

如第三節的說明，臺北帝國大學的學生可由該校預科直升、由高等學校畢業生志願報名及是高等工業學校或工業專門學校等畢業生報考。應用化學科第一屆入學學生有12名，其中8名由該校預科直升，臺灣人只有李薰山一人；二次世界大戰結束前，第二和三屆入學學生分別有21和15人。

教師編制

如前述，臺北帝國大學採用講座制，應用化學科講座的教學與研究領域如表四-二-1所示。

表四-二-1 應用化學科講座設立年、教學與研究領域及擔任教授

講座名稱#	設立年	教學與研究領域	擔任教授
第一講座	1943	酸鹼工業鹽類、肥料及壓縮瓦斯等	黑澤俊一
第二講座	1945	珪酸、鹽、工業化學 (水泥、玻璃、陶磁器及耐火物等)	高橋久男 (兼任講師)
第三講座	1943	工業電氣化學	加藤二郎
第四講座	1944	碳水化學及醱酵	大野一月
第五講座	1943	石油及燃料	安藤一雄* /筒井孝洋
第六講座	1943	脂肪油、芳香油、合成化學工業	山下正太郎

該科之講座又有以主要領域稱之，例如：無機工業化學講座、電氣化學講座：燃料化學講座、有機工業化學 講座、分析化學講座。

* 安藤一雄是第一任工學部長，後來升任臺北帝國大學總長(校長)。

資料來源：〈臺北帝国大學官制外二勅令中ヲ改正ス〉，1945年4月，《公文類聚》；林秀美〈帝大理農工學部簡介暨帝大之移交〉，《臺大校友季刊》第8期。

課程

臺北帝國大學應用化學科的學生修讀的課程，包括工學部共通必選科目(表三-二-1)、科內講座開授的科目(表四-二-2以第二講座為例)及工學部自由選修的科目(表四-二-3)。

表四-二-2 應用化學科第二講座1945年授課內容

學期	科目	學分	授課者
第一學期	工業化學第二部	2	教授
	工業化學實驗第二	5	教授及助教授
	應用化學實地演習第一		休講中
第二學期	工業化學第二部	2	教授
	工業化學特別講義	2	助教授
	工業化學實驗第一	3	教授及助教授
	應用化學實地演習第二		休講中

資料來源：〈臺北帝国大學官制外二勅令中ヲ改正ス〉，1945年4月，《公文類聚》本館-2A-013-00・類2914。

表四-二-3 臺北帝大工學部自由選修的科目(1943年)
(僅列出與應用化學領域相關的科目)

科目	每週時數		單位數
	第一學期	第二學期	
火藥學大意	2	2	4
化學機械	2	2	4
化學工學	2	2	4
工業化學第一部	2	2	4
工業化學第二部	2	2	4
工業化學第三部	2	2	4
工業化學第四部	2	2	4
工業化學第五部	2	2	4
工業化學第六部	2	2	4
工業化學特別講義	4	8	12

資料來源：臺北帝國大學，《臺北帝國大學一覽》，昭和18年，頁112-117。

根據應用化學科公告的科目表，學生需要修的課如下表四-二-4所示。

表四-二-4 應用化學科一括申告科目表

年級	科目	單位數
第一年	數學大意	4
	力學大意	2
	應用力學大意	4
	工業物理學	4
	工業物理學特論	2
	熱力學	2
	應用電氣工學	4
	工業分析化學	2
	機械工學大意	4
	化學機械	4
	金屬材料學	4
	物理化學	2
	無機化學	4
	有機化學	4
	工業物理學實驗	6
	工業分析化學實驗	18
	機械製圖大要	6
第二年	化學工學	4
	工業化學第一部	4
	工業化學第二部	4
	工業化學第三部	4
	工業化學第四部	4
	工業化學第五部	4
	工業化學第六部	4
	工業化學特別講義	12
	火藥學大意	4
	電氣工學實驗大要講義	2
	工業熱傳播論	2
	物理化學實驗	3
	機械工學實驗大要	3
	電氣工學實驗大要	3
	(化)化學工學設計製圖	3
	(化)工業化學實驗第一	18
	(化)應用化學實地演習第一	夏季休業中
第三年	(化)工業化學實驗第二	32
	(化)化學工學實驗	3
	(化)應用化學實地演習第二	夏季休業中
	卒業研究	

資料來源：五十周年記念誌編集委員会編《鐘韻：台北帝国大学工学部の五十年》，頁212。

實驗與實習

應用化學科原排定不少實驗與實習課程，但因適值戰爭時期，有些科目停開；加之，由日本本土船運來臺的儀器設備全被盟軍炸沉，且受限於經費，實驗與實習遠低於預定的效果。

表四-二-5 臺北帝大工學部應用化學科實驗與實習課程(1943年)

科目	每週時數		單位數
	第一學期	第二學期	
化學工學實驗	3	0	3
化學工學設計製圖	0	3	3
工業化學實驗第一	9	9	18
工業化學實驗第二	32	0	32
應用化學實地演習第一	夏季及春季休業中		
應用化學實地演習第二	夏季休業中		

資料來源：臺北帝國大學，《臺北帝國大學一覽》，昭和18年，頁112-117。

師資

由1943年聘任的四位講座教授中有三位擁有博士學位，在戰前博士仍然稀少珍貴的時代，這樣的人才配置充分表現總督府對應用化學科的重視。第二個特色則是從業界借才。

教師研究與產學合作情況

臺北帝國大學負有日本南進時，進行熱帶資源利用研究的使命，設立工學部應用化學科就需從事在熱帶地區的化學工業應用技術的實務研究。根據現有的資料，應用化學科加藤二郎和山下正太郎二位教授曾分別以電化學專業和香料知識，協助業界解決技術問題。

由於處在戰時技術動員的局勢下，也有教授協助軍方研究計畫。應用化學科參與戰時軍需的研究有定時炸彈研究，由應用化學與機械系合作，第三講座教授加藤二郎與第一講座教授黑澤俊一皆參與。第六講座的山下正太郎則接受陸軍委託，進行飛機燃料辛烷值測定相關研究。

畢業情況

工學部於1943年10月開學，修業年限為三年，後來校方縮短修業年限為二年半，原應至1946年3月才有畢業生，但1945年10月滿二年就有第一屆畢業生。第二次世界大戰於該年8月結束，但因該校尚未被國民政府接收，仍由臺北帝國大學頒發卒業證書。應用化學科第一屆入學學生(有12名)中有尾辻岩彥、佐野義澄、伴宏等三名畢業，其他大多數在教授協助下轉到日本國內各大學繼續求學。應用化學科，唯一的臺灣人李薰山延至1946年6月才由改制後的國立臺灣大學發給畢業證書，他畢業後，留在化工系擔任工業分析助教。

第二屆1944年入學有37名，內有臺灣人黃春福一人，於1947年6月畢業；第三屆1945年入學有15名，內有臺灣人施純鋆一人，於1948年6月畢業；1949年有16名畢業生。

第五節　戰後初期(1945-1960)高等工業教育之情況

一、臺灣省立臺北工業專科學校

原州立臺北工業學校於1945年(民國34年)臺灣光復後，改名為省立臺北工業職業學校，並依教育部訂定之學制，將各科改為工程科，分初級和高級兩部，各招收小學和初中畢業生。

為培育工業專科人才，省政府於1947年責成臺灣省立工學院(現國立成功大學)在臺北工業職業學校設立專科分班，並於該年9月招收電機工程科學生一班，為本省北部設置工業專科學校奠下基礎。1948年該校奉准改制專科，定名為臺灣省立臺北工業專科學校，次年初開始招收初中畢業生，修業五年，是臺灣省首創五年制專科學校。1953年增設二年制，學生除一部份由公營機構和公司薦送外，餘額招收高職畢業生，但次年二年制停招，改設三年制，招收高中畢業生。

自1948年設置省立臺北工業專科學校後，十五年內，臺灣境內未再增設工業專科學校。1960年初期，臺灣工業持續發展，業界需才殷切，因此政府於1963年另增設省立高雄工業專科學校，同年台塑關係企業創辦人王永慶先生也在臺北縣泰山鄉創設了私立明志工業專科學校。

臺北工專1949年校門。
(由臺北科大化工系蔡德華主任提供，右上同)。

臺北工專1950年代行政中心，化工科辦公室在其中。

省立工學院化工系，直到1948年才有女生入學，
此張照片是43級女同學。

1949年6月17日臺灣省立工學院首屆畢業典禮紀念。

省立工學院第一屆畢業女同學。
（1952年，中坐者是訓導長張駿五教授）。

二、臺灣省立工學院

一九四五年（民國34年）八月十五日，日本天皇大詔宣佈戰爭結束。九月一日，國民政府任命陳儀出任臺灣省行政長官，當時並未派員接收臺南工業專門學校，教職員皆獲留任，唯職稱前加「代理」兩字。

該年年底始任命王石安博士來臺接收該校。王博士於次年二月上旬到校，與權理校務之原校長甲斐三郎洽商接管事宜。

第二次改制

該校於1946年3月1日改名為「臺灣省立臺南工業專科學校」，王石安博士正式接任校長職務。1946年10月15日該校正式升格為「臺灣省立工學院」；並將原六科改制為機械工程、電機工程、化學工程（原為應用化學科)、電化工程（原為電氣化學科）、土木工程及建築工程等六系。

留用日籍教師

王石安校長是留德博士，因曾留日獲理學士而通曉日語也瞭解日本教育，接掌校務後，一方面推動國語，另一方面繼續聘用臺籍教師6人及留用日籍教師22人，對該校教學的延續甚有助益。

改制時對學籍之權宜措施

當時（1946年10月）對原工業專門學校學生請求改入工學院擬訂了三項解決方法，但因教育處對上列辦法有不同之意見，次年二月，該校新修辦法為：自該學期起，原有專科一年級學生改為工學院先修班，專科二年級學生改為工學院一年級下學期，餘類推；不願改入工學院者，仍留原班肄業，唯名稱改為專修班，至其畢業為止。由學籍資料可看出化學工業科臺籍學生都改入工學院，而日籍學生都留原班(專修班)肄業至畢業，因此1948年化學工程系畢業生皆為日籍。1945-1946年因空襲及政權交接，有一段時間教學停頓，所以1946年無畢業生。

補充教師缺額

由於日籍教師相繼離職或被遣返日本，為補充缺額，校長和各系主任陸續赴內地招聘教師。1947年4月底二二八事件後又遣返日籍教師19人，該校教師缺額更多，亟待補充。因此，校方於5月初，函請高雄港務局和臺灣省糖業試驗所派員擔任臨時講席。

校外實習制度

上述王石安校長曾留日和留德，因此也沿襲日治時期之風格，重視實驗與實習。在課程上，安排了許多實驗課，也為了加強學生領會實際工程的經驗，該校於1951年8月訂定過學生畢業前需完成六個月的校外實習，其中至少三個月需為其修習主要科目。次年四月，實習時間修訂為四個月（其中至少二個月需為修習主要科目）。修訂後之實習制度，一直施行到1959年（民國48年）暑期軍事集訓開始實施時才改為二個月。至1987年因學生人數太多，實習場所嚴重不足被迫改為選修。

三、臺灣大學工學院

該校的前身為日治時期之臺北帝國大學，成立於1928年，1945年臺灣光復，於11月完成接收工作，改制後更名為國立臺灣大學，原工學部亦改稱工學院，並將原四科改制為機械工程、電機工程、化學工程（原應用化學科)、土木工程等四系，原採行的講座制度也同時取消，研究方面改稱研究室。

接收初期留用日籍教授以維持正常授課，但是1947年二二八事件之後，4月政府取消留用大多數日本人的措施，將日籍教授遣送返日，因此校方也被迫積極多方延攬師資替補。

戰後一段時間，因政權轉移及國民政府退居臺灣，且企業受到的破壞尚未復原，經濟蕭條，社會不安定，造成通貨惡性膨脹。政府因財政困難，能分配給學校的經費很少，無法添購教學實業界設備，實驗課難以落實，實習活動也較少，教學大部分靠書本講解。[13] 財政困難的現象到1950年代初期才逐漸獲得改善。

為收容回臺之本省籍學生及大陸來臺失學青年，1949年(民國38年）3月，成立一年級寄讀生特別班，同年九月結束。

[13] 前引《國立臺灣大學工學院院史》，頁302。

第六節　戰後初期高等化工教育之情況

一、臺灣省立臺北工業專科學校化學工程科

1945年(民國34年)臺灣光復後，原州立臺北工業學校改名為省立臺北工業職業學校，並將應用化學科改為化學工程科，分初級及高級兩部。1948年該校奉准改制專科，次年開始初招收初中畢業生，修業五年，是為臺灣境內首創之五年制化學工程科。1953年增設二年制，學生除一部份由煙酒公賣局、臺紙公司、臺鹼公司薦送外，餘額招收高職畢業生；但是隔年就停招，1966年又恢復招生。1954年也增設三年制日間部招收高中畢業生；1965年又增設三年制夜間部。該校附設補習學校於1977年增設二年制化學工程科，由本部化工科教師負責授課。表六-一-1列出上述日間部各年制及補習學校化工科開始招生及最後一屆招生的年份。

表六-一-1 臺北工專化工科各年制招生停招年份

日五專化工科		日二專化工科		日三專化工科		夜間部三專化工科		進修補習學校二專	
第一屆 招生年度	最後一屆 招生年度	第一屆 招生年度	最後一屆 招生年度	第一屆 招生年度	最後一屆 招生年度	第一屆 招生年度	最後一屆 招生年度	第一屆 招生年度	最後一屆 招生年度
38	87	42 55(恢復)	43(停招) 84	43	81	54	82	66	85

（本表由臺北科技大學化工系蔡德華主任提供。）

課程

該科為各年制學生開授的課程列於下頁表六-一-2～4。

表六-一-2 臺北工業專科學校五年制課程表

第一學年			第二學年			第三學年			第四學年			第五學年		
42年9月至43年7月			43年9月至44年7月			44年9月至45年7月			45年9月至46年7月			46年9月至47年7月		
	第一學期	第二學期		第一學期	第二學期		第一學期	第二學期		第一學期	第二學期		第一學期	第二學期
科目	學分	學分	科目	學分	學分	科目	學分	學分	科目	學分	學分	科目	學分	學分
三民主義	2	2	國文	2	2	國文	2	2	中國近代史	3	3	熱工學	2	2
國文	2	2	英文	3	3	英文	3	3	製圖	1.5	1.5	電工實驗	1	
英文	3	3	微積分	3	3	微分方程	1.5	1.5	機械工作法	1	1	工業製品實驗	1	1
數學	6	6	普通物理	3	3	製圖	1.5	1.5	機械工廠實習	1.5	1.5	化工原理	4	4
歷史	2		重法幾何	1.5	1.5	應用力學	3		材料試驗	1		化工機械實習	3	
化工概論	2	2	有機化學	4	4	有機實驗	1.5		電工學	2	2	化工設計	2	2
無機化學	2.5	2.5	無機化學	1		定量分析	1	2	化工計算	1	1	工業管理	2	
無機化學實驗	1.5	1.5	定性分析原理	2	1	定量實驗	1	1	化工機械	1.5	1.5	製糖工業	2	2
音樂			定性分析實驗	1	1	工業化學	4	4	理論化學實驗	0.5		軍訓	0	0
地理		2	軍訓		0	理論化學	3	3	有機合成	2	2	商業簿記及成本會計大意		2
			普通物理及示範實驗		1	軍訓	0	0	電化學	2	2	熱工實驗		2
			有機化學實驗		1.5	物理實驗	1		工業經濟	1	1	國際組織及國際現勢		3
						材料力學		3	軍訓	0	0	發酵工業	2	2
						機動學		3	電工實驗		1	塑膠工業	2	
									工業分析		2	工業儀器學	2	2
									漂染學概論		3			

表六-一-3 臺北工業專科學校二年制課程表

第一學年			第二學年		
42年9月至43年7月			43年9月至44年7月		
	第一學期	第二學期		第一學期	第二學期
科目	學分	學分	科目	學分	學分
三民主義	2	2	中國近代史	2	2
國文	2	2	俄帝侵略中國史	2	
英文	2	2	製圖	1	
數學	3	3	機動學	2	
普通物理	3	3	電工學	2	2
製圖	1	1	材料力學	3	
無機化學	2	3	化學工程	4	4
有機化學	3	3	工業化學	4	4
定性分析	4		工業經濟	1	1
應用力學		3	化工計算法	1	1
定量分析		4	商業簿記及成本會計大意	1	
			理論化學	4	4
			軍訓	0	0
			國際組織與現勢		2
			熱工學		2
			材料試驗		1
			工業分析		3
			電工實驗		1

表六-一-4 臺北工業專科學校三年制課程表

第一學年			第二學年			第三學年		
43年9月至44年7月			44年9月至45年7月			45年9月至46年7月		
	第一學期	第二學期		第一學期	第二學期		第一學期	第二學期
科目	學分	學分	科目	學分	學分	科目	學分	學分
三民主義	2	2	中國近代史	3	3	國際組織及國際現勢	2	
國文	2	2	微分方程	2		熱工學	2	2
英文	2	2	製圖	1	1	材料試驗	1	
微積分	3	3	機動學	2		工業分析	3	
普通物理	4	4	有機化學	4	4	化工計算	2	
無機化學	4	4	有機　實驗	1	1	電工學	2	2
無機化學實驗	1	1	定性分析	2		化工原理	4	4
重法幾何	1		定性　實驗	2		商業簿記 及成本會計大意	2	
機械工廠實習	1		工業化學	3	3	化工實驗	2	
軍訓	0	0	理論化學	4	4	塑膠工業	2	2
應用力學		3	軍訓	0	0	製糖工業	2	2
製圖		1	材料力學		3	發酵工業	2	2
			定量分析		2	化工設計	2	2
			定量分析及實驗		2	軍訓	0	0
						酵醱實驗		1
						電工實驗		1
						理論化學實驗		1
						工廠管理		2

二、臺灣省立工學院化學工程系

如上述，原三年制之臺南高等工業學校應用化學科，因學校改制及升格，也歷經改名為化學工業科及升格為四年制之化學工程系。由於政權轉移及改制，課程與教師有極大的變動。1946年3月王石安博士接任校長職務時，化學工業科主任由日籍林謙介教授暫代，1946年10月該校升格為臺灣省立工學院時，由黃宇常教授接任化學工程系主任。

課程

在課程方面，由表六-二-1(下頁)是臺灣省立工學院化學工程系37學年度畢業生在學中修習科目表。從該表可看出從臺南工業專門學校化學工業科過渡到臺灣省立工學院化學工程系，學生修習科目的變化。

臺南工業專門學校時期第二學年第一學期沒上課，第二學年第二學期及第二、三學年則恢復上課， 除增開國語、國文、國語國文、歷史、地理、三民主義外，仍然沿襲日治時期之科目開課。臺灣省立工學院時期第三、四學年開始依教育部訂定之課程表開課。值得一提的是化學工程系最重要的科目「化工原裡」在1949年開始講授。

如果與表四-一-4比較，更可看出臺南高等工業學校應用化學科和臺灣省立工學院化學工程系之差異。

實驗課程及校外實習

1945-1946年時值美軍空襲及二戰結束政權交接時期，加之物資匱乏，部分實驗課未能如課表進行，所以1945-1946年畢業者少上了一些實驗課。但是若留校繼續在省立工學院化學工程系就讀於1948年畢業者，因該系頗重視實驗，在第三學年補上了工場實習、電工實驗，第三、四學年也上了理論化學、熱工、工業化學及化工機械等實驗。其後入學者，大一除化學與物理實驗外，也有工場實習。二年級起，安排了定性分析、定量分析、有機化學、理論化學、物理化學、工業分析、熱工、電工、工業化學、電化學、化工等實驗，共計14學分，每學分每週需上實驗課3小時。

學生校外實習是由教務處實習指導組統籌辦理，化學工程系學生校外實習場所以公營企業為主，包括中國石油、臺灣肥料、臺灣糖

表六-二-1 臺灣省立工學院化學工程系37學年度畢業生在學中修習科目表

臺南工業專門學校時期*						臺灣省立工學院時期#			
第一學年 (1944/4-1945/3)		第二學年 (1945/4-1946/3)		第三學年 (1946/4-1947/3)		第三學年 (1947/9-1948/6)		第四學年 (1948/9-1949/6)	
第一學期	第二學期	第一學期	第二學期	第一學期	第二學期	第一學期	第二學期	第一學期	第二學期
道義	同左	未開課	體育	體育	體育	國文(2)#	國文	肥料工業(2)	化工原理(3)
體操			英文	國語國文	國語國文	英文(2)	英文	藥物化學(1)	製糖化學
教練			德文	數學	歷史	應用力學(4)	材料力學(4)	燃料(1)	燃料學(1)
英語			數學	電氣工學	地理	工業化學(3)	工業化學(3)	熱工試驗(1)	冶金學(1)
獨語			電氣工學	化學機械	化學機械	理論化學(3)	理論化學(3)	簿記及工業會計(2)	畢業論文(2)
數學			機械	電氣化學	電工	工業分析(1)	工業分析(1)		工業化學實驗(1)
物理學			電氣化學	無機化學	製革學	礦物學(3)	熱機學(3)		
理論化學			合成燃料	醱酵化學	製革實驗	耐火材料(2)	投影幾何學(2)		化工機械實驗(2)
無機化學			合成化學	油脂化學	工程製圖	電工實驗(1)	電工實驗(1)		
有機化學			油脂化學	工業經營	實驗	工場實習(1)	工場實習(1)		
機械			設計製圖	設計製圖	三民主義	理論化學實驗(1)	理論化學實驗(1)		
分析化學			實驗	化學實驗	工業數值計算				
分析			醱酵化學	製革學		鋼鐵冶金(2)			
			國語	製革實驗					
			國文	製糖工業					
				燃料					
				工業數值計算					

*1944年臺南高等工業學校該校改制為臺南工業專門學校，應用化學科改名為化學工業科。1946年3月該校改制為臺灣省立工業專科學校，當年10月升格為臺灣省立工學院，化學工業科改制為化學工程系。

#1947年2月對原工業專門學校學生請求改入工學院擬訂下列解決方法：自該學期起，原有專科一年級學生改為工學院先修班，專科二年級學生改為工學院一年級下學期，餘類推；不願改入工學院者，仍留原班肄業，唯名稱改為專修班，至其畢業為止。

**括號內的數字表示學分數。

業、臺灣鋁業、臺灣水泥、臺灣紙業等公司，以及糖業試驗所和公賣局等機構。

師資

師資方面，在上一節曾提到戰後初期為了補充教師缺額，校長和各系主任陸續赴內地招聘教師，也函請臺灣省糖業試驗所派員擔任臨時講席。當時及隨後到化學工程系授課者，計有白漢熙、胡臣頤、岑卓卿和陳循善等。由於有這種合作的關係，甚至安排整班的學生到糖業試驗所上實驗課。

女性教師

日治時期應用化學科(化工系前身)未曾聘用女性教師，1947年底始有李立聰教授應聘，其後黃美維、曹簡禹和蔡祖慈三位陸續加入，化工系曾同時有四位女教師的記錄。

女生首次入學

自臺南高等工業學校創校開始，直至1947年前半年，從未有女生入學。該年秋天，才有女生入學就讀建築系的紀錄。那一學期學生總人數為533名，女生才一名，可見當時社會對女生就學之漠視以及女生攻讀工程學系之排拒態度。隔年（1948年）春天，該校函請本省各女子中學，鼓勵女生投考。此一辦法果然奏效，是年秋天入學新生中，有12名女生，其中化工系5名、建築系7名。

增招一班及電化工程系二年級學生併入

由於辦學績效受到肯定，且為了因應工業界之需求，該校機械、電機及化工三系自1953年（民國42年）開始各增招一班。次年五月校務會議通過將電化工程系改設礦冶工程系，並將電化系二年級學生併入化工系，三、四年級學生仍保留電化工程系名稱至畢業為止。由於電化工程系學生併入，1955年化工系畢業人數由二十餘名遽增為57名(表六-二-2)。

六-二-2 1947 - 1956年省立工學院化學工程系*與電化工程系**畢業生統計表

畢業屆次	入學#（公元）	畢業##（年/月）	化學工程系		電化工程系		附註
			臺籍	日籍	臺籍	日籍	
							1946年無畢業生
1	1944	1947/06	3	21	3	28	頒省立工學院專修班畢業證書
2	1945	1948/06	0	31	0	33	日籍學生頒省立工學院專修班畢業證書
3	1945	1949	11	-	5	-	頒省立工學院畢業證書
4	1946	1950	11	-	5	-	同上
6	1948	1952	27	-	22	-	同上
7	1949	1953	29	-	16	-	同上
8	1950	1954	21	-	18	-	同上
9	1951	1955	57	-	3	-	同上
10	1952	1956	56		0	-	同上

*1944年該校改制為臺南工業專門學校，應用化學科改名為化學工業科。1946年3月該校改制為臺灣省立工業專科學校，當年10月升格為臺灣省立工學院，化學工業科改制為化學工程系，電氣化學科改為電化工程系。

**該校增設電氣化學科時，由應用化學科調派師資及設備並支援教學，而且1952年電化工程系再改為礦冶工程系時，該系二年級學生併入化學工程系，因此該科系畢業生被視為應用化學科及化學工程系之系友。

#日治時期(1945年以前)於每年4月初入學；戰後改為每年9月。

##日治時期多於每年3月舉行畢業典禮；戰後改為每年6月。

三、臺灣大學化學工程系

接收初期，臺灣大學留用日籍教授以維持正常授課，但是1947年二二八事件之後，4月政府取消留用日本人的措施，化工系的日籍教授全部遣送返日，校方也積極多方延攬師資替補，結果新聘教師主要是由大陸來的學者替補。依嚴演存回憶[14]，1947年上半年當時化工系教授只有魏喦壽與他本人，後來有勞侃如、陳華洲、許永綏三位教授及朱健兼任教授到任。另聘陳成慶、陳秩宗、陳芳燦三位為講師或副教授。教學領域也逐漸由應用化學轉變為化學工程。

化工系原來只招一班，學生僅約40名；1952年增為二班，1954年又開始招收僑生，每年新生突增為100名。

---

[14] 嚴演存「早年之臺灣大學化工系」，《臺大化工系校友通訊錄》1990，校友聯誼會。

課程

表六-三-1 1945年代台大化工系的課程表

第一學年	上學期	下學期	第二學年	上學期	下學期
三民主義	2	2	有機化學	3	32
國　文	4	4	有機化學實驗	1	1
英　文	4	4	微分方程	3	
微積分	4	4	應用力學	3	
普通物理	3	3	材料力學		3
普通物理實驗	1	1	機動學	3	
普通化學	3	3	工程畫	2	
普通化學實驗	1	1	定性分析	2	
投影幾何	1	1	定性分析實驗	1	
			定量分析		2
			定量分析實驗		1
			藥品工業*	2	
第一學年	上學期	下學期	第二學年	上學期	下學期
			纖維工業*		2
			肥料工業*		2
			國際組織與國際關係		2

第三學年	上學期	下學期	第四學年	上學期	下學期
工業化學	3	3	工業化學	3	3
熱工學	3	3	經濟學	3	
化工原理	3	3	化工原理(三)	3	
理論化學	3	3	電工學	3	
化工計算		3	工業化學實驗	2	
有機單元合成	2	2	化工原理實驗		2
醱酵學*	2	2	電化學工業*		3
製糖學*		2	化工熱力學*	3	
			化工材料		2
			微生物化學*		2
			軍事訓練		
			畢業論文		

表六-三-1列示43學年度入學化工系學生在學期間的課程內容，比較此表與表四-二-4的內容實際上是沒有什麼兩樣，故可了解當時「化學工程」尚停滯在1940年代，以工業化學(應用化學) 為主軸時代的稱呼，實際上與日本的「應用化學科」內容很相似。

自民國34年至38年可視為臺北帝大應用化學科改制為臺灣大學工學院化學工程學系的過渡期，這段時期學生修業年限為三年，於民國三十八學年度畢業學生開始就依中國大學學制，高中畢業就可應試，其修業年限則改為四年。

從產業經濟角度而言，一種產業的消長需要時間，臺大化工系接收初期記錄雖然不是很完整，但從戰後所聘師資的專長來看，碱氯工業、醱酵與肥料產業仍然是最明確的重點，某種程度上繼承日治時期的方向。如前述，戰後一段時間，因政府財政困難，分配給學校的經費很少，所以從事實驗研究有其實際的困懸，然而化工系仍有油類之硬化、製鋁原料、醱酵品類之製造、由銨水經觸煤氧化以製硝酸等研究。

早期的臺大化工系同學於化工實驗情景。
（由《飛躍的半世紀》下載。）

1954年臺大化工系畢業生與師長合影。
（由大連化工公司陳顯彰總經理提供。）

1963年至今的臺大化工系系館。
（由《飛躍的半世紀》下載。）

第七節　美援對高等化工教育的影響

美援用於工業教育的規劃有三個重點：1. 以高級工業職業學校訓練基層工業技術人員；2. 由省立師範學院工教系培育高級工業職業學校的師資；3. 省立工學院則培育工程師與研究人員。因為與上列第1、2兩點相關史實已在第一章陳述，下面僅就第3點作說明。

省立工學院與美國普渡大學合作

為了協助省立工學院提昇教學水準，安全總署中國分署於1952年建議該校與美國加州理工學院合作，後因加州理工學院係私立學校，董事會不同意合作，該署遂建議省立工學院改與美國普渡大學合作。是年11月1日雙方同意合作，旋即展開合作之前置事宜。隔月，普渡大學為訂定合作計畫，派徐立夫(R. Norris Shreve)教授[15]來校作周詳之視察。

次年6月1日，由我國駐美技術代表團團長代表該校在美國首都華盛頓與普渡大學簽約。合作計畫為期卅個月，自1953年6月起至1955年11月止。合作事項分為兩大類，第一項為，普渡大學選派一批工程教授和顧問該校協助改善教學系統和設備；第二項為，該校選派交換教授赴美研究教學方法及設備，俾將新觀念帶回施教。（第一年由六位教授及院長赴美，第二年另加六位教授和各系主任）。該合作計畫所需經費由美國援外總署撥贈。由於此合作計畫之施行，不僅課程作了修訂，教學與實驗內容也大幅更新，實驗設備更充實不少，甚至新蓋了三個實習工廠（化工、機械及電機工廠）及設置了許多實驗室。此外並購買許多教科書供學生借用。由於合作效果良好，1954年10月間雙方決定將合作期限延長十九個月至1957年6月為止。1957年元月，決定再延長二年。

增建單元操作及單元程序兩實驗室

1953年3月，徐立夫教授建議省立工學院應有一化工實習工廠，所需經費請安全總署補助。9月，普渡大學指派杜迪(T. C. Doody)教授

[15] 嚴演存「早年之臺灣大學化工系」，《臺大化工系校友通訊錄》1990，校友聯誼會。

至化工系為顧問，除就教學和實驗進行諮詢工作外，亦督導化工實習工廠之規劃及營建。該實習工廠含單元操作及單元程序兩實驗室，於1954年6月完工，為當時亞洲最具規模的實習工廠。1958年又指派塔克(W. H. Tucker)教授為該系顧問，督導化工實習工廠之實習並協助教學工作。

成功大學化工系單元操作實驗室。

圖書館。(46年落成為美援建築)。

1954年臺灣省立工學院化工系因為尚無單元操作實驗室，四年級學生前往糖業試驗所做化工實驗。
(由「飛躍的半世紀」複製。)

為表彰普大徐立夫(R. Norris Shreve)教授卓越貢獻特於單元操作實驗室豎立他的塑像，圖為閻振興校長。(左一)、徐立夫教授暨夫人參與揭幕式。(1957年)

成功大學化工系單元程序實驗室。

第八節　日治時期與戰後初期培育化工人才對化工產業發展的影響

自1918年起至二戰大戰發生20年間，臺灣總督府在臺灣境內僅設置含應用化學科的臺北工業學校(今國立臺北科技大學前身)和臺南高等工業學校(今國立成功大學前身)。爾後為因應大戰期間技術人力的需求，增設多所州立工業學校，也在臺北帝國大學增設工學部(現國立臺灣大學工學院)。戰後至1954年10年內，國民政府廣設初、高級工業職業學校，國人受教機會大增。在此期間，並將臺北工業學校和臺南高等工業學校升格改制。由於上列幾項措施，培育了無數化工類人才，對臺灣化學工業的發展作了重大的貢獻，在臺灣經濟高速發展中，扮演了主要的角色。

一、日治中期(1918-1937年)

臺北工業學校最初供臺灣人就讀的是三年制專修科，其後雖然臺日共學，臺灣人也可就讀五年制，但是比例偏低，因此臺籍畢業生不僅人數少而多是初級技術人員。由於日資企業不願意雇用臺籍畢業生，他們只好往規模較小的民營工廠發展，不少後來成為民生產業民營工廠的負責人。

臺灣總督府於1931年在臺南創設了臺南高等工業學校，三年制，招收五年制中學畢業生，是當時臺灣境內唯一的專科層級的工業學校。該校臺日學生比偏低，臺籍畢業生就業機會較小。

高淑媛在本套書(臺灣化工史)第一篇第十章指出：臺灣人就讀機會受限，但是畢業生的素質高。臺北工業學校畢業生已經具有技術研發的能力；臺南高等工業學校畢業生，也可以到工業學校甚至在高等工業學校任教，或升學進入臺北帝國大學就讀，或研究機構任職成為正式技術研究者。

二、日治後期(1938-1945年)

第二次世界大戰之前，臺灣的工業學校主要只有臺北工業學校和臺南高等工業學校，但是臺灣人就讀機會很少。日本政府於1938年公佈國家總動員法，軍事機構和重工業與化工業相關產業需才殷切。在這些因素的影響下，臺灣總督府被迫在上列二所學校增招學生外，也大幅增設工業學校、工業專修學校及工業技術練習生養成所，至1944年共增設七所州立工業學校。這一擴充措施，因招收學生大量增加。

讓臺灣人接受技職教育的機會大增，也替戰後臺灣儲備了大量工業人才。當時日資企業也開始雇用臺籍畢業生，他們也成為戰後接收日資企業，承接遺留的硬體設備繼續經營的重要人員。

臺北帝國大學工學部於1943年設立，到1945年日本戰敗，應用化學科尚無畢業生。

三、戰後初期(1945-1954年)

二次世界大戰期間累積的人才及設備，成為戰後臺灣民營工業發展很重要的基礎，也呈現了民營以中小企業為主的特色。加之，戰後政府為推展教育，大量增設學校及增班，臺灣人受教育的機會大幅增加，從而培育了大量的人才，為爾後工業發展提供了豐富的技術人力。

在化工教育方面，1955年以前，大專校院設有化學工程系的校院僅有國立臺灣大學、臺灣省立工學院(今國立成功大學) 和臺灣省立臺北工業專科學校(今國立臺北科技大學前身)。因此，企業界的大專層級化工技術人才大多出身於這三所學校。

由於臺灣大學工學院改制前的臺北帝國大學工學部臺籍學生很少，應用化學科自1943年設立到1949年6年間，僅有21名臺籍畢業生，雖然其後繼續擴大招生，畢業生人數大幅累積，但是多數出國深造滯留海外，僅有小部份校友投入臺灣產業界。因為上述原因，戰後不管公營或民營企業內的化工從業人員，多是畢業自臺北工業專科學校和省立工學院以及它們的前身。1950年代化工產業之所以能蓬勃發展以及臺灣有傲人的經濟奇蹟，應歸功於他們的貢獻。

1950年代之後，經由中美合作引進的美國教學方法，以及使用美援購置實驗設備充實高級職業學校和省立工學院，使得這些學校能培育出切合國際趨勢之中、高級技術人才。他們可因應世界化工技術的趨勢和變化，引入新的化工知識和技術，進而改良製程及研發新的產品，是隨後臺灣工業急速發展和經濟起飛的重要人力資源。

第九節　戰後留學潮對化工教育及化工產業發展的影響

一、留學潮的興起

戰後1950年代伊始，臺灣逐漸興起留學美國的風潮。許擇昌[16] 舉出五個留學美國的的原因：包括政府嚴密控制、國內找不到工作、深造以發揮所學、國內沒有研究設備及留學風氣的壓力。他認為上列原因也可約略歸納為政治、經濟、學術及留學風氣四項。其實政治理念的不同、政局的不穩定、外省籍家庭在臺灣沒有歸屬感、當時臺灣境內大學未普遍設立研究所、服預備軍官役制度開始實施、臺美生活及學術水準巨大的差異等應是基本因素。

臺美生活水準的差異，在韓戰爆發、美援開始後才浮現。由於美軍來臺和大量美援物資運臺，讓國人見識到美國經濟水準的優異。加之，畢業生欠缺進修的機會，因而引發青年學子嚮往到美國留學的意念。其後，到美國進修且就業者，又宣揚美國大學學術水準的優越性及一般生活的舒適，更進一步鼓動起留學風潮。當時，臺大畢業生出國留學的比例甚高，省立工學院(成大前身) 畢業生雖也有出國留學者，但比例不高，本省籍青年大多留在臺灣就業，臺北工專畢業生亦然。

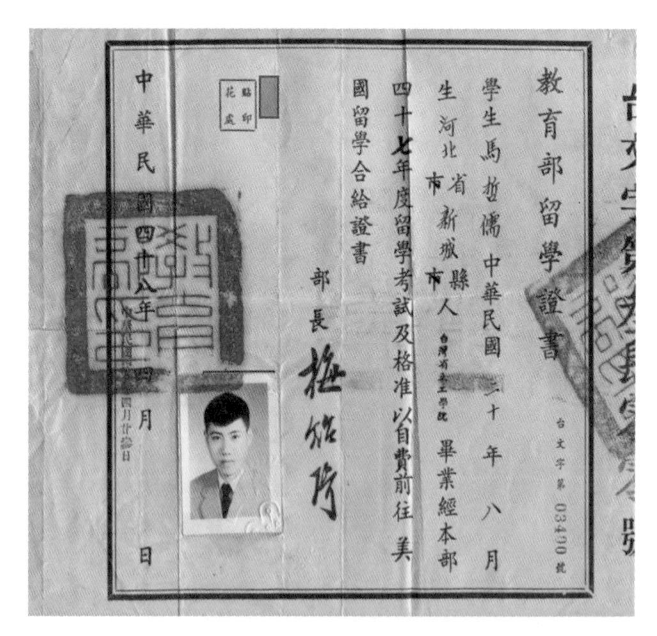
台文字第 03400 號
教育部留學證書
學生馬哲儒 中華民國二十年八月
生 河北省新城縣人 台灣省立工學院 畢業經本部
四十七年度留學考試及格准以自費前往美
國留學合給證書
部長 梅貽琦
貼印花處
中華民國四十八年四月 日

成大前校長馬哲儒教授留學證書—
被留學潮沖到美國的青年化學工程師(1959年)。

留學潮雖然造成楚材晉用的遺憾，但也為1970年代後期起臺灣產業之發展貯備了不少人才。

二、回國潮

1960年代後期，臺灣的石化工業進入平穩發展期，業界及研究機構開始積極延攬旅外專家回國參與研發及規劃建廠工作，但人數甚少。

1970年代中期開始十大建設，其中石化工業在政府推動及業界配合下，進入快速發展期，吸引了較多的留美專家回國。

教育部和國科會在1983年推出的培育科技人才推動科技研究專案中，其中有一項是補肋國立大學院校相關系所延聘科技教師。[17] 同期另以專案的方式逐年增撥教師名額，供給各校延攬海外學人回國服務。[18] 此二專案對工學院及化工系之教學及研究裨益甚多，不僅增加教師人數，擴大研究領域，也提升了研究的水準。而自1970年及1989年起二波大學之增設，以及自1990年代後期開始的專科學校升格改制為技術學院與科技大學的浪潮，也讓許多獲有博士學位的學者束裝回國服務。

1980年工研院電子所籌組聯華電子公司，開啟了臺灣半導體相關產業，同年新竹科學工業園區成立，讓高科技產業有落腳之處。1984年工研院投入「超大型積體電路計畫」，1986年臺灣第一座六吋晶圓積體電路實驗工廠正式完工，次年電子所將六吋晶圓技術移轉，由當時的工研院院長張忠謀領軍成立台灣積體電路製造公司。繼積體電路產業之後，1982年行政院將光電列為國家八大重點科技之一，光電產業成為臺灣另一個後起之明星產業。[19] 自此積體電路與光電產業蓬勃發展，吸引了許多旅外專家回國參與此類產業，也聘用了大批理工畢業生。

三、留學意願之萎縮

國內包括化工及相關系所的畢業生，也競相以這些提供高薪的公司為就業的目標。此種一窩蜂的現象，導致出國留學人數銳減，大多數成績優良的大學部學生不復以出國深造為其生涯規劃之選項，改在國內攻讀碩士學位，因而出國留學生的平均素質大幅下降，有待教育當局設法改善。

---

[16] 許擇昌，從留學生到美籍華人：以二十世紀中葉台灣留美學生為例，財團法人海華文教基金會，民國九十年，臺北。

[17] 臺灣省政府教育廳編印：臺灣教育發展史料彙編，大專教育篇，臺中圖書館出版，民國七十六年，頁1324。

[18] 前引，頁1377。另參閱本篇第一章第四節。

[19] 本書第三篇頁1。

曾勘仁

曾勘仁校長，成功大學化工系所學士、碩士。先任教於高雄工專(高應大前身)擔任副教授兼化工科主任及實習輔導主任。民國65年奉派擔任東勢高工校長， 69年轉調創校未滿周年之海山高工校長。76年調彰化高中，86年再調臺中高工。90年轉任精誠中學校長，97年退休，現應聘建國科技大學董事、全國私立學校文教協會顧問。

曾被教育部聘為全國工專評鑑委員、工業教育改進小組秘書、工專課程與設備標準修訂委員、師資培育審議委員。亦曾任臺灣省高職教育改進小組召集人、教育廳教育諮詢委員。先後於逢甲大學自動控制系、臺北科大化工系、彰化師大工教系擔任兼任副教授。

黃進添

黃進添先生自文化大學化工系畢業後，曾在彰化師範大學科學教育研究所就讀結業，旋獲美國西海岸大學科學碩士。先後參加化學工程科高等考試及公教人員公費留學考試及格。歷任高冠企業公司研究員、光陽公司廠長、皇廣公司顧問、臺灣省政府勞工處勞工檢查員、建國科技大學兼任講師，埔里高工教師兼組長、永靖高工教師兼主任以及虎尾科技大學安全衛生訓練講師。現任工業安全衛生協會講師、技能檢定監評委員。著有基礎化學實習、普通化學、普通化學實習、工業安全與衛生。

第三章

初高職化工教育

臺中高級工業學校前校長　曾勘仁
永靖高級工業學校化工科前主任　黃進添

前言

日治時代及戰後初期，臺灣化學工業是以農產品及植物為主要原料(如甘蔗、芝麻、樟樹、香茅草、竹)的傳統化學工業，包括蔗糖、麻油、樟腦、香料、酒精、竹紙等民生工業。1960年代(民國50年代)以後，藉著廉價的石油與充沛的勞力資源以及在化工原料需求環境下，發展煉油、肥料、塑膠、橡膠、纖維等的基本化學工業。隨後我國化學工業進入以石化工業為中心的重化學工業時代，而最近蓬勃發展的尖端工業，如電子、資訊、材料、生化、能源、生醫等產業，均與化工有極高的關連性，都必需培育化工技術有關的操作、維護、分析檢驗，甚至研發的人才，而高職化工科畢業生是很重要的基層技術人力與幹部。

臺灣工業萌芽時期，高職化工科畢業生對產業的奠定與發展有其不可抹滅的貢獻。1967年(民國56年)配合九年國教的實施，停辦初級職校與五年制高職。目前公私立大企業中，高級主管尚有相當比例的高職化工科畢業生。化學工業是整個製造產業的基盤工業，由於臺灣幅員有限、資源缺乏，唯有靠人才培育來發展工業，改善民生。

下面我們分四個階段敘述初高職化工教育的發展經過：

一、日治時期
二、戰後初期(1860～1954年)
三、石化工業發展時期 (1954～1980年)
四、新科技產業時期(1980年至今)

為瞭解各階段初高職化工教育發展及演變，分別依下列各項加以探討：

1. 教育目標 ⇨ 2. 課程架構 ⇨ 3. 科目時數 ⇨ 4. 實習廠房與設備 ⇨ 5. 課程演變 ⇨ 6. 臺日比較 ⇨ 7. 師資培育與進修 ⇨ 8. 建教合作與產學交流 ⇨ 9. 進修班與延教班 ⇨ 10. 招生狀況 ⇨ 11. 就業與進路 ⇨ 12. 技術證照與教學評鑑

第一節　日治時期(1860～1945年)

一、日治初期實業教育發展情況

自1840年鴉片戰爭以後，清朝因割地、賠款···等不平等條約，激起國人對教育的關心，紛紛設立初級學校學習歐美自然科學先進知識，以適應當時社會與國家需要，此時期沒有明確的職業化工教育，僅安排物理、化學等科學課程。在清同治元年(1862年)設立同文館，其課程以外國語文為主，後增格致(即物理)、化學、天文···等科目。1894年甲午戰敗後，國人在思想上有很大改變，我國較有系統的教育制度開始建立。清光緒28年(1902年)設立欽定學堂為我國正式學制之開端，其課程有算學、物理、化學、博物···等科學課程。次年，學堂將物理與化學合為理化一科。民國元年(1912年)採壬子學制(教育部於該年九月頒布之學制，稱壬子學制，學制分為三段四級)，取消文實分科(實科以物理、化學、博物為主)。

同年日本轄下的臺灣總督府，於臺北設立「民政學部附屬工業講習所」，分設土木、金工及電工三科，是臺灣工業教育之肇端。1918年(大正7年，民國7年)於原址增設「臺灣總督府工業學校」，設有機械、應用化學、土木三科，專收日籍學生。1919年「臺灣總督府工業講習所」改稱為「臺灣公立臺北工業學校」。1921年，臺灣總督府工業學校改名為「臺北州立臺北第一工業學校」，仍以日籍學生為招生對象，而原臺灣公立臺北工業學校，則更名為「臺北州立臺北第二工業學校」，以臺籍學生為對象，兩者在同一校舍上課。民國十一年，臺北州立臺北第一工業學校改稱為「臺北第一工業學校」，為五年制，兼收臺籍學生是為臺籍學生與日籍學生同校之始。1923年「臺北第一工業學校」及「臺北第二工業學校」合併改稱「臺北州立臺北工業學校」，增設電氣科並分本科(修業五年)及專修科(修業三年)。1929年「臺北州立臺北工業學校」之專修科由三年制改為二年制。1931年設立包含應用化學科之臺高等工業學校。1937年「臺北州立臺北工業學校」增設採礦科合前機械、土木、應用化學、電氣、建築共六科。1945年臺灣光復，改名為「臺灣省立臺北工業職業學校」。

臺北工業學校校門與學生。[由《百年風華-北科校史：日治時期校史》(楊麗祝、鄭麗玲著，國立臺北科技大學出版，2008年)複製，下同。]

臺北工業學校製造化學實習場機械室－2。

臺北工業學校應化科天平室。

臺北工業學校應化科應用化學實習以酒廠、糖廠為主

二、日治後期

臺灣在日治時期推行「工業日本，原料臺灣」的殖民政策，後期為發展工業與因應軍事需要，於1938年設立臺中州立臺中工業學校，為五年制，設置基礎工業五科有機械、電機、土木、建築、應用化學。1941年改為四年制，至1945年改為高級三年制，據聞當時機械科因製造軍事用途魚雷葉片之需而設，而應用化學科配合材料分析及熱處理。1945年臺灣光復，該校改名為臺灣省立臺中工業職業學校，應用化學科亦改名為化工科。

1940年創立「臺北商工專修學校」，初設機械、電機、商業三科，兼辦「臺北第二工業技術練習生養成所」補習教育，以培養初級工商技術人才。臺灣光復(1945年，民國34年)後，校名改為「臺北市立初級工業職業學校」，原技術生養成所改為「臺灣省立臺北第二工業職業補習學校」。由於社會結構變遷，以及工業生產急速成長，原有教育目標與內涵已不合需求，遂於1950年(民國39年)增設高級部，校名改為「臺北市立工業職業學校」。1955年停止初級部招生，並接受美援，更新設備，實施單位行業訓練課程，1958年正式改稱「臺北市立高級工業職業學校」，並配合社會經濟型態改變，逐年增設機工、電工、電子設備修護、汽車修護、印刷、建築、化工、機械製圖、建築製圖、板金、電器冷凍修護等共11科。1981年校名奉令冠以行政區名，改為「臺北市立大安高級工業職業學校」。

臺中工業學校日治時期校門。
（由臺中高級工業學校前校長曾勘仁提供，下同。）

另外，1942年(昭和17年)創設「臺灣總督府高雄工業技術練習生養成所」，開創高雄工業學校附設進修學校的新紀元，同年創立校名為「州立高雄工業學校」。1946年更名為「臺灣省立高雄工業職業學校」。另原養成所亦更名為「臺灣省立高雄工業技術人員養成所」。而現位於臺南市永康區之臺南高級工業職業學校，則創於1941年4月1日，原係「臺南州立臺南工業學校」，初設機械、電氣、工業化學、土木、建築五科，招收國民學校畢業生，修業年限為五年，因值第二次世界大戰，五年課程濃縮為四年。1945年臺灣光復，改稱為臺灣省立臺南工業職業學校，修業年限為三年。1946年初級部停招新生，開辦高級部。

第二節　戰後初期(1945～1954年)

一、戰後高級工業職業學校發展情況(由臺灣科技大學周宜雄教授執筆)

事實上，從1931年到1945年之間，這18年是臺灣工業職業教育發展關鍵的年代，在這個時期所成立的學校計有：1931年的總督府臺南高等工業學校（現今國立成功大學）、1938年的臺中州立臺中工業學校（現今臺中高工）、1940年的花蓮港廳立花蓮港工業學校（花蓮高工）、1941年的臺南州立臺南工業學校（現今臺南高工）、1942年的高雄州立高雄工業學校（現今高雄高工）、1943年的臺北帝國大學工學部（現今臺灣大學工學院）、1944年的嘉義、彰化、新竹工業學校（現今嘉義高工、彰化附工、新竹高工）。這些學校大部份創校之初即設有屬化工領域的科系，從工業學校、高等工業學校到帝國大學工學部，由基礎的中等職業學校，進而到高階的高等工業(或專門)學校，最後到大學教育，嚴然已建構成完整的化工教育培育人才系統，這一時期所創設的學校和先前的臺北工業學校對日後臺灣的化學工程教育扮演舉足輕重的角色。臺南高等工業學校和臺北帝國大學工學部設置情況請參閱第二章，其它學校的體制變遷精簡介紹於後。

臺中工業學校創立於1938年，初期為五年制，1941年改為四年制，設立有機械、電機、土木、建築、應用化學等五科。1946年改名為臺灣省立臺中工業職業學挍，招收初級部與高級部學生，應用化學科改名為化工科，1947年停招初級部學生，1950年專辦高級部，1951年更名為臺灣省立臺中高級工業學校，1953年指定為示範工職，進行工業教育改革，實施單位行業訓練，並具體實施建教合作。1963年增設化驗工科，1974年更名為化工科。該校於2000年改為國立，更名為「國立臺中高級工業職業學校」，2007年再度更名為「國立臺中高級工業學校」（http://www.tcivs.tc.edu.tw/）。

花蓮港工業學校創立於1940年，設有機械、電機、化工三科，屬四年制初級部。1945年改名為「臺灣省立花蓮初級工業職業學校」，設立三年制初級部化工科。1947年增設高級部化工科。1955年被指定為示範工業學校，接受美援，更新且充實實習設備，並開始實施單位行業訓練。1968年起，實施9年國民義務教育，初級部停止招生，增設高級部化驗科，1986年單位行業訓練改為群集教育分為機械群、電機電子群、建築土木群、化工群。2000年改名為「國立花蓮高級工業職業學校」（http://203.72.48.30/xoops/）。

臺南工業學校創立於1941年，位於今臺南市永康區，初設機械、電氣、工業化學、土木、建築五科，招收小學畢業生，修業年限為五年，因值二次世界大戰，五年課程濃縮為四年。1945年改名為「臺灣省立臺南工業職業學校」，修業年限為三年，1951年改稱為「臺灣省立臺南高級工業職業學校」。1958年化工科停招新生，到1964年才設化驗科，1975年再度改為三年制化工科，2000年學校改隸國立，校名為「國立臺南高級工業職業學校」（http://www.ptivs.tnc.edu.tw）。

高雄工業學校創立於1942年，創校之初即設立工業化學科，1948年改制為化工科。學校於1946年改名為「臺灣省立高雄工業職業學校」。1959年改制為「臺灣省立高雄高級工業職業學校」。1979年高雄市改制為院轄市，校名隨之改名為「高雄市立高雄高級工業職業學校」（http://www.ksvs.kh.edu.tw/）。

嘉義工業學校創立於1944年，初設建築、化工兩科，1945年國民政府接收臺灣之後改名為「臺灣省立嘉義工業職業學校」，1946年開始辦理高級部。1960年開始招收化驗科女生一班，此為省立工業職業學校招收女生之先聲。1967年初級部全部結束，更名為「臺灣省立嘉義高級工業職業學校」，直到2000年改隸 國立更名為「國立嘉義高級工業職業學校」（http://www.cyivs.cy.edu.tw）。

彰化工業學校創立於1944年，原有臺中州立彰化工業學校創立於1938年，1945年戰後，兩校合併改制為「臺灣省立彰化工業職業學校」。1969年配合九年國民義務教育政策，校名改為「臺灣省立彰化高級工業職業學校」，1984年配合國立臺灣教育學院學生實習及課程研究之需要，改隸教育學院為該學院之附屬學校。1989年國立臺灣教育學院改制為「國立彰化師範大學」，該校也隨之改名為「國立彰化師範大學附屬高級工業職業學校」。彰化工業學校創立之初並沒有設立化工相關科別，隨後學校歷經各次改制與改隸過程，亦沒有增設化工相關科別（http://www.sivs.chc.edu.tw/）。

新竹工業學校創立於1944年，初設機械、化工兩科，1945年國民政府接收臺灣之後改名為「臺灣省立新竹工業職業學校」，1958年化工科停止招生，1965年又恢復設科，但改為化驗工科。1969年校名更改為高級工業職業學校，增加招收高級部三年制化驗工科，1974年又改為化工科，2000年改隸國立，正名為「國立新竹高級工業職業學校」（http://www.hcvs.hc.edu.tw/）。

二、高級工業職業教育後續發展簡述

俗稱的「八大省工」是指八所臺灣著名的工業職業學校，1955年教育部接受美援購買先進儀器並引進美國「單位行業訓練制」與「行業單位教學法」，並指定八所學校辦理示範工業教育，實施單位行業訓練制，這八所學校便稱為「示範工職」。這八所學校即為現在的臺中高工、花蓮高工、臺南高工、高雄高工、嘉義高工、新竹高工、彰化附工和大安高工。所謂的「單位行業訓練」(unit trade training)，是學校的專業技能教學，以單一行業所需的主要技術為範圍，使學生在學校有限的時間中，精習一種行業技能，提高技術水準，教學課程以實習為主，相關理論為輔。該計畫由臺灣省立臺中高級工業職業學校首先試辦，1955年擴及新竹、彰化、嘉義、臺南、高雄、花蓮和臺北市立工業職業學校等，此即所謂示範工業職業學校名稱的由來。在這八所學校當中，彰化附工是唯一設校時沒有成立化工科，而大安高工原名為臺北市立工業職業學校，1958年配合社會經濟型態改變，逐年增設11科，其中包含化工科，1981年改稱「臺北市立大安高級工業職業學校」，但自1987學年度起停招化工科。

1955年（民國44年），教育部選定八所示範工業職業學校，辦理單位行業科，施以單位行業工業基礎技術訓練。並自1956年（民國45年）起，對職業教育執行改進措施：將原有之各類職業學校依實際狀況，分別停辦初級職業學校，專辦高級職業學校或改組為五年制職業學校(由初一至高二階段)，鼓勵生產事業機構設立各類私立職業學校。

當時為積極培養各類基層技術人員，以配合國家經濟建設發展所需，於1965年（民國54年）訂頒『五年制高級職業學校設置暫行辦法』規定初級職業學校或職業補習學校辦學成績優良、設備充實者，得申請改為五年制高級職業學校。至1968年秋，因實施九年國民教育後，原初級職業學校及五年制高級職業學校停辦。同時，為發展職業教育與鼓勵增設職業學校，高中高職在學人數的比例，自1969年起逐年加以調整6：4之比，至1981年改為3：7之比。並於1974年起，陸續修訂頒布各類高級職業學校課程標準，課程內涵由單位行業訓練課程進入群集課程、學年學分制課程。[教育部於民國41年7月首度公布「高級工業職業學校暫行課程標準」，公布電機科、機械科、土木科、礦冶科、化工科等五科課程標準。經歷四次修訂(分別於53年、63年、75年及87年公告)。]

1976年(民國65年) 5月，教育部修訂頒佈『職業學校法』。更於1979年撥款二十億九千餘萬元執行『工職教育改進計劃』，充實公立高工職校的實習設備等。1982年6月頒布實施『第二期工職教育改進計劃』，運用新台幣三十一億三千餘萬元。且為使職業教育更為推廣成長，於1983年8月起試辦「延長以職業教育為主的國民教育」，以求職業教育的經營更加完善。1986年實施『第三期工職教育改進計劃』，至1990年共分5年運用新台幣二十一億七千餘萬元，期望工職教育能夠真正落實與生根。（許瀛鑑，四十年來工業職業教育之演進與展望。臺北：國立教育資料館，教育資料集刊，第十九輯，1994。）

三、戰後高職化工教育發展情況

臺灣光復後，政府接收較大企業如中油、台鹼、台糖、台鋁、台泥、台金等公司與化學工業有密切關係企業，故早期臺灣工業建設以傳統化學工業為主流。政府鑑於臺灣資源缺乏，為經濟發展促進工業建設故當時急需化工相關技術操作人員，化工科在當時十分熱門。當時高職化工科設備就設有天平操作室、普通化學實驗室、有機化學實驗室、分析化學實驗室、工業分析實驗室、暗房(沖洗黑白相片)等設施來培育工業所需的分析、化驗、品管人力及現場操作技術人員。1947年修訂之「職業學校規程」第四條及第五條分別規定：「初級職業學校授與青年較簡易之生產知識與技能，以養成其從事職業之能力」；「高級職業學校授與青年較高深之生產知識與技能，以養成實際生產及管理人才，並培養其向上研究之基礎。」；1952年公佈暫行各類職業學校課程標準，工業類有五科，對於初級職業學校及高級職業學校之訓練重點有進一步之區分：「初級職業學校以培養各種初級技術人員為主，其課程應注重實際技能之訓練」、「高級職業學校以培養各種中級技術人員為主，其課程除注重實際技能之訓練外，並兼顧基本理論之講述」。

政府也訂定高級職業學校化工科教學科目及每週教學時數表如表一(1952年7月修正公佈)。當時高工教育著重於培育工廠中優秀的操作及保養維護人員，故課程中就有機械工廠實習及化工實習；但是沒有進修班或延教班，也沒有建教合作與產學交流，工業安全教育尚未實施；證照制度乃至於教學評鑑尚未建立。

日治時期臺灣樟腦年產量約佔世界總產量的70%，居世界第一位，直到第二次世界大戰(1945年)之後才被化學製品取代。樟腦、蔗糖、茶葉被稱為昔時的「臺灣三寶」。此階段的初、高職化工畢業生面臨的是傳統化工產業為主，學校課程尚能符合當時所需。

表一、高級職業學校化工科教學科目及每週教學時數表(1952年7月修正公佈)

科目時數	第一學年		第二學年		第三學年		備註
	上學期	下學期	上學期	下學期	上學期	下學期	
三民主義	2	2					
公民			1	1	1	1	
國文	4	4	4	4	4	4	
工業數學	4	4	4	4	4	4	
外國語	3	3	3	3	3	3	
體育	1	1	1	1	1	1	
製圖	3	3	3	3			
物理	4	4					包括實驗
機械工作法	4	4					
化學	5	5					包括實驗
化工機械			3	3			
分析化學			6	6			包括實驗
電氣化學					4	4	包括實驗
化學工業概要					3	3	
機械工廠實習	6	6					熱處理
化工實習			12	12	15	15	
合計	36	36	37	37	7-39	37-39	

第三節　石化工業發展時期（1954～1980年）

一、石化工業發展概況

在國外，於1913年美國標準石油(Standard Oil)公司開始裂解石油，開創了石油化學工業。1931年杜邦(Du Pont)公司製造合成橡膠(Neoprene)；1933年英國ICI(Imperial Chemical Industries)公司發明聚乙烯(Polyethylene，PE)的製造方法。在國內，1954年(民國43年)，台塑企業創立，開始生產PVC粉，進而拓展塑膠加工、纖維、紡織等事業。省立工學院化工系化工學會之會刊即《化工通訊》於1954年2月創刊。1958年創立南亞塑膠公司推動二次加工，利用PVC粉生產膠布及膠皮。臺灣石化工業之發展在1967年以前屬於第一階段，是萌芽時期。這時期主要的發展有PVC、液氨、尿素、BTX(苯、甲苯、二甲苯)、碳煙及塑膠、人纖等下游加工業。1967年中油第一輕油裂解工場在高雄煉油廠開工生產乙烯，以供台聚公司的聚乙烯廠和台灣氯乙烯公司的VCM廠使用。從1968到1972年屬於第二階段，是臺灣石化業進入起飛期；接著二輕、三輕、四輕、五輕於仁武、大社、頭份、林園等石化中心相繼落成。我國石化工業由下游加工業逆向往中、上游快速持續發展中。

二、初高職化工教育培育情況

光復初期(1950年)產業結構以勞力密集為主，當時的技職教育之發展以培植基層技術人力的初級職校與高級職校並重；1955年教育部規定省辦高中職，縣辦初中職為原則。到了1968年產業發展逐漸由勞力密集調整為技術密集，技職教育乃配合停辦初職與五年制職校而發展高職；到了1980年因為科技密集與資本密集之產業型態，技職教育更提升發展層次，積極推展一連串的改革措施，如「單位行業訓練課程」、「建教合作」、「工職改進計畫」、「能力本位教育」、「資訊教育」、「群集教育課程」與「自動化教育」以為銜接；到了1990年以後，則因社會需求之多元化，技職教育正積極調整類科，朝向彈性化、自動化及精緻化等目標以為因應。

1970年我政府向世界銀行貸款美金九百萬元，自籌配合款六百萬美元，全面更新及充實各公立高工與工專之專業設備、實習場所，興建廠房與購置機具設備等，以提高工職教育質與量的水準。1974年教育部公布化工科課程暨設備標準，1979、1982、1986年分別執行第一、二、三期工職教育改進計畫。繼續執行「工職教育改進計畫」，充實各校設備、修訂課程標準、編輯專科用書，並撥款補助各校延聘專業教師，以加速培養各類專門技術人才。

(一)、教育目標

隨著臺灣經濟的發展，配合工職教育改進計畫，1968年產業發展逐漸由勞力密集調整為技術密集，技職教育乃配合停辦初職與五年制職校改發展高職。自1974年起政府積極推動「十大建設」，所需補充的工程技術人力中，基層技術工佔86%，由於當時職業訓練尚未有效擴展，訓練容量有限，上述所需技術工皆有賴工職教育培育。同年公佈高職化工科課程標準，我國工職教育目標重新訂定，教育工作者確定教育目標，有了目標才能據以安排適當課程，擬定教學內容、決定教學時數。教育目標如下：

(1) 培養青年為工業基層技術人才，以配合國家建設需要。

(2) 傳授各類行業之實用知識與熟練技能，以增進工業生產能力。

(3) 養成青年之服務精神與領導能力，以促進工業社會之發展。

(4) 建立工業學校為當地工業社會之建教中心，以增進職工之技能。

日本高等工業職業教育頗為先進也相當發達，為瞭解彼此之優劣點，在此也就他們的教育目標作簡單的說明。

日本職業教育目標有總目標及小目標之分：

總目標：高等學校工業教育在中學校(國中)教育基礎上，培養能發展本國工業之技術人員為目的，特別注重現場技術並學習基本知識技能與態度，以提高工業技術人員正確的觀念。

根據總目標再分成下列五個小目標：

(1) 使學生習得各工業領域之基本技能。

(2) 使學生習得各工業領域之基本知識，以理解工業技術之科學根據。

(3) 使學生習得各工業領域之經營管理所需之知能。

(4) 使學生發展創造能力，以促進工業技術之改進與發展。

(5) 使學生理解工業技術性質、工業經濟結構及其社會意義，以培養負責、勤奮、自覺的態度與精神。

由上述兩國的工業教育目標，可見高工同樣著重在培植工業基層技術人才，一樣重視服務精神與領導能力，但我國偏重單位行業，重視技能的熟練。我國工職教育目標具有下列優點：建立工業學校為當地工業社會之建教中心，以增進職工之技能，工業學校可藉建教合作，舉辦社區的各項活動，利用社會資源加強教學成效，發揮工職教育的功能。

(二)、課程架構與科目時數(課程內容、實習內容)

我國工職教育自1955年全面實施『單位行業訓練』以來，課程方面於本時期先後於1964年及1974年間修訂兩次，但均僅對課程內科目及時數作若干的調整，並就教材大綱配合需要略加修訂。然而工業技術快速進步，為配合國家經濟建設的實際需要，故於1977年3月成立課程研究改進小組，擬訂研究重點與原則，並於1978年3月將研究改進結果向教育部呈報。

1957年蘇俄第一顆人造衛星 — 史潑尼克號發射成功，領先美國。美國各界緊張大聲疾呼要求改革中學課程，次年通過「國防教育法案」改以確保國家安全與利益為科教目標。我國政府當時訂定高級職業學校化工科教學科目及每週教學時數表如表二(1964年7月修正公佈)，也將軍訓列入授課課程並加入工業分析課程以因應需要。我國高工化工科於1956年接受美國顧問建議，改為化驗科，單位行業課程，復於1974年為配合石化工業發展之需，改為化工科。在當時設有化工科的高工職校有：

臺北市立大安高工、臺北市立松山工農、省立桃園農工、省立新竹高工、省立竹南高中、省立苗栗農工、省立臺中高工、省立沙鹿高工、省立東勢高工、省立永靖高工、省立員林崇實高工、省立西螺農工、省立北港農工、省立嘉義高工、省立臺南高工、省立玉井工商、省立新化高工、省立岡山農工、省立高雄高工、省立屏東高工、私立屏榮中學、省立宜蘭農工、省立花蓮高工、省立臺東高工、省立中正高工、省立埔里高工等校。(大安高工化工科於1987年併入松山工農)

我國1974年公佈之化工科課程時數表如表三。

表二、高級職業學校化工科教學科目及每週教學時數表（1964年7月修正公佈）

科目時數	第一學年		第二學年		第三學年	
	上學期	下學期	上學期	下學期	上學期	下學期
三民主義	2	2				
公民			1	1	1	1
國文	4	4	4	4	4	4
數學	4	4	4	4	4	4
英文	2	2	2	2	2	2
體育	1	1	1	1	1	1
軍訓	2	2	2	2	2	2
週會	1	1	1	1	1	1
製圖	3	3				
物理	3	3				
生物	2	2				
普通化學	5	3				
有機化學		3	6	6		
分析化學			2	2		
化學計算			2	2		
化工機械			3	3		
工業分析					2	2
工業化學					3	3
電化學					2	2
物理化學					3	3
選修科目					2	2
物理實驗	3	3				
普通化學實驗	6	6				
工藝品製造					3	3
分析化學實驗			6	6		
有機化學實驗			3	3		
工業分析實驗					6	6
外國語文					(2)	(2)
合計	38	39	37	37	(38) 36	(38) 36

表三、高級職業學校化工科教學科目及每週教學時數表（1974年7月修正公佈）

科目時數		第一學年		第二學年		第三學年	
		上學期	下學期	上學期	下學期	上學期	下學期
普通科目	三民主義					2	2
	公民（包括公民訓練）	2	2	2	2		
	國文	4	4	4	4	4	4
	外國文(英文)	2	2	2	2	2	2
	體育	1	1	1	1	1	1
	軍訓	2	2	2	2	2	2
相關科目及專業科目	數學	2-4	2-4	2-4	2-4	2	2
	物理	3	3				
	生物	2	2				
	無機化學	6	3				
	有機化學		3	3	3		
	機械大意	2					
	電工大意		2				
	分析化學			2	2		
	化工機械			3	3		
	工業儀器			3			
	品質管制				3		
	工業分析（含儀器分析）					2	2
	化工材料			2	2		
	物理化學					3	3
	工業化學					3	3
	識圖與製圖	3	3				
專業實習	無機化學實驗	6	3				
	有機化學實驗		3	3	3		
	分析化學實驗			6	6		
	工業分析實驗			6	6		
	工業化學實驗			3	3		
合計		37	37	37	37	36	36

1. 臺、日化工科專業科目與相關實習時數比較

為瞭解臺、日化工科之差異與優劣，在此也就兩國的化工科專業科目與相關實習時數以列表的方式呈現以便比較。

表四、臺、日化工科專業科目方面比較(以東京工大附屬工商為例)

課程項目	日本(東京工大附屬工商)(1980年)							我國（1974年）						
	一		二		三		合計	一		二		三		合計
無機化學								6	3					
有機化學									3	3	3			
機械大意								2						
電工大意									2					
分析化學										2	2			
化工機械										3	3			
工業儀器										3				
品質管制											3			
工業分析												2	2	
化工材料										2	2			
物理化學												3	3	
工業化學	3	3	3	3	2	2						5	5	
工業基礎	2	2												
工業數理	2	2												
化學工業			2	2	2	2								
設備管理			2	2										
工業英文	1	1	1	1										
小計	8	8	8	8	4	4		6	6	10	10	10	10	
每週授課時數	35	35	35	35	27	27		37	37	37	37	36	36	

註：機械大意、電工大意、工業儀器、品質管制屬於非專業科目，屬於相關科目。

表五、臺、日化工科專業與相關實習課程比較

課程項目	日本(東京工大附屬工商)(1980年)							我國（1974年）						
	一		二		三		合計	一		二		三		合計
識圖與製圖								3	3					
無機化學實驗								6	3					
有機化學實驗									3	3	3			
分析化學實驗										6	6			
工業分析實驗												6	6	
工業化學實驗												3	3	
實習	4	4	4	4	4	4		9	9	9	9	9	9	
小計	4	4	4	4	4	4		9	9	9	9	9	9	
每週授課時數	35	35	35	35	23	23		37	37	37	37	36	36	

民國61年飛歌電子公司發生女性作業員三氯乙烯有機溶劑中毒死亡事件，震驚社會，顯露出對工業安全衛生知識缺乏亦不受重視。政府當年即公佈有機溶劑中毒預防規則，並於民國63年公佈勞工安全衛生法，重視職場安全衛生。工職教育課程沒有工業安全衛生課程也是一項缺憾。

(三)、實習設施(廠房)與設備

學習專業技術除由課本上了解其理論外，更需有設備配合實驗操作，才能運用自如，與實際配合。

(1) 實習設施方面

我國化工科實驗室設備標準如表六(1974年)。

表六、我國化工科實驗室設備標準

類別	名稱	規格	單位	數量			
				第一實驗室	第二實驗室	第三實驗室	總計
建築物	實驗室	200㎡，附水電瓦斯、排氣裝備	間	1	1	1	3
	儀器貯藏室	100㎡，附水電設備	間				1
	藥品貯藏室	100㎡，附水電設備	間				1
	儀器分析室	100㎡，附水電瓦斯設備	間				1
	天平室	50㎡	間		1	1	2
台櫥	化學實驗桌	1.2m*2.5m*0.92m	座	12	12	12	36
	儀器藥品櫃	玻璃門窗 1.8m*0.75m*18m	座	4	4	4	12

表六中，第一實驗室供無機化學及有機化學實驗；第二實驗室供分析化學實驗；第三實驗室供工業分析及工業化學實驗。各實驗室設備標準係以25人為基準。

我國在第一期工教改進計畫(1979年)之後，省立高工化工科的實驗室已有相當幅度的改進，增闢一間約50坪實習工場，供化工機械實習及應用化工機械之工業化學實驗之用。尚有儀器分析室一間供工業分析實驗之用，且各實驗室及實習工場間數以每班分兩組標準計(如表七)。

表七、實習設施之標準

名稱	面積	間數
實驗室	125㎡	4
實習工場	200㎡	1
儀器分析室	175㎡	1
儀器貯藏室	75㎡	1
藥品貯藏室	50㎡	1
天平室	50㎡	1

日本化工科實習設施如表八、九所示。

表八、日本化學工業相關學科群實習設施(1970)

名稱	面積(㎡)
工廠	260
化學反應實習室	260
單元操作實習室	210
物理計測實習室	145
化學計測實習室	145
工業計測實習室	145
化學工業管理實習室	180
製圖實習室	200
放射化學實習室	105
天平室	80
藥品器材室	70
製劑實習室	100
食品機械實習室	100
微生物實習室	100

表九、日本化學工業相關學科群實習設施(1978)

名稱	間數(間)	面積(㎡)
製造工廠實習室	2	182
化學工學實習室	2	95
工業試驗實習室	1	144
製造化學實習室	3	155
化學分析實習室	3	252
儀器分析實習室	2	180
物理化學實習室	2	180
天平室	1	36
設備管理實習室	1	36
小　計	17	1,262

上述資料顯示，日本高工化工科實習室項目亦隨著時代而統整簡化，但保留化學工程的核心實驗課程。除傳統化學及分析實習室外尚規畫有化學工學實習室(即化學工程技術實習室)、製造模擬工廠實習室、儀器分析實習室、工業試驗實習室及設備管理實習室。

我國化工科實習室的安排，只能做傳統的化學及分析實習，教學方向偏重在傳統的化驗，雖亦有儀器分析實習室但未曾購置分析儀器設備，而單元操作、工業儀器等重要的化工技術設備並無購置。有關單位曾調查當時化工科畢業生的出路，發現化工科畢業生不易就業，多數人轉就他業，部份化工廠雖予錄用，但需花費很多時間從頭再訓練。故課程內容有調整的必要，設備也需再充實改進。

我國高工教育有三個階段進步最快：

第一階段是美援時期，政府選擇八所高工以充實基本設備；第二階段為世銀貸款教育計畫，政府選擇十六所高工重點充實設備；第三階段為教育部實施工教改進計畫。第一期三年工教改進計畫共投資二十一億新台幣，實施後已有大幅度的改進。

(2) 實習設備方面

我國化工科實習設備主要有化學實驗桌、天平、玻璃器皿、烘乾機、離心機、恆溫水槽、高溫爐、光電比色計、氣相色層分析儀等供分析化學及化學實習。工教改進計畫完成後增加許多設備：

(1) 基本設備：直示天平、純水製造設備、真空烘箱、電熱包、超音波洗淨機、真空蒸餾裝置、電子天平等 。

(2) 化工機械實習設備：化學反應器、精餾塔、填充塔、流動摩擦實習裝置、蒸發罐、熱風乾燥機、小型過濾器等各一套。另溫度控制及壓力液位控制儀器各一套。

(3) 儀器分析設備：卡氏水分測定計、旋光計、光電比色計 、水質分析儀、黏度計、熔點測定器、PH計、彈卡計、屈折計、電導度計、薄層色層分析儀、氣體色層分析儀(GC)、紫外線可見光分光儀(UV/VIS)、紅外線分光儀(IR)、攝譜儀等各校均各一台，另就液相層析儀(LC)或原子吸收光譜儀(AA)中任擇一台購用。

(4) 系列選修課程(規劃發展各校特色課程)：電鍍設備或塑膠加工或油漆及橡膠加工機械中任選一項。

1987年，省政府教育廳委由東勢高工承辦系列特色課程訪視輔導計畫，透過訪視輔導以瞭解各校化工科當時基礎設備情形、師資專長、地區特性等狀況。

日本化工科實習設備主要有：

(1) 一般物性測試儀器、工業儀錶實習設備

(2) 儀器分析設備：如IR、UV、GC、極譜儀、光電比色計、液相層析儀(LC)、水質分析儀、導電度計等一般工廠較常用者大都有，有部分學校甚至有NMR、電子顯微鏡、有機微量分析儀等設備。

(3) 單元操作設備如流動摩擦實習裝置、精餾塔、蒸發罐、熱交換器、鍋爐、過濾、粉體分級、氣體吸收、粉碎、攪拌、乾燥、化學反應器等實習裝置，其中有部分設備配有控制儀錶配合自動控制實習。

(4) 各校均有小型製造設備可進行高分子聚合反應或製糖實習，另有單元程序實習室、合成化學實習室。數量大部份僅有一套。

我國化工科之實習設施及設備，歷經工教改進計畫之後有明顯改進，與當時日本化工科差距縮小。

(四)、課程演變情況

我國高工化工科於1956年接受美國顧問建議，改為化驗科，屬於單位行業課程，復於1974年為配合石化工業發展之需，改為化工科。惜課程內容與設備標準卻無多少變動仍偏重在化驗。

教育部於1981年指定數所高工辦理群集課程教育實驗，為課程修訂預作舖路。75年改為群集課程。

日本高工歷次課程修訂有幾點值得參考：

1. 課程名稱簡化，內容更有條理、更為充實。如化學工學科專業科目，昭和35年(1960年)計有11科，昭和45年(1970年)合併為五科，另加化學工業特論、化學工業安全、放射化學、電氣化學、工業英語等選修五

科。昭和53年(1978年)復將化學工業I.II.III與化學工學 I.II.III重整歸併為工業化學與化學工學兩科。

2. 各科有共同基礎課程，兼顧技術與文化陶冶，使學生對人生有正確價值觀與基礎能力，讓學生有較寬遠之眼界，以適應時代需要。

(五)、師資培育與進修

1958年公布『中等學校教師登記及檢定辦法』，同年於當時臺灣省立師範大學成立中等學校教師研習中心，提供教師進修研習。

師資的來源主要為一般大專院校化工系、化學系及師範大學工教系畢業生，具有學士學位以上者。若是師範大學工教系化工組畢業的師資，在校所學的課程無單元操作、程序控制、化工機械等，因此偏向純化學背景知識，對於高工化工科而言，工程方面訓練似較薄弱。國立彰化師大之職業教育系工場師資組，也於1973年改招高工畢業生修業四年，畢業後分發至高職，擔任工科教師。

教育部於1974年開放研究所四十學分班、在職學位進修和舉辦相關化工機械與儀器研習，以推動正常教學，讓老師們有充電再學習機會。如今許多高職教師擁有碩士、博士學位，提升師資改善教學。

(六)、建教合作與產學交流

1973年9月，教育部認為「建教合作實驗班」有繼續辦理的必要，正式定名為「輪調式建教合作班」，並頒訂「輪調式建教合作班實施要點」。

綜合各工業職業學校推行的建教合作，按其方式區分，約有下列數種：(1) 實習式，(2) 輪調式，(3) 階梯式，(4) 委託式，(5) 進修式。

1953年，臺中高工奉指定為示範工職，進行工業教育之改革，並具體實施建教合作； 1958年奉命附設實用技藝訓練中心； 1963年，並設立海外青年技訓班，共辦十一期於1981年停辦； 1972年奉令附設空中補習學校，但於1976年結束後停辦； 1973年奉令成立職業訓練中心。

而高雄高工於1954年奉令辦理單位行業訓練示範工職；1962年創辦海外青年技訓班，至1997年停辦。1970年與中油公司、高雄電子公司、電信局等創辦建教合作實驗班及試辦輪調式建教合作班；2003年輪調式建教合作班全部結束開班。1981年起臺灣糖業公司與幾所高工職校(如永靖高工)在校生建教合作成立自給自足班，稱為台糖建教班。1969年沙鹿高工創辦實驗全國新學制「輪調式建教合作班」；1990年創辦建教合作班。

(七)、進修班與延教班

1969年沙鹿高工增設補校（現已改為進修學校）；1983年，試辦延教班（現已改為實用技能班）；而永靖高工於1985年增設延教班，可惜不招化工科；進修補校於1986年起開始每年招收化工科一班。各高職學校大部份開設進修班於夜間上課。

(八)、招生狀況

各校每年招收化工科學生人數均無缺額或招收不足現象，由於化工屬於汙染相關或具危險之行業，因此在此刻板印象裡，導致招生時在學校各科系中，往往偏向非第一志願，收到的學生程度有較差之傾向。

(九)、就業與進路

1. 就業方面

(1) 就業與創業：

實用技能學程畢(結)業學生可經由多重就業管道進入公民營企業或自行創業，管道列舉如下：

(a) 就業服務站

(b) 青輔會

(c) 職訓中心

(d) 國家考試（普考、基層特考等）

(e) 專門職業及技術人員考試

(f) 自行創業

(2) 就業與進修：

實用技能學程畢(結)業學生可同時就業與進修，進修管道列舉如下：

(a) 二專夜間部、建教合作班

(b) 大專校院進修、進修學士班

(c) 進修補校

(d) 空中大學、空中商專及空中行專

也可參加統一入學測驗或學科能力測驗，再經由多元入學管道選擇就讀大專院校如下：

(a) 二專、技術學院、科技大學

(b) 一般大學、軍事校院

(c) 警專、警察大學

(3) 參加技能檢定：

可參加各級技能檢定並逐步取得技術士證照(如化學、化工)：

(a) 在校期間可參加丙級(丙級及格於高三時可考乙級)技術士技能檢定。

(b) 畢(結)業後可參加勞委會辦理之丙級、乙級技術士技能檢定。

2. 進路方面

目前技職教育體系有：高級職業學校、專科學校、技術學院與科技大學。於國民中學尚有技藝教育方案，提供國中生試探職業性向與培養興趣，畢業後可就讀的技職教育體系有高級職業學校、普通高中附設職業類科或是綜合高中的職業學程。高級職業學校的學制包括日間部、夜間部、建教合作班、實用技能班、特殊教育實驗班及附設進修學校等。高級職業學校畢業生可參加四技二專統一入學測驗後，以登記分發、推薦甄試、技優甄保等方式，選擇四年制技術學院（四技）、二年制專科學校（二專）等學制，並進入科技大學、技術學院或專科學校就讀，四技畢業後可取得學士學位證書，二專畢業後可取得副學士學位證書。專科學校分為「二年制」及「五年制」二種，二年制同時設有日間部及夜間部；五年制則有日間部。專科學校畢業生可以報考「二年制技

臺中高工1980年代校門。

臺中高工改制國立慶祝大會。

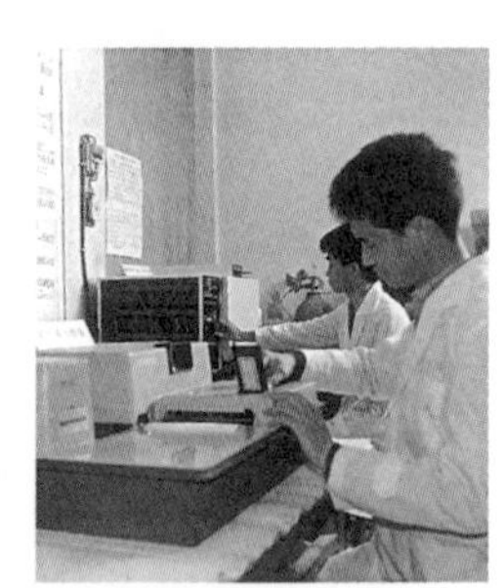

臺中高工化工科實驗室。

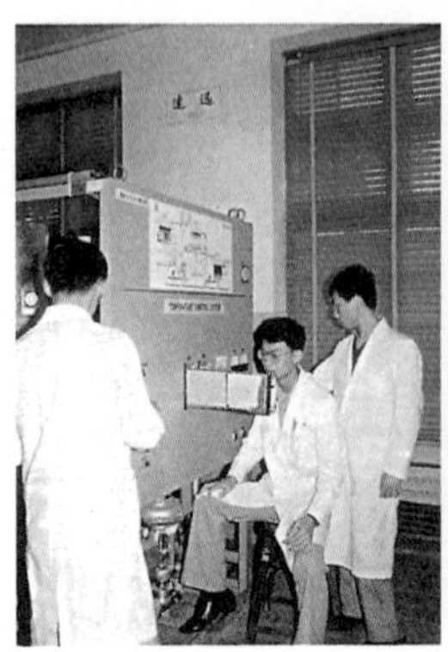
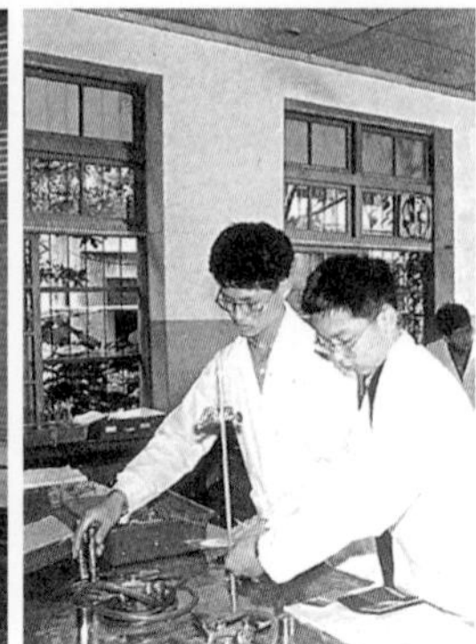

臺中高工化工群實驗室。

術校院統一入學測驗」（二技統測），升學進入科技大學或技術學院的二技部就讀，修業年限為期兩年，畢業後可取得學士學位證書。「技術學院」及「科技大學」的學制包括了專科班、學士班、碩士班、博士班及在職專班等。在行政體制方面，教育部技術及職業教育司（簡稱「技職司」）負責掌理全國技職教育業務，並主管及督導科技大學、技術學院、專科學校與高級職業學校。

工科技藝競賽設有優異選手前三名保送國立技職校院制度，使技能優良學生能進入國立大學就讀。在升學進路方面：推動技藝技能優良學生甄審保送大專校院及在職專班考試加計工作年資及證照加分等制度。

(十)、教學評鑑

1976年12月及隔年4月由臺灣省政府教育廳與臺北市政府教育局，開始辦理高職工業類科評鑑，對各校素質的提高，具有很大的影響。

第四節　新科技產業時期(1980年至今)

一、產業發展狀況

臺灣石化工業之發展，從1973至1983年間進入第三階段，即快速發展期。此期較重要的建設是在頭份成立北部石化中心、中油設乙烷裂解場、設立第二、三輕油裂解場、設立第二、三芳香場、設立二甲苯分離場。從1984至1987年間進入第四階段，邁入穩定成長期；中油設立第四輕油裂解場及第四芳香場，同時下游產能擴大，產品高級化。但是1988至1994年進入發展受阻期，臺灣石化工業發展首度遭遇反公害抗爭。

纖維、尼龍及橡膠、塑膠的發明，刺激石油化學工業的蓬勃發展，帶給人類生活方式的莫大改變。新合成材料的使用代替天然的動、植物料，在一陣風潮之後，人們發現這些新材料雖然便利實用，卻給環境帶來災難。百年不壞的塑膠廢棄物，製造這些新材料所需耗費的天然資源甚鉅，耗電又耗水，而且生產過程中會排放廢氣、廢水等。因此工場安全衛生及環境生態、環境污染有必要重視及加入技職教育訓練。1980年新竹科學工業園區成立，主要複製美國矽谷新科技產業的成功經驗，使得臺灣資訊工業發展跨進一大步，後來陸續成立臺南及中部科學園區，帶動整個新科技產業的發展，此時化工專業人才需求大增。進入21世紀，科技日新月異，尤其是半導體及光電產業，而且自人類基因解碼以後，生物科技亦進步神速，故生物醫藥、IC元件、印刷電路板、光電產品、電子材料等是現階段的產業發展，這些產業仍需依賴化工專業人員投入生產和研發。由於環境污染及地球暖化等問題，遂推動綠色的化學工業，即利用化學、化工原理從製程源頭上消除環境污染，綠色製程可達到節省能源、資源再利用和減少污染的目標。

二、高職化工教育培育情況

1980年起為期三年，教育部委請東勢高工，推動『高工化工科科技課程、教材、教法研究與實驗』計畫，由該校曾勘仁校長(成功大學化工研究所碩士，本章撰寫者之一)主持，計畫要點如下：

1. 調整課程中專業學科內容暨時數編配

2. 統合連貫的編撰教材，製作教助，以配合教學方法所需。

3. 基本科學及科技部分實驗以『發現教學法』(即啟發式教學)為基礎，實用部分則擬按行為目標能力本位進行。

曾校長在一份『高職化工科專業暨相關課程分配研究』中，特別提出化工課程一方面講求學科結構之連貫與重點發展，俾能深入而便於啟悟，一方面注重統整與彈性，務能以簡馭繁順應變遷，其設計不止於靜態的科技結構，更須顧及動態的變遷，故課程結構應具統合性和連貫性。

1983年，省政府教育廳試辦化工科能力本位教育並編印教材，為實施能力本位教育作準備，且頗有成效(省立埔里高工、省立永靖高工、省立臺中高工、省立新竹高工參加試辦)。能力本位的教學策略，係以預設之明確目標來導引各項教學活動，以評鑑來適應個別差異，加強補救教學，管制教學品質，藉以提高學生的知能水準，預期對職業教育有補偏救弊之效果。為因應需要將單位行業課程改為群集課程增加選修課程比例，發展各校特色。1986年臺中高工奉命成立臺灣省中區工業職業學校『技術教學中心』。

接著許多計畫和教育政策改變節錄如下：

民國76年(1987年)教育部擬訂〈改進與發展技職教育五年計畫〉。

民國75年教育部特別重視弱勢族群之技職教育，自74學年度起即已開辦殘障學生、殘障者子女及低收入戶之獎助學金。78年開始辦理「原住民職業教育改進計劃」及「偏遠地區職業教育改進計劃」。

民國80年教育部決議高中、高職學生比例將調整為4：6。

民國81年行政院通過(發展與改進技術及職業教育中程計畫)。

民國81年教育部擇定臺北市立松山高商等10校試辦高職學年學分制。

民國83年在行政院成立了教育改革審議委員會，經兩年的研究和審議後，發表教育改革總諮議報告書，提出教育改革的三個重點和五大目標如下：

三個重點：1. 教育鬆綁，2. 追求卓越，3. 照顧弱勢；

五大目標：1. 教育鬆綁，2. 帶好每位學生，3. 暢通升學管道，4. 提升教育品質，5. 建立終身學習社會，以為未來教育改革的依循。

民國84年教育部發布〈師資培育法施行細則〉。為輔導國中畢業生自願就學，至83學年度止臺灣地區已成立9個大型技藝教育中心，58個小型技藝教育中心，

民國84年教育部發布〈大學院校教育學程師資及設立標準〉，師資培育管道邁入多元化。

民國84年教育部公布〈綜合高中試辦計畫及試辦要點〉，指定16所高中自85學年度起試辦3屆5年，以逐步落實延後分化、適性發展之目標。

民國85年教育部公布〈試辦綜合高中實驗課程實施要點〉，自85學年度開始試行，並由18所高中、高職開始實施綜合高中實驗課程。

民國86年教育部公布〈高職免試入學方案〉分發成績處理要點，採計國中3年在校成績佔75%，2次統一命題測驗成績佔25%分發入學高職，86學年度入學國中一年級新生為適用對象，89學年度升學高職時實施。

民國86年教育部公布〈高職免試多元入學方案〉，自90學年度起實施。

民國86年教育部修正發布〈高級職業學校試辦學年學分制實施要點〉。教育部核定86學年度〈發展與改進原住民職業教育五年計畫〉及〈偏遠地區職業學校改進計畫〉。教育部公布〈高級職業學校課程標準〉，自89學年度正式實施。

民國87年公布高中多元入學方案配套措施，除自願就學輔導班外，廢除國中成績考查辦法五等第九分制之固定比例；1年內因地制宜調整高中職數量，增加一般高中、綜合高中和精緻型高職學校。教育部公布〈四技二專多元入學方案〉，高中職畢業生可透過推薦甄選、申請入學、招生考試或登記分發等管道入學，89學年度起實施，考招分離確定90學年起實施。

民國88年教育部部長宣布21世紀教育願景—「全人教育，溫馨校園，終身學習」，重點包括高等教育方面以大學無圍牆，學術有高峰為目標，規劃高等教育發展；技職教育方面，以多元精緻、適性發展，強化建教，尊重專業為主軸推動技職教育；中等教育方面，規劃

延長國教，減輕學生升學壓力，推動高中社區化，建立多管道進修制度；國教方面，普及幼兒教育，推廣精緻國教，實施九年一貫課程，達成全人教育理想；社會教育方面，推動處處可讀書，人人有書讀，終身學習理想；其他教育方面，強化學生體能，加強弱勢族群教育，強化資訊教育，寬籌教育經費，永續教育發展。

民國89年起取消高職聯招考試入學、90年起配合教改推動考招分離政策，實施高職及五專多元入學方案、技專校院多元入學方案等。

民國89年職業學校學制由傳統學時制改為學年學分，學期成績不及格科目改以補考或重修代替留級，成績優異學生可提前1年畢業。

民國89年省立高中、高職、特殊學校自89年2月1日改名為國立高中、高職、特殊學校。

民國89年教育部公布〈高中高職社區化實施方案〉，將於89學年度全面實施，採學校自願參與方式，參加試辦高中保留八成，高職保留六成招生名額給社區學生就讀。

民國89年教育部整併〈高級中學多元入學方案〉與〈高職多元入學方案〉為〈高中及高職多元入學方案〉，並簡化成登記分發、甄選及申請等3種入學管道，基本學力測驗取代所有學科考試成為評鑑唯一依據。

民國90年教育部訂定〈教育部補助高級職業學校改善教學設施實施要點〉。

民國91年教育部頒布〈高中職社區化推動工作計畫〉。91學年度將全國高中職全數納入高中職社區化計畫，將於95學年度達成八成國中生就近升學社區高中職計畫目標。

民國93年教育部訂定發布〈高級職業學校建教合作實施辦法〉；〈高級職業學校輪調式建教合作教育作業規範〉；〈高級職業學校實習式建教合作教育作業規範〉；及〈高級職業學校階梯式建教合作教育作業規範〉。

綜合高中在臺灣是一種新的學制，與現有的純高中、純高職或兼辦普通科和職業科高中、職不同。它所強調的特色是提供學生多樣選擇機會，透過課程之選修與試探，協助學生做適切的生涯發展和決定。綜合高中兼具高中與高值雙重特質，學生在進入綜合高中一年後，再依據自己學習成就、能力、興趣選擇高中升學目標(一般大學院校)、高職升學目標(科技大學、四技二專)或就業目標，透過課程選修，實現理想。目前有多所學校開辦綜合高中如西螺農工、玉井工商、新化高工等在此時期為適應科技時代的來臨，技職教育改革變遷甚大，其目的在順應需要。為增強高職教育功能，奠定學生學優、技優、人品優實力，因應各種挑戰配合升學就業，良好的課程規劃，方能加強學生基礎學科能力、專業知能，發展優勢與特色達到目標。

(一)、教育目標

高工教育基本任務之一，在於養成學生具備有用的工作技術和發展潛能。民國69年間，高職校長們工業建設觀摩研習，一方面除可了解行業的特性和新面貌外，另一重要目的，似在引導對高工教育內容作深一層的比較。化工科觀摩的部分是，安排了石化下游計畫中之工廠，參觀台聚公司之聚乙烯原料生產、世代的聚酯原料和加工紡紗生產，另相關研究參訪聯合工業研究所(今工業技術研究院)的化學分析室。觀摩中大家關心的重點是：

1. 現階段化工技術需要什麼？

2. 未來需要什麼技能？

3. 現階段他們用了那些技術人才？

4. 當前國內重要的化工技術是什麼？

5. 高工化工教育的內容是否適當？

觀摩後曾勘仁校長在當時教育部科學教育及科學人才培育計畫專案中提出報告討論如下:

由於化工的範圍很廣，且製造程序及操作技術日新月異，產品種類繁多，使教育的內容難以確定，因此教育的課程似應在變中求常，才容易有系統的學習，從台聚和世代的生產過程中，可以看到二者都是聚合反應，如又進一步廣泛地探索，各類「酸」和各類「醇」，都可生成各類「酯」，及酯化的原理不變，若另自化工機械的觀點來觀察，兩家設備中，像鍋爐、聚合槽、流體輸送裝置，各種管路、熱傳送裝置、分離器等等，形狀雖不同，構造更有差異，但原理卻都有共同的脈絡可尋，那怕熱交換器有的用水冷卻，有的用蒸氣或熱媒加熱，甚至各機械順序上安排不一等等，這些似乎都無關宏旨，只要將共同的原理分成一些標準單元，使可在變中得常。早在二十世紀四十年代，已有人提出單元程序和單元操作的觀念，這項努力大大地促進化工技術的成長；實際上剖析化工業的內容，重要的化學反應僅二十來種，物理操作亦不過十來類，現在高工課程標準，也列有化工機械，工業儀器等有關學科，但對講究操作的化工，卻無任何實習課程之安排，導致對操作實務基礎薄弱，誠如廠方人員所指出，有些新進化工科畢業生，開閥方向都不清楚，雖經在職訓練，仍感事倍功半。又如學生畢業入廠應試，對數拾種塑膠俗名或學名，多數舉不出五種，顯示工業化的學習欠重實用，徒然記誦許許多多流程與反應，但卻不會用於實際；也就是說，沒有更切合實際的課程，教育不免浪費。

從廠方的簡報中，顯現了兩個問題存在：一是化工生產自動化的結果，專技性的化工人才遠比化驗、機工或電工等人才需要更多，化驗已走上儀器分析的途徑，要求更準、更快，幾乎是立即可得和結果，故分析人力需求量不多。可喜的是機械儀表越精密，專技性分工則越細，操作也就簡單，很多工作高職程度便可適才適任，不但大多數化工廠分析儀器的操作在用高工畢業生，甚至像聯合工業研究所等研究機構，儀器的操作員好幾位也是高工培養的。另一問題則是工廠中所看到的技術設施，常是學校裡沒有的，在工廠中我們沒看到學校的定性、定量設備，在學校中也難得一見他們所用的儀器，固然學校的重點是教育，而非訓練，課程有其因果，不可忽略統整的發展，現行課程尚稱完善，定性、定量也是儀器分析的基礎，惟整體上範圍如能就工業的動向重作加權調整，使之更能表達出化工的專技性，效益想必更能彰顯。

化工雖涉及機電等事物，例如教育學，雖引用了心理學的研究和哲學的旁證，卻在某些條件或領域中，自成獨立的體系，其專技性絕非其他行業職工所能取代的。除課程外，當前學校化工科設備儀器的調整與增置，也是刻不容緩。總之，在舉國上下大力開發石化工業，連帶推廣更多化工及其他工業中，化工人才的培養勢必放大眼光，從長遠著想，不但求質的強化，量方面更待加速來籌措，才能因應化工快速成長的需要。此外，藉用建教合作相互了解，也很重要，以參觀的工廠為例，台聚公司廠長曾提到，他們並不知道高工化工學些什麼？同樣地，我們對產業的需求也未全然深入，本次參觀實大有助益，可惜時間太短，不免遺珠難窺全貌。

為因應科技快速變化，強化專業技能，培育行業工作基本能力，民國72年臺灣省教育廳、臺北市及高雄市教育局都將能力本位教學當做教育革新的重要項目。能力本位教育是目標導向，加強評鑑及時補救。

民國86年教育部公布職業學校化工科課程標準暨設備標準，明確說明工業職業學校以配合國家經建發展，培養健全之工業基層人員為目標，除注重人格修養及文化陶冶外，並應

1. 傳授工業類科基本的知識及實務技能。

2. 建立正確的職業道德觀念。

3. 培養自我發展、創造思考及適應變遷的能力。

而化工科教育目標揭示：

1. 傳授化學工業之基本知識

2. 訓練與化學工業有關的操作，維護及檢驗之基本技能。

3. 養成良好的安全工作習慣。

1998和1999年兩年內，教育部為了推動各級技職教育之教育改革，共委託(或委辦)三十四個專案計畫如表十，由這些計畫看出教育部之用心。

表十、三十四個專案計畫

名稱	主持人	執行期限
1. 第十年國民技藝教育課程調整與發展之規劃	臺師大李隆盛主任	86/11-87/11
2. 高職學年學分制之推動	臺師大侯世光教授	86/11-87/11
3. 技職教育體系一貫課程之規劃與統整	臺師大李隆盛主任	87/01-88/12
4. 技職校院課程基礎之規劃	彰師大康自立校長	87/10-88/03
5. 技職校院的定位目標與功能之規劃	臺科大劉清田校長	87/10-88/03
6. 技職教育體系類科發展之規劃	澎湖海專蕭錫錡校長	87/10-88/03
7. 技職校院學生能力標準架構與能力分析模式之規劃	臺師大江文雄教授	87/10-88/03
8. 技職校院課程問題檢討與改進之研究	臺師大饒教授達欽	87/10-88/09
9. 技職校院一貫課程實施相關配合措施之規劃	亞東工專孟繼洛校長	88/01-88/06
10. 技職教育期刊之研究	臺師大謝文全主任務	87/10-88/09
11. 技職校院提升圖書館效能之研究	臺師大陳雪雲主任	88/02-88/07
12. 技職校院科學教育改進規劃	臺師大邱美虹所長	88/02-88/07
13. 專科學校課程修訂計畫	北科大張天津校長	88/02-88/07
14. 科技校院課程修訂計畫	雲科大張文雄校長	88/02-88/07
15. 技職校院通識課程之規劃	輔英技院張一蕃校長	88/02-88/07
16. 各類技職課程發展中心之功能檢討與改進	政大黃炳煌教授	88/02-88/07
17. 建立技職教育夥伴關係之規劃	屏東科大劉顯達校長	88/04-88/09
18. 技職教育體系實施回流教育之規劃	中華民國成人教育學會 黃富順祕書長	88/04-88/09
19. 技職校院實習課程改進規劃	臺師大李常基院長	88/04-88/09
20. 技職校院建教合作改進規劃	臺師大田振榮教授	88/04-88/09
21. 技職校院之潛在課程規劃	國北師歐用生校長	88/04-88/09
22. 技職校院師資培育與任用制度之規劃	臺師大周談輝教授	88/04-88/09
23. 技職校院類科、課程與職業證照制度配合之研究	高雄師大陳教授	88/04-88/09
24. 技職校院實施三學期制之規劃	輔英技院許淑蓮教務長	88/04-88/09
25. 校際及科際互轉學歷採任及課業輔導之規劃	逢大楊蜀珍教授	88/04-88/09
26. 技職校院外語教育改進計畫	臺師大施玉惠教授	88/05-88/10
27. 技職校院數學教育改進計畫	崑山技院周文賢校長	88/05-88/10
28. 技職校院藝能教學改進計畫	臺師大李大偉教務長	88/05-88/10
29. 技職校院三明治教學研究	由高雄餐旅專校 以研討會方式辦理	88/09/17
30. 技職教育一貫課程持續發展機制之規劃	併入綜合規劃組規劃	
31. 技職校院學校本位課程發展模式之規劃	北科大林俊彥所長	88/07-88/12
32. 跨世紀技職學生基礎能力之規劃	併入一般科目小組規劃	
33. 高職課程與技專校院課程銜接之修訂規劃	澎湖海專蕭錫錡校長	88/07-88/12
34. 技職校院國語文教育改進規劃	臺科大周聰俊教授	88/07-88/12

此時期的化工科教育目標，除配合時代之需求外，教育部顧及學生升學需要，另增加培養學生升學進路能力：

1. 傳授化學工業之基本知識

2. 訓練與化學相關技術操作與維護之基本技能

3. 培養學子繼續進修之興趣與能力

4. 培育化學工業之基層技術人才

5. 養成良好工業安全衛生之習慣

(二)、課程架構與科目時數(含課程、實習內容)

1950年代，美國工業技術教育大力推行『單位行業訓練』課程，徹底推翻重理論不重實際的教育形態，代之以技能為主的教學實施，一時頗具成效。1958年因電腦技術及數值控制機具等的介入，側重『自動化』及『科技』的技術密集工業成長迅速、分工愈來愈細、職業經驗漸漸地無須長期培養、手工操作的人力需求也就相對地降低，清晰的頭腦人力漸次替代了熟練的手工，工業界需要的是有彈性潛力及良好教育素養的人。

於1986年教育部公布化工科課程標準分成甲、乙類，而乙類課程標準與單位行業課程有點類似，甲類標準如表十一，此時專業科目統整成五大課程。

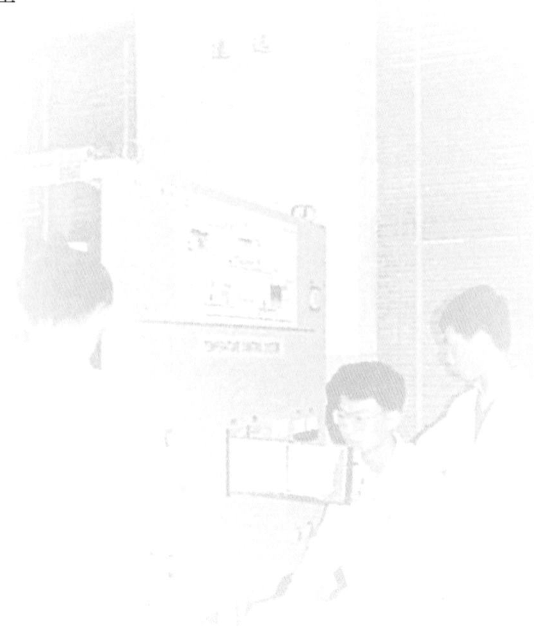

十一、工業職業學校化工科(甲)教學科目及每週教學節數表

科目類別			科目名稱	節數	第一學年		第二學年		第三學年		備註
					上	下	上	下	上	下	
一般科目		64節 28.8%	三民主義	4					2	2	
			社會科學概論	8	2	2	2	2			
			國文	20	4	4	3	3	3	3	
			英文	12	2	2	2	2	2	2	
			音樂、美術	2	1	1					
			體育	6	1	1	1	1	1	1	
			軍訓	12	2	2	2	2	2	2	
專業必修	專業基礎	28節 12.6%	數學	16	4	4	4	4			
			物理	8	4	4					
			計算機概論	4			4				含實習
	專業科目	53節 23.9%	製圖	3	3						
			基礎化學(I、II、III)	14	4	6	4				
			化學工業(I、II、III)	10			4	3		3	
			基礎化工(I、II、III)	10			4	3	3		
			化工機械(I、II、III)	10				4	3	3	
			化工儀器(I、II、III)	6					3	3	
	實習科目	35節 15.8%	物理實習	6	3	3					
			基礎化學實習(I、II、III)	14	5	6	3				
			化工機械實習(I、II、III)	9				3	3	3	
			化工儀器實習(I、II)	6					3	3	
選修科目		30節 13.5%	系列課程	9-12				3-4	3-4	3-4	各校視發展特色，安排選修課程，特色方面之相關程至少佔十五小時，其中實習至少佔六小時。
			系列課程實習	6					3	3	
			其他選修科目	12-15			2	4-5	3-4	3-4	
			至少應授	30	0	0	2	8	10	10	
共同活動		12節 5.4%	班會	6	(1)	(1)	(1)	(1)	(1)	(1)	
			團體活動	6	(1)	(1)	(1)	(1)	(1)	(1)	含週會
總計				222	37	37	37	37	37	37	

(1) 基礎化學(I、II、III)： 課程內容包括無機化學、有機化學、生物化學、分析化學及工業分析

(2) 化學工業(I、II、III)：課程內容包括工業化學、化工材料、化學工業安全與品質管制

(3) 基礎化工(I、II、III)：課程內容包括質能結算、物理化學

(4) 化工機械(I、II、III)：課程內容包括化工機械及簡單之反應器裝置

(5) 化工儀器(I、II)：課程內容包括工業量測與控制及分析儀器各校於擬定選修課程時，可於選修時間開列約三十至四十節之課程，予學生選讀三十節，授予各校彈性，以求其特色之發展；也增列自由選修課程由各校自行發展系列特色課程群(如高分子化學、染整化學、電鍍學、塑膠加工、食品工業、化學檢驗)。

民國86年公布之課程標準改採行學分制，與以往有所變革。增加美術、音樂、生涯規畫、環保與生活等課程，如表十二。

表十二、1997年教育部公布之課程標準

類別			科目		授課節數					
					第一學年		第二學年		第三學年	
名稱		學分（節數）	名稱	學分	上	下	上	下	上	下
必修科目	一般科目	72學分（44.44%）	三民主義(I)(II)	4	2	2				
			本國語文	16	4	4	2	2	2	2
			外國語文	12	2	2	2	2	2	2
			數學	16	4	4	4	4		
			歷史（中國歷史本國歷史選一）	2			2			
			地理（中國地理本國地理選一）	2				2		
			社會科學概論	2						2
			生物	2					2	
			物理(I)(II)	6	3	3				
			音樂(I)(II)	2	1	1				
			美術	2			1	1		
			環保與生活	2						2
			計算機概論	2					2	
			生涯規劃	2						2
			小計	72	16	16	11	11	8	10
	專業及實習科目	57學分（35.19%）	普通化學	8	4	4				
			普通化學實驗	8	4	4				
			分析化學	4			2	2		
			有機化學	4			2	2		
			基礎化工	6			3	3		
			分析化學實驗	6			3	3		
			有機化學實驗	6			3	3		
			化工裝置	7				3	2	2
			化工裝置實驗	8					4	4
			小計	57	8	8	13	16	6	6
	校訂科目	33學分（20.3%）	由各校自訂應修	8-17						
選修科目			由各校自訂至少應修	16-25						
			小計	33	3	3	3	0	13	11
合計(學分)（畢業至少修150學分）				162	27	27	27	27	27	27
必修科目	軍訓護理體育	24節	軍訓護理	(12)	(2)	(2)	(2)	(2)	(2)	(2)
			體育	(12)	(2)	(2)	(2)	(2)	(2)	(2)
	活動科目	24節	班會	(6)	(1)	(1)	(1)	(1)	(1)	(1)
			聯課活動及週會	(18)	(3)	(3)	(3)	(3)	(3)	(3)
彈性教學時間				(24)	(4)	(4)	(4)	(4)	(4)	(4)
總　計				(234)	(39)	(39)	(39)	(39)	(39)	(39)

課程標準中，『一般科目』應著重人格修養、文化陶冶及藝術鑑賞，以期促使學生成為均衡發展之健全公民；『專業科目』(含實習)應以實務為核心，輔以必要的理論知識，以配合就業與繼續進修之需求，並兼顧培養學生創造思考、解決問題、適應變遷及自我發展能力；『必修科目』(含部訂科目及校訂科目)為學生畢業時必備之人文素養及專業知能，學生必須修滿規定之應修科目及學分數始得畢業。

教育部自2006年起為推動『職業學校群科課程暫行綱要』成立十四所『職業學校群科中心學校』，並延續『職業學校課程中心』之工作，進行全國職業學校課程修訂與推動、教師研習進修、新知推廣等業務。(教育部採行「工職教育改進小組」會議決議工職類科應予歸併調整，並建議分為機械、電機、電子、化工、營建、工藝等六群發展課程以後，顯然指出課程修訂應採用職業群集教育課程。化工群包括化工科、染整科等)

教育部指定國立沙鹿高工為『化工群科中心學校』，由周江賜校長擔任主任委員，主要在建立群科各種資料庫、提供諮詢和研發等工作，結合原課程發展中心功能設置諮詢專線、網路討論平台、發行電子報、教材研發機制、編製教師研習教材、辦理教師研習活動、提供所負責群科教師之相關諮詢，群科中心自97年3月起開始運作。

在課程方面：技職學校類科眾多，專業科目亦甚龐雜，隨著社會變遷與經濟成長，課程由早期單位行業、群集課程、到近期推動學校本位課程發展的理念並於2005年2月公布職校新課程暫行綱要，2008年3月公布高職課程群科綱要，並自2010年8月起實施。

為提升技職教育品質，教育部就技職教育體制、課程的完整規劃等做全面性的整體檢討，推動「技職教育再造方案」，在「強化務實致用特色發展」及「落實培育技術人力角色」之定位下，以強化技職教育特色。

目前正值政府推動「振興經濟方案」、「建立亞太營運中心」、加入「世界貿易組織(WTO)」、實施「全民健保」等重要經建政策，也是工業職業教育調整發展的關鍵時期。近年來，隨著國內經濟快速成展，產業結構急劇改變、教育改革的衝擊、社會變遷的需求、學生家長的需求，以及世界發展的趨勢，引發工職教育基礎性的動搖，工業職業教育也因而面臨著相當程度的衝擊與挑戰，亟待積極有效的因應與調整轉型，以迎合社會的動脈發展。因此，工業職業教育秉承中央教育政策及著眼於配合我國經濟長遠發展之需要，在既有基礎上，因應變革提出策略。

五大面向：涵蓋制度、師資、課程與教學、資源及品管十大策略：

1. 強化教師實務教學能力；
2. 引進產業資源協同教學；
3. 落實學生校外實習課程；
4. 改善高職設備提升品質；
5. 建立技專特色發展領域；
6. 建立符合技專特色評鑑機制；
7. 擴展產學緊密結合培育模式；
8. 強化實務能力選才機制；
9. 試辦五專菁英班紮實人力；
10. 落實專業證照制度。

期望透過該方案之推動，達到「改善師生教學環境、強化產學實務連結、培育優質專業人才」目標。

(三) 實習廠房與設備

民國68學年度(1979年)起實施第一期工職教育改進計畫增購設備。1986年2月教育部奉行政院核定第三期工職教育改進計畫，花費近22億元充實實習廠房與設備，對高職培育高素質的基層技術人力助益甚大。

1986年12月教育部技職司籌辦『化工群設備整合座談會計畫』，其目的在經由設備整合座談會，增進高職各校設備整合之瞭解，配合各校資源研商實際困難問題，以利新課程順利實施(教育部1986年2月公布新課程標準實施教學)，該計畫由東勢高工承辦。表十三，列出該校化工群設備整合情形。

表十三、東勢高工化工群設備整合情形

類別	名稱	主要規格	單位	部頒數量	現有數量	整合說明
化工科專業實習工場	1. 上皿天平	感量1g 砝碼1kg	台	1	0	以四台電子天平代用
	2. 上皿天平	感量0.1g 砝碼200g	台	5	0	
	3. 濕度計		台	1	1	原有設備
	4. 迴轉真空抽氣機	1/2HP附馬達	台	2	1	
	5. 偏光計	附鈉燈	台	1	0	擬新採購
	6. 水銀氣壓計		組	1	0	
	7. 放大鏡	20倍	台	25	0	
	8. 玻球比重計	每組7支	組	2	1	擬新採購
	9. 玻球比重計	比重1以下	支	10	0	
	10. 玻球比重計	比重1以上	支	10	0	
	11. 烘箱		台	2	3	原有設備
	12. 整流器		套	2	2	
	13. 安培計	直流，刻度0.1A	個	5	0	
	14. 三樑天平	1/100g	台	5	5	
	15. 電動離心機		台	3	7	
	16. 引火點測定儀		台	1	0	
	17. 蒸氣密度測定器		台	1	0	
	18. 分子量測定裝置		台	2	1	
	19. 冰箱		台	1	1	
	20. 電動攪拌機		台	4	0	
	21. 電壓調節器		台	1	0	
	22. 惠斯登電橋		台	1	0	
	23. 純水製造裝置	附水質計	台	1	1	
	24. 物理實驗設備		套	1	1	

1987年教育部聘請新課程原規畫學者及各項系列特色課程之專家學者共同組成訪視小組，其工作重點：

1、編製調查表調查各校擬開設系列特色課程項目及有關之教學事項，彙整提供輔導小組研參。

2、輔導小組分別訪視各校，實際了解各校基礎設備情形、師資專長、地區特性等，並與教師、校長座談溝通後，輔導各校選擇適當之系列特色課程。

3、收集各校擬開設該項系列特色課程之目標、內容、設備等資料，邀請學者、專家研訂系列特色課程之目標、開設科目之教材內容綱要、設備指引等，並召集各校教師代表研討後確定。

4、所需增添之設備由第三期工職教育改進計畫省市配合款支應。

(四)、課程演變

1983年起高職實施能力本位教育。東勢高工化工科自1985年起試辦化工群甲類新課程教材編製等實驗研究工作。

75學年度(1986年)各校化工科開始實施化工群甲類系列特色課程(選修課)，下面依其實施之特色課程分類列出：

1. 實施『高分子化學』系列課程學校：

臺中高工、東勢高工、永靖高工、西螺農工、中正高工、臺南高工、曾文高中、嘉義高工、竹南高中、開南商工、屏東高工、屏榮高工、高雄高工、岡山高工、北港農工等二十所學校。

2. 實施『電鍍學』系列課程學校：

沙鹿高工、新竹高工、臺東高工、苗栗農工、中山工商、桃園農工等六所學校。

3. 實施『食品工業』系列課程學校：

埔里高工、新化高工、玉井工商等三所學校。

4. 實施『陶瓷工業』系列課程學校：宜蘭農工

5. 實施『化學檢驗』系列課程學校：

松山工農、花蓮高工、員林崇實高工等三所學校。

1997年採行學年學分制，與以往有所變革，也增加美術、音樂、生涯規畫、環保與生活等課程，同年又增加化工裝置實習，其教學目標：

1. 熟悉化工裝置之基本操作、維護與管理。

2. 瞭解理論與實務之相互配合與印證。

3. 養成合作、服從的精神，正確、安全的工作習慣及認真負責的工作態度。

4. 培養實驗廢棄物減量及汙染防治之概念與習慣。

隨著時代需求與經濟成長，課程由早期『單位行業』、『群集課程』，到近期推動『學校本位課程』(附註一)發展的理念，並於94年公布職校新課程暫行綱要，2008年公布高職課程群科綱要，並自2009年8月起實施。

學校本位課程規劃之特色是：

1. 加強學生基礎學科能力提升學生繼續進修競爭力職業學校學生國、英、數基礎較差，提升學生繼續進修之競爭力，各校課程規劃時，特別加開國、英、數相關課程。

2. 加強學生專業知能、培育行業工作基本能力專業知能是職業學校的特色，各校在課程規劃時，除部訂專業學科與實習，並強調發展群科特色，加開最適宜之專業及實習課程。

3. 讓學生能多元化適性學習

各領域均開設相關選修課程，由學生依個人生涯規劃及發展自由選填讓學生能多元及適性學習。

以下為國立永靖高工化工科2009年8月起實施之新課程相關資訊。

表十四、永靖高工校訂化工群課程科目規劃表

群別	科別	一般能力	專業能力	相對應校訂科目	
				科目名稱	學分
化工群	化工群	1. 具有正確的環境保護與生態保育的觀念 2. 具有正確的實驗精神態度，並能夠撰寫實驗報告 3. 具有蒐集、分析與處理資料數據的能力 4. 具有協調溝通的能力與團隊合作的精神態度 5. 具有正確的職業道德、敬業精神與良好工作態度 6. 具有邏輯推理、理性思考與明辨是非的能力	1. 具有汙染防治之正確認知與態度 2. 具有化學工業相關之基本知識 3. 瞭解化學工業設備及儀表之規格與功能 4. 具有正確操作化工儀器設備之基本能力 5. 具有原料產品品質管制之基本觀念 6. 具有執行原料產品分析檢驗的基本能力 7. 具有瞭解有機化合物的基本觀念及能力	工業安全與衛生 生活科技 I II 專題製作 I II 普通化學實驗 I II 分析化學實驗 I II 化工基礎實驗 I II 化工原理 I II 有機化學 I II 分析技術實驗 I II 有機化學實驗 I II 化工裝置實驗 I II 儀器分析實驗 I II	2 2 6 8 6 6 4 4 8 8 8 8

表十五、永靖高工化工科教學科目、學分數及每週教學節數表
(99學年度入學新生適用)

課程類別		科目			建議授課節數						備註
					第一學年		第二學年		第三學年		
名稱		名稱		學分	一	二	一	二	一	二	
部定必修科目	一般科目	語文領域	國文AⅠ-Ⅵ	16	3	3	3	3	2	2	(註明採用版本)
			英文Ⅰ-Ⅵ	12	2	2	2	2	2	2	
		數學領域	數學C	8	2	2	2	2			可以彈性調減至多4學分合計4-8學分(註明採用版本)
		社會領域	歷史C	2	2						社會關切議題須開設課程融入教學(參考總綱六之(一)之7)(註明採用版本)
			地理A	2		2					
			公民與社會A	2					1	1	
		自然領域	基礎物理A	2	2						社會關切議題須開設課程融入教學(參考總綱六之(一)之7)(註明採用版本)
			基礎化學A	1					1		
			基礎生物B	1						1	
		藝術領域	音樂	2	1	1					( )表各校自選二科，共4學分
			藝術生活	2			1	1			
		生活領域	生活科技								社會關切議題須開設課程融入教學(參考總綱六之(一)之7)( )表各校自選二科，共4學分
			家政								
			計算機概論	2		2					
			生涯規劃								
			法律與生活	2			1	1			
			環境科學概論								
		健康與體育領域	體育Ⅰ-Ⅵ	12	2	2	2	2	2	2	
			健康與護理Ⅰ、Ⅱ	2	1	1					男、女生均須修習，各校視需自行規劃選修課程
		全民國防教育ⅠⅡ		2	1	1					
		小計		70	16	16	11	11	8	8	各群依屬性不同得進行差異性規劃
	專業科目	普通化學ⅠⅡ		8	4	4					
		分析化學ⅠⅡ		6			3	3			
		基礎化工ⅠⅡ		6			3	3			
		化工裝置ⅠⅡ		8			3	3	2		
		化學工業概論		2						2	
		小計		30	4	4	9	9	2	2	
	實習科目										
		小計									
	合計			30	4	4	9	9	2	2	
	總計			100	20	20	20	20	10	10	各群依屬性不同得進行差異性規劃

表十六、永靖高工化工科教學科目、學分數及每週教學節數表（續）(99學年度入學新生適用)

課程類別				科目		授課節數						備註
						第一學年		第二學年		第三學年		
名稱			學分	名稱	學分	一	二	一	二	一	二	
校訂科目	必修科目	一般科目	6學分 3.12%	專業物理	2		2					
				專業數學	8	2	2	2	2			
				小計	10	2	4	2	2			
		專業科目	4學分 2.08%	工業安全與衛生	2	2						
				生活科技	2	1	1					
				小計	4	3	1					
		實習科目	26學分 13.54%	普通化學實驗ⅠⅡ	8	4	4					
				分析化學實驗ⅠⅡ	6			3	3			
				化工基礎實驗ⅠⅡ	6			3	3			
				專題製作	6					3	3	
				小計	26	4	4	6	6	3	3	
				合計	40	9	9	8	8	3	3	
	選修科目	一般科目	36學分 18.75%	國文選修	4	1	1	1	1			
				國文選修	4					2	2	
				英文選修	4	2	2					
				英文選修	4			2	2			
				英文選修	4					2	2	
				數學選修	8					4	4	
				全民國防教育選修	4			1	1	1	1	
				小計	32	3	3	6	6	9	9	
		專業科目	4學分 2.08%	化工原理ⅠⅡ 有機化學ⅠⅡ	4					2	2	
				小計	4					2	2	
		實習科目	16學分 8.33%	分析技術實驗ⅠⅡ 有機化學實驗ⅠⅡ	8					4	4	
				化工裝置實驗ⅠⅡ 儀器分析實驗ⅠⅡ	8					4	4	
				小計	16					8	8	
		選修學分數合計			52	3	3	4	4	19	19	
	校訂科目學分數總計				92	12	12	12	12	22	22	
可修習學分數總計					192	32	32	32	32	32	32	184/192依彈性時間變動
彈性教學時間					0-8							可作為補救教學、輔導活動、重補修或自習之用
必修科目	活動科目	18		班會	6	1	1	1	1	1	1	必修科目不計學分
				綜合活動	12	2	2	2	2	2	2	必修科目不計學分
每週教學總節數					210	35	35	35	35	35	35	

課程設計中設有『專題製作』課程，是很特別的。

(五)、師資培育與教師進修

1. 師資培育

1994年原「師範教育法」修正後改名為師資培育法，我國師資培育政策從一元化、計畫性、分發制，改為多元化、儲備性、甄選制，且師資生公費培養制改為以自費為主之公自費並行制。

表十七

時間性質	民國83年以前	民國83年至今
法源依據	師範教育法	師資培育法
培育管道	一元：師範校院	多元：師資培育之大學
培育性質	計畫性： 培育 = 需求 培育即就任教職	儲備性：培育 > 需求 不保證就任教職
資格取得	實習成績及格：具教師資格	檢定及格：僅持有教師證書
任用資格	依分發任用	依甄選結果

師資培育機構由原有師範校院改為師資培育之大學報請教育部核准後，始得增開教育學程及學士後教育學分班，共同參與各師資類科之培育，期能透過自由競爭之市場機制，提升師資養成之基本素養與專業知能。

師資培育三大管道：

我國師資培育管道有三種，包括：師資培育大學、教育學程及學士後教育學分班。惟學士後教育學分班得視實際需要報請中央主管機關核定。

依師資培育法第7條之規定，師資培育包括師資職前教育及教師資格檢定。師資職前教育課程包括普通課程、專門課程、教育專業課程及教育實習課程。前項專門課程，由師資培育之大學擬定，並報請中央主管機關核定。第二項教育專業課程，包括師資類科共同課程及各師資類科課程，經師資培育審議委員會審議，中央主管機關核定後實施。

師資培育主要目標在於培育能教、會教且願意教的優質教師。就師資職前教育課程而言，教育專業課程是為了培育「會教」的教師，融合班級經營、課程設計及教學媒體操作等各項教育專業知識，有效提升學生學習效能；而專門課程則是為了培育「能教」的教師，從一門學科所需之核心專門能力來規劃教師教學專長，使教師在進入職場前具備豐富的學科能力，以提升學生學習知能；而普通課程及教育實習課程則是使一位教師能有基礎之人文素養、人文關懷與通識能力，能自我期許並願意投入熱忱，以培育優質下一代為使命的「人師」。

2007年教育部為追求優質適量師資培育目標，完整規劃師資培育政策；配合中等學校課程綱要，修正發布「中等學校各任教學科（領域、群科）師資職前教育專門課程科目及學分對照表」，並透過行政與專業審查，提升師資培育職前教育課程之品質；建立師資培育供需評估機制與長期追蹤資料庫系統，編印「中華民國師資培育統計年報」，適量調節師資培育數量；配合「優質適量」、「獎優汰劣」師資培育政策，持續辦理大學校院師資培育評鑑。

2. 教師進修

配合高中高職新課綱及九年一貫課程微調，開設各類型教師在職進修學分（位）班及多元研習，並結合社會教育資源，擴大教師進修管道；辦理高級中等以下學校教師英文研習活動，提升國際競爭力；推動地方教育輔導工作，協助現職教師持續在地進修；務實推動全國教師在職進修資訊網，編印「中華民國教師在職進修統計年報」，整合教師在職進修資源，呼應教師進修需求，提升教師專業成長。

(六)、技術證照與教學評鑑

1. 技術證照

1972年9月，行政院公布實施「技術士技能檢定及發證辦法」；自1974年開始試辦高級中等學校工科應屆畢業生技術士技能檢定。至今每年均舉辦，檢定職種及級別亦逐年增加，對各校工科技能教育之加強，頗具鼓勵與刺激作用。依據1978年技能檢定成績，由省、市社會處主辦社會青年技能檢定，其檢定合格率僅約38%，而由臺灣省教育廳舉辦高工學生技能檢定合格率則達 62.46%，此充分顯示透過工職教育所培育的人力，其技能水準較高。

高職生重視技能之培養，參加技能檢定各校多相當重視，並主動開班或利用課餘加強準備參加丙級或乙級檢定，為學生取得更多的證照。

依職業訓練法之規定為提高技能水準，建立證照制度，應由主管機關(行政院勞委會)辦理技能檢定。技能檢定合格者稱技術士，由勞委會統一發給技術士證照。勞委會訂定技能檢定題庫之設置與管理、監評人員之甄審訓練與考核、學術科測試委託辦理、術科測試場地機具、設備評鑑與補助、技術士證發證、管理及對推動技術士證照制度獎勵等事項。進用技術性職位人員，取得乙級技術士證者，得比照職業學校畢業程度遴用；取得甲級技術士證者，得比照專科學校畢業程度遴用。1985年11月11日內政部發布施行技術士技能檢定及發證辦法並經行政院勞委會多次修正。年滿十五歲或國民中學畢業者，得參加丙級或單一級技術士技能檢定。故高職化工科高一就可參加檢定丙級技術士(化學)，取得化學職類丙級技術士證照；有高級中等學校畢業或同等學力證明，或高級中等學校在校最高年級，得參加乙級技術士技能檢定；取得檢定化學乙級技術士證照，並從事申請檢定職類相關工作二年以上或接受相關職類職業訓練時數累計八百小時以上得參加甲級技術士技能檢定，因此，多數學生在高職畢業同時也擁有化學丙級、乙級證照。有的學生為要取得化工職類丙級、乙級技術士證照，還到中油人事處訓練所(位於嘉義)參加化工職類術科集訓，真是令人佩服。

國際技能競賽組織及國際奧林匹克殘障聯合會主辦之國際技能競賽獲得前三名或優勝獎，自獲獎之日起五年內，參加相關職類各級技能檢定者，得免術科測試。各高職學校為普及和方便學生就地參加術科檢定，依規定只要學校實習場地及機具設備經勞委會評鑑合格即可受委託辦理術科測試，故大部分學校都自辦在校生技能檢定，成效良好。

2. 工科技藝競賽

為增進校際之間對實習教學技能訓練之相互瞭解與觀摩，促進各校注重並加強專業技能教學，提高技術水準，臺灣省早在1975年開始，每年舉辦公立示範高工學生技藝競賽。由參加各校輪流主辦，聘請高工以外之工業教育及工業界有關人士命題及評判。高職化工科自1976年便有化驗工技藝競賽，當時初期設有競賽前三名有保送國立大專之辦法，各學校都全力訓練選手參賽。比賽項目分成學科、術科兩種，學科佔總成績40%、術科佔60%。目前如果競賽前三名可參加四技二專技優保送入學；其餘優勝名次可參加四技二專技優甄審加分入學。早期化驗工技藝競賽術科均有玻璃加工項目(約佔10%)，其目的主要大家能重視玻璃加工，術科考題以分析化學實驗、普通化學實驗或有機化學實驗為主，測驗題目相當具有靈活性、以及臨場應變之能力。近十年來技藝競賽比賽主辦學校如表十八所示。

表十八、近十年來技藝競賽比賽主辦學校

比賽年度	主辦學校	比賽年度	主辦學校
100	海山高工	95	桃園農工
99	中正高工	94	臺中高工
98	彰師附工	93	臺南高工
97	大安高工	92	南港高工
96	岡山農工	91	高雄高工

2010年度技藝競賽共有23所學校參加，錄取前五名為金手獎，另有七名獲得優勝(獎)(表十九)。

表十九、2010年度技藝競賽獲獎名單

選手姓名	學校名稱	指導老師	學科	術科	總成績	名次	獎項
蔡育德	臺南高工	蕭麗秀	80	94.5	88.7	1	金手獎
謝政龍	嘉義高工	張維珊	93	84	87.6	2	金手獎
王良宜	臺中高工	王珮文	73	90	83.2	3	金手獎
葉建中	新化高工	賴碩彬	72.5	81.5	77.9	4	金手獎
徐永泰	曾文農工	蔡政憲	72.5	80.5	77.3	5	金手獎
陳文修	高雄高工	林倩宇	77	77	77	6	優勝
彭軍皓	竹南高中	林富美	75	78	76.8	7	優勝
夏靖雯	中正高工	邱致緯	74	74.5	74.3	8	優勝
林子迪	員林崇實高工	張家銘	68	72.5	70.7	9	優勝
杜直晏	沙鹿高工	蔡東洲	57	75.5	68.1	9	優勝
唐賢赫	新竹高工	范碧雲	50	79.5	67.7	11	優勝
連文斌	松山工農	邱慧珊	64	69.5	67.3	12	優勝

3. 教學評鑑

在教育評鑑活動中，有系統蒐集教師教學過程與結果的資料，並加以客觀的分析與評估，以作為改進教學或判斷教學績效的過程，就是教學評鑑（teaching evaluation）。

1976年12月及1977年4月由臺灣省政府教育廳與臺北市政府教育局開始辦理高職工業類科評鑑，對各校素質的提高，具有很大的影響。

學校教育評鑑是對於學校運作有關之層面，以及學生在這些層面影響下的學習過程和成效，所做總體的或部分層面的價值判斷，其終極目標在於「促進學校自我轉化」及「檢核績效責任」，以協助學校找出缺失，謀求改進之道，進而發揮其最大的教育功能；相對地，主管教育行政機關可藉學校評鑑，了解學校辦學達成教育功能之程度與其整體教育狀況，作為檢核或釐定相關教育政策之參考。

該評鑑方案以校長治學理念為動力，行政效能為營造辦學成效之核心，績效表現為辦學成效之具體呈現，並考量高職學校專業類科之設置，乃融合學校之實習輔導、課程教學與環境設備，以建立評鑑之概念。準此，評鑑原則如下：

一、統整性：統整規劃高職學校運作中之核心主題，同時考量適應於公私立學校之特性。此外，評鑑在進行時不以現有學校行政組織為主體，改採統整之觀點進行指標建構，有導引與促進學校整體發展之作用。

二、完整性：評鑑範圍上，評鑑指標由校長領導為導入項目，結合行政管理、課程教學、實習輔導、學務輔導、環境設備、社群互動等項目及專業類科類別之互動與運作過程，產生學校的績效表現，做完整性規劃評鑑指標。

三、創新性：評鑑內容兼具理論與實務，以符合高職教育及學校經營之發展趨勢，與高職教育之預期目標與實際現況一致。此外，將校長領導及社群互動列入，彰顯目前學校生態之特性。

四、導向性：具有引導受評學校自我檢視及導引高職教育發展之作用，並融入當前教育發展政策以激勵學校創新，邁向質優辦學之永續發展。

五、多樣性：評鑑之方法兼採查閱、觀察、晤談、及檢視等，以增加評鑑之正確性。評鑑結果之呈現，除量化分數外，更會提供質性敘述，使受評學校瞭解現況並據以改進。

六、績效性：強調高職學校之績效責任，結合對學校聲望、教師專業、學生表現、社區認同、永續發展、就近入學等方面之觀點，進行整體評鑑。

企業界普遍感嘆當前高職畢業生就業意願低落（像生產製造業徵才乏人問津）。主要歸咎於升學主義、好逸惡勞及社會價值觀念的轉變。隨著全球經濟變遷、國內社會轉型的影響，高職化工教育面臨更多、更大的競爭與困境，除了建構溫馨優質的校園環境、鼓勵教師進修與專業發展外，以學生需求為考量，重視學生繼續進修能力之培養、專業證照的取得，課程規劃兼顧德智體群美等五育發展，增強高職教育功能，培育升學就業證照三贏，有好品德的專技人才。

化工群新課程綱要 [1]

「十二年國民基本教育課程綱要總綱（簡稱總綱）」於民國103年制定完成並發布，於108學年度依照不同教育階段（國民小學、國民中學及高級中等學校一年級）逐年實施，因此又稱為「108課綱」。該總綱對化工群的教育目標、核心素養、教學科目與時數、課程架構等皆有詳細規定及說明。

化工群教育目標：

(1) 培養學生具備化工群核心素養，並為相關專業領域之學習或進修奠定基礎。

(2) 培養化工相關產業初級技術人才，具備工程領域之生產、品管及職業安全衛生等基本知能，強化學生之就業力。

[1] 曾勘仁、林樹全、林英明：《臺灣初、高級工業職業教育史概要》，頁219、229、231-234，成大出版社，2023年。

化工群核心素養：

(1) 具備化工相關專業領域的系統思考、科技資訊運用及符號辨識的能力，積極溝通互動與協調，以同理心解決職場上各種問題，並能掌握國內外化工產業發展趨勢。

(2) 具備化工相關產業裝置操作及產品製作之能力，透過系統思考、分析與探索，以解決專業上的問題，並培養美感賞析，展現專業技術。

(3) 具備儀器檢測分析之基礎能力，透過先進科技與資訊應用，能有效進行分析、推理判斷及反思，解決專業問題。

(4) 具備品質管制及污染防治之基礎能力，能創新思考、規劃與執行，以提升品質管制及污染防治之能力，並展現團隊合作精神，善盡社會責任。

(5) 具備對工作職業安全及衛生知識的理解與實踐，探究職業倫理與環保的基礎素養，發展個人潛能，從而肯定自我價值，有效規劃生涯。

(6) 具備對專業、勞動法令規章與相關議題的思辨與對話素養，培養公民意識與社會責任。

教學科目與時數：

民國107年頒布自108年施行的「十二年國民基本教育技術型高級中等學校群科課程綱要」(簡稱108年課綱)，改分工業類五群(機械、動力機械、電機與電子、化工、土木與建築群)及藝術與設計類一群(設計群)共六群規劃課程。部定必修一般科目課程綱要教學科目與學分（節）數建議表請參見附表五-五-1，各群課程架構及課程綱要教學科目與學分（節）數建議表請參見附表五-五-2至附表五-五-7。部定必修一般科目訂為66-76學分，專業及實習科目為45-53學分，部定必修科目合計為111-129學分，校定科目為34-43學分。

工業類各群課程架構：

(1) 工業類設有機械群、動力機械群、電機與電子群、化工群、土木與建築群等五群，應修習學分數180-192學分(節)、團體活動時間12-18

節(不計學分)、彈性學習時間6-12節，上課總節數210節，畢業學分數為160學分。

(2) 各群課程架構分部定必修與校訂(必修、選修)，部定必修學分111-127，百分比57.8-66.2%、機械群校訂(必修、選修)學分65-81，百分比33.4-42.2% 。動力機械群校訂(必修、選修)學分64-80，百分比33.3-41.7%。電機與電子群校訂(必修、選修)學分65-81，百分比33.9-42.2%。化工群校訂(必修、選修)學分62-72，百分比32.3-37.5%。土木與建築群校訂(必修、選修)學分64-74，百分比33.3-38.5%。

(3) 各群課程類別分一般科目、專業科目、實習科目等三類別。

A. 一般科目：為部定必修，工業類五群之一般科目領域/科目(學分數)包括語文領域-國語文(16)、語文領域-英語文(12)、數學領域(4-8)、社會領域(6-10)、自然科學領域(4-6)、藝術領域(4)、綜合活動領域暨科技領域(4)、健康與體育領域(14)和全民國防教育(2)等，合計學分數為66-76，百分比34.4-39.6%。

B. 工業類專業科目、實習科目：為部定必修。化工群領域/科目(學分數)：包括普通化學(8)、分析化學(6)、基礎化工(6)、化工裝置(8)等四門課，共28學分。實習科目為部定必修，領域 / 科目(學分數) 包括普通化學實習(8)、分析化學實習(6)等二門課，共14學分。另外再分化工及檢驗技能領域、紡染及檢驗技能領域等二大領域共12學分，部定必修學分數為12。因此，專業科目、實習科目合計學分數為54，百分比28.1%。

何清釧

何清釧教授，中原理工學院化學工程系學士，亞洲理工學院環境工程研究所碩士。歷任正修工業專科學校化學工程科教授兼化工科主任、正修科技大學(暨前身正修技術學院) 化工與材料系教授兼教務長、副校長。現任該校通識教育中心特聘教授。曾獲頒中華民國技職教育學會「技職教育傑出成就獎」及技術學院及專科學校教學績優教師。

第四章

專科化工教育

正修科技大學前副校長　何清釗

編輯按：

臺灣境內原有之工業類專科學校皆已升格為技術學院甚至改制為科技大學，本章僅針對專科學校化工科升格或停招前的情況作說明，本篇第五章將就它們改制後的情況予以介紹。

第一節　臺灣工業專科學校興辦情況簡述

臺灣專科化工教育最早開始於日治時期，1931年（民國20年）臺灣總督府創設臺南高等工業學校，設機械工學、電氣工學與應用化學三科。該校修業年限三年，招收中學(包括五年制工業學校)畢業生或專修學校學生經檢定合格者，相當於戰後的三年制專科學校。由於有關該校應用化學科的教學、實習及就業情形已在第二章描述過，此處不再贅述。

臺南高等工業學校是日治時期臺灣惟一的工業專科學校，戰後於1946（民國35年）年3月1日改名為臺灣省立臺南工業專科學校，同年10月15日該校正式升格為臺灣省立工學院；並將工業化學科(原為應用化學科)改制為化學工程系。迨至1947年，臺灣省政府責成臺灣省立工學院在臺北工業職業學校設立專科分班，並於該年9月招收電機工程科學生一班，為本省北部設置工業專科學校奠基。

1945年原臺北州立臺北工業學校改名為臺灣省立臺北工業職業學校，1948年改制為臺灣省立臺北工業專科學校，是戰後改制設置的第一所工業專科學校，為五年制，招收初級中學畢業生，設有機械、電機、化工、礦冶、土木及電子工程等科。1952年設二年制日間部，招收高級職業學校畢業生；復於1954年設三年制日間部，招收高級中學畢業生。

1964-1966年間，私立專科學校陸續成立招收五專化工科。1968年5月教育部成立「專科職業教育司」並且公佈「公私立專科學校試辦二年制實用技藝部辦法」計有臺灣省立高雄工業專科學校(現高雄應用科技大學)、私立復興工業專科學校(現蘭陽技術學院)、私立正修工業專科學校(現正修科技大學)、私立南亞工業技藝專科學校(現南亞技術學院)與私立龍華工業技藝專科學校(現龍華科技大學)共五所，設二年制技藝相關學科，直到1973年停止招生，後來將「技藝」兩字取消一律更名為二年制工業專科學校。

1973年7月教育部將「專科職業教育司」改名為「技術及職業教育司」。1974年教育部制定建教合作實施辦法，建教合作式的專科教育分為二種方式辦理，一為公開對外招生，給予公費畢業至企業服務。

另外一種方式則為企業內部員工進修，畢業後企業承認其專科畢業學歷。同年臺灣省立臺北工業專科學校(現臺北科技大學)開始與臺灣肥料公司辦理化工專科班受訓2年畢業生計44名。1981年國立臺北工業專科學校附設專科進修補校與臺灣省菸酒公賣局建教合作合辦化工進修班(一年制)訓練40名，同時興辦建教合作化工科三年制一班50名。

1976年7月公佈「專科學校法」。規定公私立專科學校分為二年制(簡稱二專)、三年制(簡稱三專)、五年制(簡稱五專)並得設立夜間部。下面就日間二年制、夜間二年制、日間三年制、日間五年制等專科部分別列出發展沿革。

(一) 日間二年制專科部：

1. 第一所招生的公立學校為臺灣省立臺北工業專科學校(現臺北科技大學)於1952年開始，第一屆畢業生有36人。
2. 第一所招生的私立學校為私立龍華工業技藝專科學校(現龍華科技大學)與私立南亞工業技藝專科學校(現桃園創新技術學院)於1969年開始，第一屆畢業生龍華有80人南亞有161人。
3. 陸續開始招生的學校依序為：1972年：私立南臺工業專科學校(現南臺科技大學)；1973年：私立萬能工業技藝專科學校(現萬能科技大學)；1991年：高雄市立工業專科學校(現高雄應用科技大學)、私立嘉南藥學專科學校(現嘉南藥理科技大學)、私立崑山工商專科學校(現崑山科技大

1956年時期，臺北工專化工科學生
於工業分析課上使用式樣天秤秤量藥品。
（由「飛躍的半世紀」複製。）

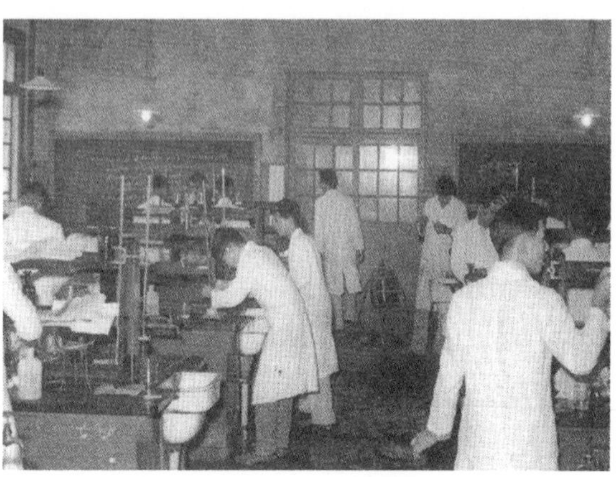
1956年時期，臺北工專化工科學生
在上分析化學實驗課實況。
（由《飛躍的半世紀》下載。）

臺北工專1950年代化工科實驗室。
(由臺北科大化工系蔡德華主任提供)。

臺北工專1966年完工的化學工程館。
(由臺北科大化工系蔡德華主任提供)。

學)；1996年：私立華夏工商專科學校(現華夏技術學院)；民國88年：國立勤益技術學院(現勤益科技大學)；2000年：私立光武技術學院(現臺北城市科技大學)；2001年：私立正修技術學院(現正修科技大學)、私立吳鳳技術學院(現吳鳳科技大學)；2003年：東方技術學院(現東方設計學院)。

4. 結束招生的學校分別為：1993年：國立臺北工業專科學校(現臺北科技大學)；1996年：私立崑山技術學院(現崑山科技大學)；1997年：私立嘉南藥理學院(現嘉南藥理科技大學)改名為醫藥化學系；1998年：國立高雄科學技術學院(現高雄應用科技大學)；1999年：私立南臺技術學院(現南臺科技大學)、私立正修科技大學；2000年：私立龍華技術學院(現龍華科技大學)、私立光武技術學院(現臺北城市科技大學)；2003年：私立南亞技術學院(現桃園創新技術學院)；2004年：私立東方技術學院(現東方設計學院)；2007年：私立吳鳳技術學院(現吳鳳科技大學)。

5. 畢業生總計22830人。

(二) 夜間二年制專科部

1. 第一所招生的公立學校為臺灣省立高雄工業專科學校(現高雄應用科技大學)於1965年開始，第一屆畢業生有95人。

2. 第一所招生的私立學校為私立復興工業專科學校(現蘭陽技術學院) 與私立正修工業專科學校(現正修科技大學)於1971年開始，第一屆畢業生蘭陽有11人正修有4人。

3. 陸續開始招生的學校分別為：1989年（民國78年）：私立崑山工業專科學校(現崑山科技大學)；1990年：私立嘉南藥學專科學校(現嘉南藥理科技大學)、私立勤益工商專科學校(現勤益科技大學)、私立樹德工業專科學校(現修平科技大學)；1991年：私立南臺工商專科學校(現南臺科技大學)、私立光武工業專科學校(現臺北城市科技大學)；1993年：私立龍華工商專科學校(現龍華科技大學)、私立華夏工業專科學校(現華夏技術學院)；1999年：私立南亞工商專科學校(現桃園創新技術學院)；2001年：私立萬能技術學院(現萬能科技大學)

4. 結束招生的學校分別為：1993年：私立復興工業專科學校(現蘭陽技術學院)；1996年：私立崑山技術學院(現崑山科技大學)；1997年：私立龍

華工商專科學校(現龍華科技大學)；1998年：私立南臺技術學院(現南臺科技大學)；1999年：國立高雄科學技術學院(現高雄應用科技大學)、私立嘉南藥理學院(現嘉南藥理科技大學)；2000年：私立正修技術學院(現正修科技大學)；2001年：私立萬能技術學院(現萬能科技大學)、私立南亞技術學院(現桃園創新技術學院)、私立光武技術學院(現臺北城市科技大學)；2002年：私立修平技術學院；2004年：國立勤益技術學院(現國立勤益科技大學)；2009年：私立華夏技術學院。

(三) 日間三年制專科部

1. 臺灣省立臺北工業專科學校(現臺北科技大學)於1954年（民國43年）開始招生，第一屆畢業生有29人。
2. 國立臺北工業專科學校(現臺北科技大學)於1993年（民國82年）停止招生。
3. 畢業生總計1504人

(四) 日間五年制專科部

1. 第一所招生的公立學校為臺灣省立臺北工業專科學校(現臺北科技大學)於1949年（民國38年）開始，第一屆畢業生有64人。
2. 第一所招生的私立學校為私立崑山工業專科學校(現崑山科技學院) 與私立正修工業專科學校(現正修科技大學)於1965年開始，第一屆畢業生崑山工專有76人正修工專有90人。
3. 陸續開始招生的學校分別為：1967年：臺灣省立高雄工業專科學校(現高雄應用科技大學)；1970年：私立樹德家政專科學校(現修平技術學院)、私立復興工業專科學校(現蘭陽技術學院)、私立東方工藝專科學校(現東方設計學院)、私立華夏農業專科學校(現華夏技術學院)；1971年：私立永達工業專科學校(現永達科技大學)、私立光武工業專科學校(現臺北城市科技大學)；1972年：私立遠東工業專科學校(現遠東科技大學) ；1973年私立吳鳳工業專科學校(現吳鳳科技大學)；1976年私立南臺工業專科學校(現南臺科技大學)；1980年：私立嘉南藥學專科學校(現嘉南藥理科技大學)；1993年：私立高苑工商專科學校(現高苑科技大學)。
4. 結束招生的學校分別為：1993年：私立復興工業專科學校(現蘭陽技術學院)；1996年：私立崑山技術學院(現崑山科技大學)；1997年：私立遠

東工業專科學校(現遠東科技大學)、私立南臺技術學院(現南臺科技大學)；1998年：私立嘉南藥理學院(現嘉南藥理科技大學)；2000年：國立高雄應用科技大學；2001年：私立光武技術學院(現臺北城市科技大學)；2002年：私立東方技術學院(現東方設計學院)、私立永達技術學院改名為生物工程系；2003年：私立吳鳳工業專科學校(現吳鳳科技大學)、私立高苑技術學院(現高苑科技大學)；2009年：私立華夏技術學院、私立正修科技大學。

臺灣地區專科學校化工類科日間部設立年份請參閱表四-一-1，各學校第一屆及最後一屆招生年度則請參見表四-一-2

表四-一-1 專科學校化工類科日間部設立年份一覽表
(依化工科設立先後排序，各校及各科的變遷請參考第三節)

排序	學校	二專	三專	五專	備註
0	總督府臺南高等工業學校		1931		應用化學科
1	省立臺北工業專科學校	1952	1954	1948	1948學校成立
2	省立高雄工業專科學校	1972		1963	1963學校成立
3	私立明志工業專科學校			1963	1963學校成立
4	私立正修工業專科學校			1965	1965學校成立
5	私立崑山工業專科學校	1991		1965	1965學校成立
6	私立明新工商專科學校			1967	1966學校成立
7	私立復興工業專科學校	1970		1966	1966學校成立
8	私立東方工藝專科學校	1970		1966	1966學校成立
9	私立嘉南藥學專科學校	1966			1966學校成立 即設應用化學科
10	私立永達工業專科學校			1967	1967學校成立
11	私立華夏工業專科學校	1970		1968	原為華夏農業專科學校 於1966設立
12	私立吳鳳商業專科學校			1968	1969改名為 吳鳳工業專科學校

續表四-一-1 專科學校化工類科日間部設立年份一覽表
(依化工科設立先後排序，各校及各科的變遷請參考第三節)

排序	學　　校	二專	三專	五專	備註
13	私立黎明工業專科學校			1969	1969學校成立
14	私立大華工業專科學校	1969			原為大華農業專科學校 於1969設立
15	私立南亞工業技藝專科學校	1969			1969學校成立 初設印染化學 纖維化學兩科
16	私立健行工業專科學校			1969	1966學校成立 前身為三極高級工業職業學校
17	私立樹德工業專科學校			1970	原為樹德家政專科學校 於1966設立
18	私立勤益工業技藝專科學校	1971			1971學校成立 設工業化學科 1973改為化工科
19	私立龍華工業技藝專科學校	1971			1969學校成立 設電化技術科 1971改化工技術科 1973改化學工程科
20a	私立南臺工業技藝專科學校	1971		1976	1969學校成立 1971設化工技術科
20b	私立永光工業專科學校 1972年上列兩校合併 為私立南臺工業專科學校 設化工科			1971	1971學校成立 設化工科
21	私立光武工業專科學校			1971	1971學校成立
22	私立遠東工業專科學校	1972			1968學校成立
23	私立聯合工業技藝專科學校	1973			1972學校成立
24	私立萬能工業技藝專科學校	1973			1972學校成立
25	私立宜蘭農工專科學校			1988	前身為臺北州立宜蘭農林學校 於1926年建校
26	私立高苑工業專科學校			1989	1989學校成立

* 本表由本篇編輯翁鴻山教授製作。

表四-一-2 各校第一屆及最後一屆招生年度一覽表(依五專成立年度排序)

	日二專化工科		日三專化工科		日五專化工科		夜二專化工科	
	第一屆	最後一屆	第一屆	最後一屆	第一屆	最後一屆	第一屆	最後一屆
	招生年度	招生年度	招生年度	招生年度	招生年度	招生年度	招生年度	招生年度
臺北工專	1952 1965(恢復)	1953(停招) 1993	1954	1993	1949	1997		
高雄工專	1990	1997			1964	1999	1966	1999
明志工專	1999	2000			1964	2005	2001	2002
正修工專	2000	2001			1965	2007	1971 1990(恢復)	1979(停招) 2000
崑山工專	1990	1996			1965	1996	1987	1996
樹德工專					1966	2003	1988 2001(恢復)	1997(停招) 2001
東方工專	2002	2003			1966	2002		
華夏工專	1995	2004			1966	2008	1991	2008
復興工專					1966	1993	1971	1993
明新工專					1967	1998	1971 1982(恢復)	1971(停招) 2001
永達工專					1967	2001		
遠東工專					1968 1976(恢復)	1971(停招) 1997		
大華工專					1969 1973(恢復) 1975(恢復)	1971(停招) 1973(停招) 2008(停招)	1992	1997
吳鳳工專	2000	2006			1969 1975(恢復)	1971(停招) 2001		
健行工專						1969	1976	1983
黎明工專	1990							
光武工專	2000	2000			1971	2001	1991	2005
南臺工專	1971	1998			1972	1996	1989	1998
南亞工專	1969	2003					1997	2001
龍華工專	1969	1999					1991	1998
勤益工專	1971	2006					1988	2004
萬能工專	1972	1999					2000	2000
聯合工專	1973	2002					1981	1982

第二節　各學制專科化工教育畢業生人數統計

各學制各年度畢業生人數總計如附表四-二-1。

各校畢業生人數統計（日二專）		
學年度	校數	人數
43	1	36
44	1	35
46	1	19
56	1	32
57	1	40
58	1	36
59	3	266
60	3	169
61	4	334
62	5	512
63	5	432
64	5	324
65	5	406
66	5	439
67	5	514
68	5	682
69	5	629
70	6	648
71	6	691
72	6	737
73	6	597
74	6	721
75	6	634
76	6	697
77	6	667
78	6	753
79	6	759
80	9	972
81	9	909
82	9	921
83	9	929
84	9	931
85	10	1012
86	9	1004
87	9	956
88	10	916
89	8	703
90	9	631
91	7	281
92	6	292
93	6	290
94	7	152
95	6	90
96	2	17
97	1	3
98	1	1
總計	252	22,830

各校畢業生人數統計（日五專）		
學年度	校數	人數
42	1	64
43	1	45
44	1	54
45	1	56
46	1	32
47	1	28
48	1	32
49	1	33
50	1	25
51	1	19
52	1	25
53	1	104
54	1	55
55	1	37
56	2	119
57	2	61
58	4	253
59	8	654
60	9	666
61	10	749
62	11	800
63	11	761
64	11	601
65	12	533
66	12	515
67	11	564
68	12	684
69	14	768
70	14	718
71	14	710
72	14	779
73	14	806
74	14	868
75	14	819
76	14	778
77	14	827
78	14	928
79	14	1,087
80	14	1,115
81	14	1,050
82	15	1,211
83	15	1,146
84	15	1,253
85	15	1,191
86	15	1,091
87	15	888
88	14	912
89	14	847
90	14	695
91	13	731
92	12	623
93	8	472
94	9	232
95	7	180
96	5	88
97	4	69
98	2	55
總計	503	30,639

各校畢業生人數統計（夜二專）		
學年度	校數	人數
57	1	95
58	1	119
59	1	32
60	1	42
61	1	48
62	3	47
63	3	133
64	3	162
65	3	145
66	3	139
67	3	112
68	3	120
69	3	108
70	3	106
71	2	117
72	2	115
73	2	124
74	2	127
75	2	91
76	2	130
77	2	113
78	3	175
79	6	288
80	7	317
81	8	365
82	10	460
83	12	480
84	12	486
85	12	472
86	11	381
87	11	405
88	12	393
89	7	230
90	7	284
91	5	133
92	6	145
93	3	71
94	3	103
95	2	27
96	2	39
97	1	1
98	1	20
總計	187	7,494

各校畢業生人數統計（日三專）		
學年度	台北科技大學	總計
46	29	29
47	32	32
48	33	33
49	28	28
50	21	21
51	23	23
52	24	24
53	33	33
54	37	37
55	29	29
56	42	42
57	17	17
58	37	37
59	20	20
60	29	29
61	24	24
62	36	36
63	82	82
64	92	92
65	78	78
66	86	86
67	75	75
68	41	41
69	104	104
70	36	36
71	36	36
72	40	40
73	27	27
74	42	42
75	36	36
76	33	33
77	34	34
78	26	26
79	20	20
80	41	41
81	43	43
82	8	8
83	5	5
84	2	2
85	2	2
86	-	-
87	-	-
88	-	-
89	1	1
90	-	-
91	-	-
92	-	-
93	-	-
94	-	-
95	-	-
96	-	-
97	-	-
98	-	-
總計	1504	1504

第三節　各學校化工科沿革（本節由筆者與本篇編輯翁鴻山共同編撰。）

依成立之先後逐一簡介，資料取自各校網站。

1. 省立臺北工業專科學校化學工程科(現國立臺北科技大學化學工程與生物科技系之前身)

公元1912年(大正元年、民國元年)7月5日，臺灣總督府，為培養專門技藝人才設講習所，定名為總督府附屬工業講習所，勘定該校址，建築校舍，是為本省工業教育之肇端。

1917年修訂工業講習所規則，設應用化學等科。1918年改制為臺灣總督府工業學校專收日本學生，修業年限為五年，為臺灣正式化學工業類教育之始。次年在同一校區增設公立臺北工業學校供臺灣人就讀，修業年限僅為三年。1923年，上列兩校合併並改名為臺北州立臺北工業學校。設有五年制的本科與三年制的專修科(1938年縮短為二年)。

1936年專修班因故停辦，僅留新制班。至1945年臺灣光復後，部訂學制施行，並將應用化學科改為化學工程科，分初級及高級兩部。

1948年該校奉准改制專科，改名為省立臺北工業專科學校。次年初招收初中畢業生，修業五年，設有化工科。1952年增設二年制，學生一部份除由煙酒公賣局、臺紙公司、臺鹼公司薦送外，餘額招收高中畢業生。

1954年7月，化工科五年制及二年制專科學生首屆畢業，畢業生共49人，而第一期之化工年刊於同時創刊。二年制於1954年秋停止招生，僅專收工職校保送之畢業生。1954年奉准招收三年制專科，招收高中畢業生。1963-1965年，曾將五年制從四年級起分組為化機及工化兩組，分別授課。1965年恢復二年制，增設化工製造管制組；並奉令成立夜間部，招收高中及高職畢業生。

1981年8月該校改隸教育部改名為國立臺北工業專科學校。1994年8月又奉令改制為國立臺北技術學院，化學工程科亦改名稱為化學工程技術系，設立四技兩班與二技一班，招收相當於大學一年級及三年級新生。

2. 省立高雄工業專科學校化學工程科(現國立高雄應用科技大學化學工程與材料工程系之前身)

政府為配合國家經濟建設，培育工業技術人才，於1963年設立臺灣省立高雄工業專科學校。開辦之初，僅設有五年制化學工程及土木工程兩科，招收國(初)中畢業生，修業期限五年。1972年起，日間部陸續增設二年制化工等七科，招收高職畢業生，修業期限兩年。1965年起開辦夜間部，先後設二年制化工等七科，修業期限三年，以利高職(中)畢業之工業界在職人員進修。1979年改名為高雄市立工業專科學校；同年10月，奉令設置二年制工專進修補校，逐年設立化工等七科。1981年該校改隸教育部改名為國立高雄工業專科學校。1992年8月，因增設二年制商業類科，更改校名為國立高雄工商專科學校。

1997年7月升格為技術學院，招收二技新生，並更名為國立高雄科學技術學院，初期設置化工、土木、電機、電子及模具等五個工程系。1998年8月增設進修學院，設有化工等六個工程系。2000年8月改制為國立高雄應用科技大學。

化學工程科於創校時即設立，是年招收日間部五專一班，1965年增設夜間部三年制，每年招收兩班學生以提供化學工業界在職人員進修，1967年夜間部改為二年制，1979年設立二年制進修專校，1982年日間部五專擴增二班，1990年增設日間部二年制。至此計有日間部五年制專科二班，二年制專科一班，夜間部二年制專科二班，補校二年制專科二班。

1981年之國立高雄工業專科學校。
(由高雄應用科技大學郭東義副校長提供，下同)。

1997年該校升格為高雄科學技術學院時，化學工程科改制為化學工程系，日間部增設二技一班；次年，增設進修推廣部二技一班，進修學院二技一班，停招日間部二專，進修推廣部二專一班，進修學院二專一班。

高雄工專化工實驗室之一。

高雄工專化工實驗室之二。

高雄工專化工實驗室之三。

明志工專化工科分析化學實驗(1971年)。
(由明志科技大學化工系簡文鎮主任提供，下同)。

明志工專學生操作高分子加工實習課程。

明志工專化工科單元操作-蒸餾實驗(1971年)。

明志工專化工科單元操作實驗(1971年)。

明志工專化工科生產工廠。

2000年改制為高雄應用科技大學時，化學工程系日間部增設四年制二班，進修推廣部二技兩班，停招日間部五專二班及進修推廣部二專一班。2005年更名為化學工程與材料工程系。

3. 明志工業專科學校化學工程科(現明志科技大學化學工程系之前身)

明志科技大學的前身為明志工業專科學校，是由台塑企業創辦人王永慶先生於1963年設立，位於臺北縣泰山鄉，建校之始即設有化學工程科。隨著社會的發展與大眾需求，學校於1999年升格為明志技術學院，復於2004年改制為明志科技大學，學制也擴大為研究所、四技部、二技部及進修部。

該校在2004年改制科技大學時，將原有的化工學群擴展成立全國首創的環境資源學院，設有化學工程系、環境安全與衛生工程系及材料工程系等三系，新成立的兩系以四技部及進修部為主。

4. 正修工業專科學校化學工程科(現正修科技大學化工與材料工程系之前身)

正修工業專科學校於1965年由鄭駿源、龔金柯、李金盛等幾位熱心人士，擇定高雄澄清湖畔創建，初創期採五年學制，創校時即設有化學工程科。五專日間部每年經由推薦甄試及聯合分發，招收新生一班。1990年增設商業類科，改制為正修工商專科學校，1998年設立附設進修專科學校。

1999年升格為技術學院，並成立化學工程系，另招收日間部及進修部二年制技術系一班。2000年起停止招收夜二專，改招收進修部四年制技術系一班，2001年起另招收日間部四年制技術系一班，2005學年度起系所更名為化工與材料工程系所。2003年該校改制為「正修科技大學」。

5. 崑山工業專科學校化學工程科(現崑山科技大學材料工程系之前身)

該校是由李正合先生於1965年4月底在臺南創立。創校之初，原申請設立工商專科學校，後經教育部核定為「崑山工業專科學校」。

1971年8月，設立二年制夜間部。1991年7月增設商科，復更名為「崑山工商專科學校」。1996年7月，奉教育部核定第一批改制為技術學院，並附設專科部；夜間部亦同時改制為進修推廣部。2000年奉改制為科技大學。

化學工程科為該校設立最早的一科，1965年開始招生，第一、二屆招收五年制學生兩班，第二十三屆增設二年制夜間部一班，第二十六屆起招收五年制日間部及二年制日、夜間部各一班。迄1996年招收最後一屆學生為止，計培育化工專才2,525人。

該科教授化學工業實用技術，培養化學工業之生產操作、工廠管理、品質管制、分析實驗等方面之實際工作人員。1979年起，四年級

以上的學生又區分為設計操作及化學技術各一組，前者偏重化學工業之生產與操作技術，後者偏重化學之應用與製造技術。

1990年起該科五年制日間部減為一班，並決定訓練學生具有(1)儀器分析檢驗；(2) 工業廢水處理、污染防治之科技新知及水質分析檢驗技術；(3) 高分子合成技術及應用科技新知等三項化學技術之專長，再加入生產現場自動化操作能力之程控訓練，使該科畢業生畢業後能夠成為工業界的中堅幹部。

1996年該校改制為技術學院時，化學工程科未改制為化學工程系，而改設材料工程系。

6. 明新工商專科學校化工科(現明新科技大學化學工程與材料科技系之前身)

該校位於新竹縣新豐鄉，是由王宗山、李鴻超、郝立緒、張體安、張逢喜等熱心興學人士創辦。於1966年3月以明新工業專科學校立案，設有五年制機械、土木、工業管理三科，首次招收新生三百名。同年八月，增設電機工程科；翌年，增設化學工程科。1993年，更名為私立明新工商專科學校。至於進修推廣教育，該校自1971年起，逐步增設二年制機械、化工等科，均招收高中、高職畢業生。

1997年7月，該校奉教育部核准改制為明新技術學院，並成立化學工程系，招收二年制日間部及進修部。1999年7月招收四年制，2001年招收四年制進修部，2002年改制為科技大學。2008年化學工程系改名為化學工程與材料科技系。

7. 復興工業專科學校化學工程科(現蘭陽技術學院化妝品應用系之前身)

該校於1965年9月1日奉准籌辦，定名為私立復興工業專科學校，1966年3月正式立案。成立之初，僅設化學工程科、土木工程科、陶瓷工程科。1966年度化學工程科分春季班及秋季班各招收日間部五年制專科部2班；經五年積極擴展，於1970年春，進而致力於電化教

育，添置視聽教學設備。於1971年增設進修部（夜間部）二年制化工、土木兩科，提供在職人士進修管道，修業3年。1983年增設商業類科後更名為「私立復興工商專科學校」。1994年化學工程科更名為「環境工程科」。1997年附設進修專科學校。2001年改制為「蘭陽技術學院」設有環境工程系等三系。2005年環境工程系更名為環境與安全衛生工程系，2007年又更名為化妝品應用系。

8. 東方工業專科學校化工科(現東方設計學院化工與材料工程系之前身)

1966年1月教育部准予立案，定校名為「私立東方工藝專科學校」，於3月1日正式開學。設立食品製造、美術工藝、工業設計、工業管理等4科。同年9月增設化學工程科，招收五專學生。

1969年7月奉准更改校名為東方工業專科學校。1990年10月奉准更改校名為東方工商專科學校。1999年7月28日受教育部依法接管。2001年8月開始招收二專學生。2002年8月改制升格為東方技術學院，成立化學工程系，開始招收大學二技學生，五專停止招生。2003年8月設立大學四技。2004年8月停止二專及二技的招生。2005年8月更名為化工與材料工程系，2009年停止招生。2010年8月，該校奉准改名為東方設計學院。

9. 私立嘉南藥學專科學校應用化學科(現嘉南藥理科技大學醫藥化學系前身)

為培養從事醫藥、衛生、保健、永續環境等健康科學專業人才，該校於1964年由創辦人王趁先生結合醫藥界與教育界先進在臺南縣仁德鄉籌創私立嘉南藥學專科學校。1966年奉教育部核准立案。1996年獲准升格為嘉南藥理學院」，2000年復獲准改制為嘉南藥理科技大學。

該校成立時即設有應用化學科，為日間部五年制，以訓練化粧品製造及分析技術能力的專業技術人才為主。1980年分成農畜藥組及化粧品組，1982年取消分組。1988年增設夜間部二年制專科，1990年二年制增收日間部學生。1996年學校獲准升格為嘉南藥理學院時，該系亦升格為應用化學系，招收二年制學生，並停招二年制專科。該校在 1993年成立化粧品應用與管理系後，重新定位系的發展，為配合學校的四大發展理念「健康、關懷、卓越、精緻」以化學為根基，教授醫、藥專業知識為應用的重點方向，而於1997年起改名為醫藥化學系。1998年起招收四年制大學部學生，五年制專科部停止招生。

10. 永達工業專科學校化學工程科(現永達技術學院生物科技系之前身)

1967年5月由王天賞先生創辦，定名私立永達工業專科學校，是年9月1日正式開學。創校之初，招收五年制化學工程科、工業管理科、食品加工科新生共二百人。1982年奉准設立夜間部二年制電子工程科。1990年春教育部核准由原「私立永達工業專科學校」更名為「私立永達工商專科學校」。

1998年該校升格技術學院，化學工程科升格為化學工程系。2002年，因環保意識抬頭，化工行業逐漸失去優勢，該系為了迎合時代所需，改名成立生物工程系，同時停止五專部化學工程科之招生，由原來的二班化工科，改成一班五專生物工程科及一班四技生物工程系。2008年五專停招，同年改名生物科技系。2010年，恢復五專招生並增加假日二專。

11. 華夏工業專科學校化學工程(現華夏科技術學院生化工程系之前身)

趙聚鈺先生於1966年在臺北縣中和市創立華夏農業專科學校，設有農經、農化、農藝、農工、園藝五科。民國五十年代我國各項建設突飛猛進，經濟成長迅速，盱衡當時之需要，1968年該校將重心移向工業教育，改稱華夏工業專科學校，初設機械工程、建築工程、化學工程、食品工程四科，原農業各科停止招生，隔年增設電子工程科，1971年再增設電機工程科。

1994年奉准增設商業類科：資訊管理科，並更改校名為華夏工商專科學校。2004年奉准改制為華夏技術學院。

該校改稱華夏工業專科學校時，將食品化學科轉型為電化工程科，1971年改名化工技術科，1973年再更名為化學工程科，朝化學工程與應用化學之領域發展，先後設有五專、夜二專及日二專。2004年衡量生技產業發展趨勢，並結合化工產業特性，轉型為生化工程科。

2005學年配合學校改制技術學院，擴大為生化工程系，2008年，再度更名為化學工程系。2009年因高職化工學生人數大幅衰減，該系所有學制(四技和五專)正式停招。

12. 吳鳳工業專科學校化學工程科(現吳鳳科技大學化學工程系之前身)

1963年9月奉教育部令，飭將吳鳳中學改設五年制專科學校，校名定為私立吳鳳商業專科學校，並於1965年10月奉准立案招生。1968年奉准增設五專化學工程科等四科。1969年改名為吳鳳工業專科學校。

1982年奉准設立三年制專科夜間部。1992年奉准設立二專日間部，並增設商業類科，學校全銜更名為吳鳳工商專科學校。1997年4月奉准設立附設專科進修專校。2000年升格為吳鳳技術學院，招收二技、四技學生；夜間部更名為進修部；進修專校更名為進修學院。2002年進修學院學制由三年改為二年。2010年奉准改制科技大學，校名為吳鳳科技大學。

1968年化工科五專部開始招收學生，2003年停止招生。2001年日間部二專開始招收新生二班，2007年停止招生。2002年起增設日間部四技化學工程系；2008年增設二專化學工程科在職專班，2009年起化學工程系停止招生。

13. 黎明工業專科學校化學工程科(現黎明技術學院化學工程與材料工程系之前身)

1965年9月由許添地、李炳建、黃在格等三位創辦人，於臺北縣泰山鄉黎明村成立建校籌備委員會，並決定校名為「私立黎明工業專科學校」，1969年六月奉教育部核准立案，開始招收日間部五年制電子工程、電機工程、機械工程、化學工程等科學生。1983年起增設夜間部二專部，1995年招收化學工程科學生；1989年起增設日間部二專化學工程等三科。2002年報部核准改制技術學院，設化學工程系，2005年增設材料工程系，2007年上列二系合併為化學工程與材料工程系。

14. 大華工業專科學校化學工程科(現大華技術學院化工與材料工程系之前身)

該校之創建原係基於培植農業人才，經長期籌備，選定新竹縣芎林鄉為校址，於1967年 6月奉准立案為私立大華農業專科學校。初設食品製造等三科。1968年再增設農業機械等三科。1969年奉教育部核准改制為私立大華工業專科學校，並增設化學工程科。

1991年，因為學校科系跨屬工商領域，奉教育部核定，改名為大華工商專科學校。1992年增設含化學工程科的夜間部。1997年升格為技術學院。化學工程系首度招收二年制大學部學生及進修部二年制在職學生。2004年更名為化工與材料工程系。2006年停招日二技；2007年停招夜二技；2008年停招日五專及夜四技，增招進修部四技在職專班。2010年分為化工與材料科技組及化妝品應用組，共兩班。

15. 南亞工業專科學校化學工程科(現桃園創新技術學院化學工程與材料工程系之前身)

南亞工業技藝專科學校於1969年由倪克定先生創辦，為二年制專科學校，設紡織技術科、紡織機械科、印染化學科、纖維化學科。

1973年，改名南亞工業專科學校，增設工業管理科，停招建築繪圖科，紡織技術科改名紡織科，印染化學科與纖維化學科合併為化工科印染化學組、纖維化學組。1975年，化工科改名化學工程科。1983年，化學工程科印染化學組改名化學工程科化學技術組，化學工程科纖維化學組改名化學工程科生產操作組。1994年，改名南亞工商專科學校。1995年，化學工程科生產操作組改名化學工程科生產工程組，1997年，夜間部增設化學工程科、

2000年，改制為南亞技術學院，設有化學工程系，夜間部改稱進修部。2006年，紡織科學系改名材料與纖維系，化學工程系改名化學工程與材料工程系、2010年，化學工程與材料工程系增設化妝品應用組。2011年，申請改名桃園應用科技大學或桃園創新技術學院。材料與纖維系創意流行設計組獨立為創意流行時尚設計系；化學工程與材料工程系化妝品應用組獨立為化妝品應用系。2012年，2月1日改名桃園創新技術學院。

16. 健行工業專科學校化學工程科(該校現為健行科技大學)

健行科技大學之前身為三極電信學校，於1933年創立於上海。1952年1月在臺北成立籌備處展開復校工作。1953年8月奉准於桃園縣中壢復校，初期以三極電信職業補習學校對外招生，隔年改制為三極高級電訊職業學校，1955年改名為三極高級工業職業學校。

1966年3月經教育部核准改制為健行工業專科學校。改制之初僅設立有土木工程、電訊工程、建築工程及工業管理等四科。五年制化工科於1969年開始招生，1976年停招。1994年增設商業類科，並改名為健行工商專科學校。1999年升格為技術學院，停招專科部。2003年改制為清雲科技大學；2012年復名為健行科技大學。

17. 樹德工業專科學校化學工程科(現修平科技大學能源與材料科技系之前身)

該校原為樹德家政專科學校，於1966年由林湯盤（修平）先生創

立，招收五年制學生。1970年，奉教育部核准改辦工業專科學校，更名為「樹德工業專科學校」，設化工科。1983年，成立二年制專科夜間部，招收在職進修學生。1990年，成立二年制專科日間部。1994年，增辦商業類科，更名為樹德工商專科學校。2000年，升格為技術學院並更名為修平技術學院，化工科改制為化學工程系。2011年，奉准改制為修平科技大學。2012年，化學工程系更名為能源與材料科技系。

18. 私立勤益工業專科學校化學工程科(現國立勤益科技大學化工與材料工程系之前身)

國立勤益科技大學前身為私立勤益工業技藝專科學校，於1971年由張明先生暨夫人王國秀女士在現臺中市太平區創立，設機械技術、電工技術、工業電子、工業化學等四科，為二年制，招收高中、高職畢業生。1973年6月，奉命改名為私立勤益工業專科學校，並將已設立之科改為：機械科、電機科、電子科、化工科，同時增設工業管理科。自該學年度起，二年制工專改以招收高職畢業生為限。1975年開始，奉令除工業管理科仍沿用原名稱，其餘四科易名為：機械工程科、電機工程科、電子工程科，化學工程科。1982年，設立夜間部，1988年起，夜間部奉准招收化學工程科在職進修人員。1990年1月起，奉准更改校名為「私立勤益工商專科學校」。

1987年11月該校致書教育部毛高文部長，願無條件將學校捐給政府獻，但是請同意改制為技術學院，並保留校名。此一歷史創舉，教育部於1991年8月正式宣佈，並奉行政院核定：自1992年7月起改制成立國立勤益工商專科學校。1998年成立附設專科進修補習學校。1999年7月升格為國立勤益技術學院，機械、電子、化工、工管等系開始招收二技部學生。同年，夜間部改名為進修推廣部，並將原附設專科進修補習學校改名為附設專科進修學校。翌年，設立附設進修學院。2007年改制為國立勤益科技大學。

19. 私立龍華工業專科學校化學工程科(現龍華科技大學化工與材料工程系之前身)

該校位於桃園縣龜山鄉，是由孫法民先生暨夫人陳淑娟女士創辦。1969年11月奉准立案，命名為私立龍華工業技藝專科學校，於同年12月招生，初期僅設機械技術、電工技術、工業電子及電化技術四科，為二年制專科。1971年奉部令電化技術科改名為化工技術科；

1973年又奉部令改名為化學工程科。1972年更改校名為私立龍華工業專科學校。

1983年依新課程標準，該科定為化學工程科化學技術組，1989年化學技術組招收三班(一、二年級合計六班)，1990年化學技術組增加一班，1991年化學技術組夜間部招收一班，1992年化學技術組日間部招收四班、夜間部一班。

1998年學校升格為龍華技術學院，化學工程科改名為化學工程系，招收二技日間部、進修部各一班。1999年招收四年制日間部一班，2001年該校改制為龍華科技大學。2003年化學工程系改名為化工與材料工程系。

20. 私立南臺工業專科學校化學工程科(現南臺科技大學化學工程與材料工程系之前身)

該校是由吳三連先生邀集臺南地方熱心教育人士辛文炳、吳修齊、張麗堂等幾位先生，共同捐資興辦。1969年5月，教育部核准成立二年制私立南臺工業技藝專科學校，招收工業電子、機械技術、紡織技術、漁產製造等四科學生。1971年，漁產製造科改為化工技術科。

同年4月，教育部核准設立另一個五年制專校私立永光工業專科學校，招收化工、機械、電機、電子等四科。1972年3月，五年制與原二年制技藝專校合併，易名為私立南臺工業專科學校，是當時唯一具有五專與二專化工科的私立專校。

1996年，該校奉准升格為私立南臺技術學院，化工科也改制為化學工程系。進而於1999年8月，改制為南臺科技大學，化學工程系更名為化學工程與材料工程系。

21. 光武工業專科學校化學工程科(現臺北城市科技大學化工與材料工程系之前身)

該校創立於1971年，定名為光武工業專科學校，1994年更名為光武工商專科學校。2000年 8月1日改制為光武技術學院；2004年更改校名為北臺灣科學技術學院。2006年改制為北臺灣科技大學；2012年再更改校名為臺北城市科技大學。

該校設立時即設化學工程科，招收五專新生一班。1977年（民國66年）因應人才需求，增收五專新生一班、即招收五專新生二班。

1986年因該科畢業校友努力，深獲業界好評，為培育更多人才，故再度增班，招收五專新生三班。1991年為因應回流教育需求，於夜間部開始招收二專一班。

1995年因應該校系科均衡發展，減收一班五專新生，僅招收二班五專新生及一班夜間部二專生。1998年再度減收一班五專新生，僅招收一班五專新生及一班夜間部二專生。

2000年改制為技術學院後，開始招收一班日二技新生、一班日二專新生、二班夜二技新生。2001年停招日二專新生、2002年停招五專、夜二專新生。2003年改收夜二專一班。

2005年更改系名為化工與材料工程系，日四技調整為招收新生一班。2006年更改校名為「北臺灣科技大學」時，停收夜二專。

22. 遠東工業專科學校化學工程科(現遠東科技大學材料科學與工程系之前身)

位於臺南縣新市鄉的遠東工業專科學校是由創辦人王乃昌先生於1966年申請設校，1968年奉教育部令立案。1972年設化學工程科開始招生。1992年增設商科，改名為遠東工商專科學校。1999年升格為遠東技術學院；2006年改制為遠東科技大學。

1997年化工科五專部停招；1998年電材科五專部首度招生(兩班)；2002年電材科五專部停招；同年電材系二技部與四技部首度招生(各一班)；2005年電材系二技部單獨招生；2007年轉型為材料科學與工程系。

23. 私立聯合工業技藝專科學校化學工程科(現國立聯合大學化學工程系之前身)

1969年6月，時任經濟部長之李國鼎先生為加強中級技術人力之培養，特倡邀新竹、苗栗地區之大型公民營企業聯合集資，利用購自國立中央大學遷校後所留校地校舍，籌設本校前身私立聯合工業技藝專科學校，延請金開英先生擔任董事長，並聘請陳為忠先生協助建校，於1972年9月開學，成立二專部，初期僅成立機械、礦業、電機及工業製圖等四科，1973年設立化學工程科。

創校之初以工業類為主，之後規模日益宏大，1992年增設商業類科，更名為聯合工商專科學校1995年7月1日該校前身之私校董事會將私校捐贈教育部，改隸為國立聯合工商專科學校，1999年升格為國立聯合技術學院，化學工程科亦隨之改制為化學工程系，2003年該校再改制為綜合大學。化學工程科設立初期只招日間部二專學生，至2003年停招；1982年設夜間部二專，次年即停招。

24. 萬能工業專科學校化學工程科(現萬能科技大學化工與材料工程系之前身)

該校位於桃園縣中壢市，成立於1972年，由莊心在教授創辦。建校之始，校名為萬能工業技藝專科學校，設立包括塑膠加工科之二專部。1973年更改校名為萬能工業專科學校，塑膠加工科改為化學工程科塑膠加工組，1985年復改名化學工程科化學技術組。1999年該校升格為萬能技術學院，該科正式更名為化學工程系，招收四年制學生，2004年該校升格成萬能科技大學，並成立工程科技研究所碩士班，2005年更改系名為化工與材料工程系。

25. 國立宜蘭農工專科學校化學工程科(現國立宜蘭大學化學工程與材料工程系之前身)

該校前身為建校於1926年之臺北州立宜蘭農林學校，戰後更名為臺灣省立宜蘭農業職業學校。1967年增設工業類科更名為臺灣省立宜蘭農工職業學校，設化學工程科。1988年升格為五年制專科學校，更名為國立宜蘭農工專科學校，1988年改制為國立宜蘭技術學院，2003年改制為國立宜蘭大學，化學工程系更名為化學工程與材料工程學系

26. 高苑工業專科學校化學工程科(現高苑科技大學化工與生化工程系之前身)

該校創立於1989年，為五年制專科學校，成立之初即設立化學工程科。1991年更改校名為私立高苑工商專科學校。1995年成立進修專校。

1998年8月，奉准升格為高苑技術學院，大學部二年制技術系(含化學工程系)開始招生，並附設專科部及進修專校。原夜間部隨著學校改制而更名為進修部；2000年增設四年制大學部化學工程系；2003年改名為生化工程系；2004年增設高分子環保材料研究所碩士班；2005年奉准改制高苑科技大學。2007年，改名化工與生化工程系(所)。

第四節　專科化工教育的課程發展

教育部逐年頒布之專科學校及化工科課程及相關辦法如下：

- 1967年公布「五年制專科學校暫行必修科目表」。
- 1968年公布「公私立專科學校試辦二年制實用技藝辦法」規定畢業學分72學分，學科以：每授18小時為1學分，實務實習以：36至48小時為1學分，其中實用技藝部專業科目及實習課程佔百分之70，普通科目僅佔百分之30。
- 1970年訂頒「五年制工業專科學校各科科目表」。
- 1975年修訂五年制化工科科目表並編訂教材大綱暨設備標準。
- 1976年教育部公布「專科學校法」規定專科學校之課程，應以專業課程為重點，其各類科科目表及教材大綱由教育部訂之，同年月公布「五年制專科學校必須科目表」規定各類科畢業應修最低學分數，修業五年者以250學分為準則。
- 1983年教育部公布「五年制工業專科學校化學工程科課程標準暨設備標準」，訂定的化學工程科教育目標如下：

1. 總目標：教授化學工業實用技術，培養化學工業之生產操作、工廠管理、品質管制、分析實驗等方面之實際工作人員。
2. 分組教育目標：

    (1) 生產操作組：教授化學工業之生產與操作技術，培養化學工業之生產操作、品質管制、工廠管理、工業安全之實際工作人員。

    (2) 化學技術組：教授化學之應用與製造技術，培養化學工業之分析實驗、品質管制、生產技術之實際工作人員。

規定五專至少應修230學分、306小時，其中專業基礎必修科目42學分、50小時，專業必修科科目62學分、78小時，分組專業必修科目46學分、60小時。

- 1983年教育部公布「二年制工業專科學校化學工程科課程標準暨設備標準」，訂定的化學工程科教育目標如下：

表四-四-1
五年制化學工程科科目表

科目類別				共同科目					專業基礎科目				專業核心科目							校訂科目		合計
科目名稱				語文學群	社會學群	數理學群	藝術學群	小計	數學	物理	化學	小計	有機化學	物理化學	化工計算	單元操作	儀器分析	分析化學	小計	由各校自訂	小計	
學分數				42	12	10	4	68	16	12	8	36	6	6	6	9	3	4	34		82	22
時數				42	12	11	4	69	16	16	12	44	6	6	6	9	3	4	34		82	22
授課時數	第一學年	上	授課	8	4	7	1	20			3	3									2	30
			實習			2		2			3	3										27
		下	授課	8	4	2	1	15	4		3	7									3	28
			實習								3	3										26
	第二學年	上	授課	7			1	8	4	5		9	3					2	5		3	28
			實習							3		3										26
		下	授課	7			1	8	4	5		9	3					2	5		3	28
			實習							3		3										26
	第三學年	上	授課	6	2			8	4			4		3	3				6		8	26
			實習																			26
		下	授課	6	2			8						3	3				6		10	24
			實習																			24
	第四學年	上	授課													3	3		6		14	20
			實習																			20
		下	授課													3			3		12	15
			實習																			15
	第五學年	上	授課													3			3		12	15
			實習																			15
		下	授課																		15	15
			實習																			15
備註				詳共同科目表	詳共同科目表	詳共同科目表	詳共同科目表															時數 學分數

附註：

1. 各校得視實際需求，自行調整科目開設學年(期)。
2. 共同科目及校定科目中，各校得視實際需求，增加實習(驗)時數，實習或實驗以每周實作二至三小時滿一學期者為一學分。
3. 軍訓、體育之學分數及時數均未計入。

表四-四-2
二年制化學工程科科目表

科目類別	共同科目					專業基礎科目			專業核心科目					校訂科目		合計
科目名稱	語文學群	社會學群	數理學群	藝術學群	小計	微積分	計算機程式	小計	物理化學	化工計算	單元操作	儀器分析	小計	由各校自訂	小計	
學分數	12	4	2	2	20	4	2	6	6	6	9	3	24		30	80
時數	12	4	2	2	20	4	3	7	6	6	9	3	24		30	81
第一學年 上 授課	6	2	2	1	11	2	3	5	3	3			6		2	24
第一學年 上 實習																23
第一學年 下 授課	6			1	7	2		2	3	3	3		9		6	24
第一學年 下 實習																24
第二學年 上 授課		2			2						3	3	6		10	18
第二學年 上 實習																18
第二學年 下 授課											3		3		12	15
第二學年 下 實習																15
備註	詳共同科目表	詳共同科目表	詳共同科目表	詳共同科目表			含實習									時數 學分數

註：
各校得視實際需求，自行調整科目開設學年(期)。
共同科目及校定科目中，各校得視實際需求，增加實習(驗)時數，實習或實驗以每周實作二至三小時
滿一學期者為一學分。
軍訓、體育之學分數及時數均未計入。

1. 總目標：教授化學工業實用技術，培養化學工業之生產操作、工廠管理、品質管制、分析實驗等方面之實際工作人員。

2. 分組教育目標：

(1) 生產操作組：教授化學工業之生產與操作技術，培養化學工業之生產操作、品質管制、工廠管理、工業安全之實際工作人員。

(2) 化學技術組：教授化學之應用與製造技術，培養化學工業之分析實驗、品質管制、生產技術之實際工作人員。

規定二專至少應修90學分、122小時，其中專業基礎必修科目6學分、6小時，專業必修科科目34學分、38小時，分組專業必修科目：生產操作組18學分、28小時，化學技術組18學分、30小時。

在高中(職)未修下列科目的學生必須補修：

(1) 有機化學8學分課程6小時，實驗6小時)

(2) 定性分析3學分(課程2小時，實驗3小時)

(3) 定量分析3學分(課程2小時，實驗3小時)

折算為7學分選修課程，該課程建議於暑假補修。

● 1994年教育部公布「五年制工業專科學校工業類化學工程科科目表暨教材大綱」及「五年制專科學校工業類科目表暨教材大綱施行要點」於84學年度(1995年)第一學期一年級學生開始施行，訂定的化學工程科教育目標如下：

1. 科教育目標：教授化學工業實用技術，培養化學工業之生產操作、工廠管理、品質管制、分析檢驗、污染防治等方面之技術人員。

2. 組教育目標：

(1) 生產工程組：教授化學工業生產與操作技術，培養化學工業之生產操作、品質管制、工廠管理、工業安全之技術人員。

(2) 化學技術組：教授化學之應用與製造技術，培養化學工業之分析實驗、品質管制、產品開發之技術人員。

規定五專畢業學分至少應修220學分，共同科目68學分，專業基礎科目36學分，專業核心科目34學分及校訂科目82學分四部份。各校得視實際需求增加畢業總學分數。

◎ 1994年（民國83年）教育部公布「二年制工業專科學校工業類化學工程科科目表暨教材大綱」。及「二年制專科學校工業類科目表暨教材大綱施行要點」於84學年度(1995年)第一學期一年級學生開始施行，訂定的化學工程科教育目標如下：

1. 科教育目標：教授化學工業實用技術，培養化學工業之生產操作、工廠管理、品質管制、分析檢驗、污染防治等方面之技術人員。

2. 組教育目標：

   (1) 生產工程組：教授化學工業生產與操作技術，培養化學工業之生產操作、品質管制、工廠管理、工業安全之技術人員。

   (2) 化學技術組：教授化學之應用與製造技術，培養化學工業之分析實驗、品質管制、產品開發之技術人員。

規定二專至畢業少應修80學分、81小時，其中共同科目20學分，專業基礎科目6學分、7小時，專業核心科目24學分、24小時，校訂科目30學分、30小時，各校得視實際需求增加畢業總學分數。校訂科目中得增加實習(驗)時數實習或實驗以每週實作二至三小時滿一學期者為一學分。

◎ 1994年教育部公布五專及二專化學工程科科目表暨教材大綱其修訂特色如下：

1. 增加課程彈性，學校可視實際需要自定校訂科目，發展學校特色。

2. 理論與實務兼顧，並加強實做教學課程，提升學生技術水準。

3. 廣大通識課程領域，加強學生人文素養之陶冶。

4. 注重五專、高中、高職課程之統整及銜接，以利學生相互轉學。

第五節　教育部對專科學校師資的規定

一、公立專科學校

公立專科學校師資在四員一工規定下，對各科教師員額並無明確規定。早期師資的要求分為助教、講師、副教授與教授等四級，例如1990年某公立專科學校化工科，招收五專兩班、二專一班及夜間部三班共15班學生的專任師資計有助教8人，講師以上25人。

二、私立專科學校

自1995年起，教育部對私立專科學校的師資要求曾有三次的修訂：

(一) 1995年~1998年

1. 每班合格專任講師以上教師平均人數最低要求：

   (1) 日間部：每班至少為2.0人。

   (2) 夜間部：普通班每班至少為1.0人；在職班每班至少為0.5人。

2. 前項每班合格專任教師，均為合格專任講師以上教師：其中專業科目合格專任教師至少應佔三分之二；專業科目教師之認定，以所教授科目有二分之一以上為部頒科目表規定之專業基礎科目，專業核心科目2或校定科目中之專業科目者為限。

3. 為加強理論與實務之結合，所聘專業及技術教師經教育部甄審合格者，得併計於講師以上專業科目教師名額內，其專任者按實計算，其兼任時數每週三小時以上，且確實在企業界專任者，以0.25名計之，惟專兼任專業及技術教師合計不得多於專任教師總數之八分之一，超過者不列入計算。

(二) 1999年~2000年

1. 每班合格專任講師以上教師平均人數要求：

   (1) 日間部：每班至少為2.0人。

   (2) 夜間部：普通班每班至少為 1.0人。在職班每班至少為0.5人，日間部未設之科別，每班至少為1.0人。

2. 師資計算方式：由各校依下列原則核算師資人數。

(1) 專任教師係指依大學及獨立學院教師聘任待遇規程之規定，每週授足規定時數，並支給專任教師薪資待遇者，僅支給鐘點費卻發給專任聘書者，不得列入計算。借調校外服務教師不予列入計算。

(2) 為加強理論與實務之結合，所聘專業及技術教師經本部甄審合格持有證書者，得併計於講師以上專業科目教師名額內，其專任者按實計算，其兼任時數每週二小時以上，且確實在企業界專任者，以0.25名計之，惟專兼任專業及技術教師合計不得多於專任教師總數之八分之一，超過者不列入計算。

(三) 2001年~2005年

1. 每班合格專任講師以上教師平均人數要求：

(1) 生師（專任教師）比：全校生師比應在四十以下，且日間部生師比應在二十五以下。專任教師係指全校專任講師以上師資，兼任教師以四名折算為一名專任教師。

(2) 專任師資結構：

全校專任助理教授以上師資佔全校應有實際專任講師以上教師人數（不含兼任折計部分）之比率。專科學校：應達百分之十五以上。

2. 師資計算方式：

(1) 以專任教師為計算基準，兼任教師每週授課達二小時以上以四名折算一名專任，但以兼任折算為專任之教師數不得超過實際專任教師數的三分之一，超過部分不計。

(2) 專任教師係指經本部審定資格之教授、副教授、助理教授、講師，且支給專任教師薪資者。僅支給鐘點費卻發給專任聘書者，仍以兼任計算。

(3) 經本部審定資格之專科學校專任專業及技術教師以及報經本部核准聘任之大學專任專業技術人員，得比照相當等級之專任教師計算；其專任不得多於專任教師總數之八分之一，超過者不計。但情形特殊報部核定者，不在此限。

(四) 2006年~2010年

生師（專任教師）比：全校生師比之計算，係以全校加權學生數除以專任教師（含兼任折算）總數之比值。

1. 生師比標準如下：

(1)「全校生師比」：科技大學應在三十二以下；技術學院與專科學校應在三十五以下。但設立或改制滿三年後之技術學院應在三十二以下。

(2) 日間部生師比應在二十五以下。

(3) 設有進修學院、進修專校之學校於加計進修學院、進修專校之學生數後，全校生師比應在四十以下。

2. 全校加權學生數之認定與計算方式如下：

(1) 全校學生人數之計算包括日間部、夜間（進修）部、在職班、在職專班、進修學校（學院）之學生數。

(2) 學生數以具備正式學籍之在學學生為計算基準，全年在校外實習之班級、延修（畢）生、休學學生及推廣教育班學生，不列入計算。

(3) 經本部核准實施春、秋兩季招生方式之系科班，以其實際在校上課之系科班學生數計算。

3. 專任教師之認定與計算方式如下：

專任教師指經本部審定資格且支給專任教師薪資之講師以上教師，其資格認定方式如下：

(1) 專任教授、副教授、助理教授、講師。

(2) 依大學聘任專業技術人員擔任教學辦法之規定聘任之專任專業技術人員，比照同職級之專任教師。

(3) 依本部專科學校專業及技術教師遴聘辦法由各校教師評審委員會審定合格之專任專業及技術教師，比照同職級之專任教師。

(4) 民國八十六年三月二十一日教育人員任用條例修正生效前已取得助教證書之現職人員如繼續任教未中斷，比照講師。

(5) 講座教授符合專兼任教師聘用規定及資格，得納入師資人數計算。

(6) 借調至其他學校服務之教師，列入調任後服務學校專任教師；借調至政府機關服務之教師，列入調任前服務學校專任教師

(7) 任職二年以上經學校核准以全職前往國內外大學進修，並訂有契約，於學成後返校任教義務年限超過進修年限之專任教師，得列入計算。但不得超過專任教師總數之百分之十，超過者不列入計算；其師資延聘不易之稀有類科，師資員額之規定不受上開百分之十限制。

(8) 專科學校聘任專業及技術教師人數不得超過專任教師總數五分之一，超過者不列入計算。

(9) 研究人員未從事教學工作者，不得列入師資計算。

領有本部頒發之教師證書且每週授課達二小時以上之兼任教師，依下列規定折算為專任教師：

(1) 得以四名兼任教師折算一名專任教師。

(2) 以兼任教師折算專任教師之折算數不得超過實際專任教師數的三分之一，超過部分不計。

(3) 各校實際聘任兼任教師總數，以兼任教師可折算專任教師之折算數之四倍為上限。

下列規定之人員，採計為兼任教師，依前目規定折算為專任教師：

(1) 本職為學校專任行政人員於學校兼任教學者、僅支給鐘點費卻發給專任聘書之教師。

(2) 依專科學校專業及技術教師遴聘辦法由各校教師評審委員會審定合格，所聘兼任之專業及技術教師。

(3) 依大學聘任專業技術人員擔任教學辦法所聘兼任之專業技術人員。

第六節　工業專科學校皆升格技術學院 [1]

1995年立法院通過〈專科學校法〉修正案，賦予專科學校改制學院及附設專科部法源依據，於85學年度起實施。1996年教育部公布遴選專科學校改制技術學院並核准專科部實施辦法，輔導績優專科學校改制技術學院並附設專科部。1997年修正公布「教育部遴選專科學校改制技術學院並核准附設專科部實施要點」。

自1990年代後期開始，專科學校紛紛升格改制為技術學院與科技大學，專科學校校數由77所急速減少到10餘所，目前已無工業類的專科學校。此一風潮不僅導致在我國的教育体制內無法培育中級工業與工程人員，大學畢業生素質也因而低落，亟待設法改善。教育部為彌補此一缺憾，特別在數所公、私立科技大學設立專科部，惟就讀學生很少。

1 何清釧、翁鴻山：《臺灣工業專科教育的興衰》，第六章，成大出版社，2021年。

周宜雄

周宜雄教授現任國立臺灣科技大學化工系名譽教授。歷任該校中心主任、研究所所長、主任秘書、代研發長、教務長及副校長。研究領域包括：回饋控制理論、具限制系統的控制設計、控制與系統理論應用在化工程序和生物程序，以及控制與系統理論應用在具有挑戰性的化工程序等。

劉清田

劉清田校長畢業於成功大學化工系，獲普渡大學化工博士。1973年返國先任職於交通大學控制工程系，後轉往臺灣工業技術學院(今臺灣科技大學)服務，歷任化工系主任、工程技術研究所所長及教務長等。1978年借調教育部擔任主任秘書。1990年被聘為該校校長，擔任校長共計十年。擔任教育部主任秘書時，協助推展我國教育改革，積極爭取教育經費。曾獲頒教育部教授研究獎、國科會傑出教授獎、中國化工學會工程獎章及成功大學校友傑出成就獎。現為臺灣科技大學名譽教授。

第五章

技術學院及科技大學化工教育

國立臺灣科技大學副校長　周宜雄
國立臺灣科技大學前校長　劉清田

第一節　前言

臺灣的職業教育政策是配合經濟發展需要而制定與推展的，被認為是臺灣經濟發展最主要原動力的推手，也是臺灣競爭力優勢之所在，而化學工程技職教育發展是臺灣整體職業教育發展的重要一環。從初期設置職業學校，教育改革開展，迅速擴充高級職業學校，到高等技職院校大幅增長階段，化工技職教育都扮演重要的歷史角色。化工技職教育的發展也見證臺灣化學工業的變遷，從早期的製糖工業、肥料工業，進而發展塑膠工業、石油化學工業，到最近的半導體工業、面板工業，乃至於前瞻的能源工業與生物科技工業。

臺灣的職業教育奠基於日本統治時代，從歷史的觀點來看，臺灣的社會型態，由傳統農業社會，轉變到工業社會，再到資訊社會，演進到知識經濟社會，臺灣經濟建設與技職教育發展關係請詳見表1 [經濟建設與技職教育發展（教育部，2011）]。

表1：經濟建設與技職教育發展

年代	經濟建設重點	技職教育發展情形	高職：高中學生比例
40	土地改革成功 農業生產提高 發展勞力密集民生工業	農業、商業為核心教育 重視高級職業學校	4:6
50	拓展對外貿易	發展工、商業職業教育 實施九年國民義務教育 擴增職業教育類科與數量 開辦五專、二專教育	4:6
60	進行十大建設 發展資本 技術密集工業	改進工業職業及專科教育 創設技術學院	6:4
70	發展高科技產業 發展石化工業	全面提升工業職業 及專科教育之質與量	7:3

續表1：經濟建設與技職教育發展

年代	經濟建設重點	技職教育發展情形	高職：高中學生比例
80	發展知識經濟產業 籌設亞太營運中心	開辦綜合高中 增設技術學院 績優專科學校改制技術學院 績優技術學院改名科技大學	5:5
90	發展兩兆雙星產業	全面發展技職教育 技職教育國際化	5:5
100	推動六大新興產業 十大服務業 四大智慧型產業	應企業人才需求與學生性向發展，務求適才適性	6:4

從1950至60年代，進口替代政策及出口擴張政策下的經濟體系，以勞力密集的產業為主，此階段最重要的教育目標是全面提升國民素質，以提升生產力。1968年，實施九年的國民義務教育，就是以全面提升國民素質為目標的策略，從而提升勞力密集產業的品質與生產量。1970年技術密集產業成為主力產業之後，教育體系的發展方向也隨之改弦更張，包括增加高職學生人數、擴充專科教育、和設置全國唯一的國立臺灣工業技術學院；其中高職學生人數的增加，使得高中與高職學生的比例由原來的6：4轉成3：7。此時期，職業學校所培養的大量技術工成為臺灣技術密集產業的主力作業員，專科學校的擴充對技術密集產業所需的專業知識人才得以充裕供應，而技術學院培養的高級專業人才與管理人才則成為產業的中堅幹部，使臺灣躍升為世界經濟發展最具潛力的國家之一。1980年代之後，策略性產業、高科技產業的發展成為臺灣經濟發展另一階段的目標，其所需求的人才應具備高比例的專業知識與應用技術，技術學院的增設，扮演培養這方面所需人才的角色（教育部，2011）。

自1990年代起，臺灣的高等技職教育蓬勃發展，專科學校升格為技術學院、技術學院改制為科技大學。自1991（80學年度）至2021年（110學年度）的三十年間，臺灣的大學校院數量由原123校（普通大學21校、普通學院26校、技術學院3校、專科學校73校）變化到149校（普通大學66校、普通學院3校、科技大學60校、技術學院8校、專科學校12

校），教育部於1996年（85學年度）起輔導專科升格技術學院、技術學院改制科技大學，到了2011年（100學年度）技術學院和科技大學共有77校，專科由70校（降至15校見表2 [80至111學年度大專校院校數消長表（教育部中華民國教育統計）]。另外圖1 [80至111學年度大專校院校數消長圖]顯示90至111學年度大專校院校數消長變化圖。觀察80學年度（1991年），當時技術學院計有最早（1974）創立的國立臺灣工業技術學院、1991年建立的國立雲林技術學院（臺灣第二所技術學院），以及由屏東農業專科學校改制的國立屏東技術學院（臺灣第一所經由專科學校改制的國立技術學院），共3校技術學院。5年之後（85學年度）增加到10校，10年之後（90學年度）增加到55校，85至90學年度是技術學院快速增長期，也是專科學校快速遞減期，由70校減少到19校。之後，科技大學校數逐漸增加，技術學院校數開始逐年減少。到最近111學年度，科技大學計有61校，技術學院7校，專科學校12校。

2011年（民國100年）在技術學院和科技大學設有化工學門的相關系所計有31校（100年科技大學與技術學院化工學門相關系所，包含弘光科技大學的環境與安全衛生工程系、高雄第一科技大學的環境與安全衛生工程系和永達技術學院的生物科技系），詳見表3 [100年與110年科技大學與技術學院化工學門相關系所（國科會化工學門通訊錄100年版及科技部化工學門通訊錄110年版）]。到2021年（民國110年）設有化工學門相關系所的學校，計有化工領域15校、食品工程10校（其中只有1校為技術學院，即經國管理暨健康學院）；另外值得觀察的是，在化學工程領域，系所設名採用「化學工程」僅有2校，大部分系所設名都改採用「化學工程與某某工程（科技）」。

臺灣的高等教育分為普通大學教育和高等技職教育，其中高等技職教育包含科技大學、技術學院和專科學校。本章將著重於化學工程教育在科技大學和技術學院層級的發展歷史。為了能更清楚瞭解技術學院和科技大學化工教育的發展時空背景、環境氛圍與時代任務，我們以時間序列為軸線，在「化學工程技職教育發展」節中，簡要介紹臺灣化工技職教育發展歷史、制度的變革，以及載明重要學校設校的年份等，以作為敘述技術學院和科技大學化學工程教育演變的背景說明。由於本篇第三、四章已就初高職和專科化工教育的發展歷程作了詳細的回顧，此處不再對高級工業職業學校和工業專科學校化工科另作介紹。

表2：80至111學年度大專校院校數消長表

學校	學年度											
	80	85	90	91	92	93	94	95	96	97	98	99
普通大學	21	24	45	46	50	53	60	62	63	64	64	66
普通學院	26	33	23	21	20	17	10	8	8	5	7	5
科技大學	0	0	12	15	17	22	29	32	37	38	41	46
技術學院	3	10	55	57	55	53	46	45	41	40	37	31
專科學校	73	70	19	15	16	14	17	16	15	15	15	15
合計	123	137	154	154	158	159	162	163	164	162	164	163

學校	學年度											
	100	101	102	103	104	105	106	107	108	109	110	111
普通大學	67	67	67	67	67	67	66	66	66	66	66	65
普通學院	4	4	3	4	4	4	4	4	4	4	3	3
科技大學	49	53	55	57	59	59	63	61	60	60	60	61
技術學院	28	24	22	17	15	15	11	10	10	10	8	7
專科學校	15	14	14	14	13	13	13	12	12	12	12	12
合計	163	162	161	159	158	158	157	153	152	152	149	148

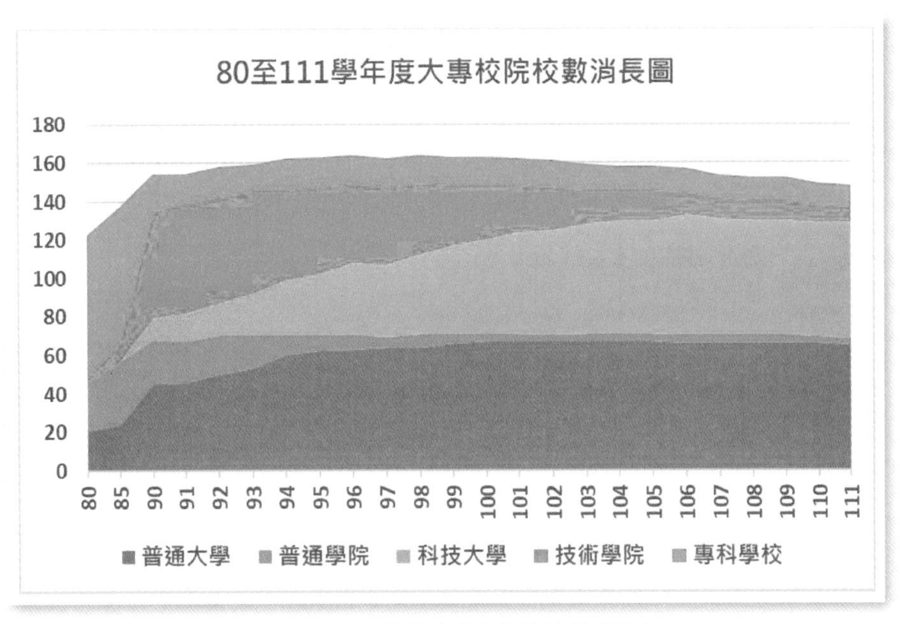

圖1：80至111學年度大專校院校數消長表

表3：100年與110年科技大學與技術學院化工學門相關系所

100年 化學工程學門			
化學工程領域			
編號	科技大學	大學部	研究所
1	臺北科技大學	化學工程與生物科技系	化學工程研究所
	臺北科技大學		生物科技研究所
2	臺灣科技大學	化學工程系	化學工程研究所
	臺灣科技大學	材料科學與工程系	材料科學與工程研究所
3	明志科技大學	化學工程系	化學工程研究所
	明志科技大學		生化工程研究所
	明志科技大學	環境與安全衛生工程系	環境與資源工程研究所
	明志科技大學	材料工程系	材料工程研究所
4	萬能科技大學	化工與材料工程系	
5	龍華科技大學	化工與材料工程系	
6	明新科技大學	化工與材料科技系	化工與材料科技研究所
7	勤益科技大學	化工與材料工程系	化工與材料工程研究所
8	修平科技大學	化學工程系	
9	朝陽科技大學	應用化學系	應用化學研究所
10	弘光科技大學	環境與安全衛生工程系	
11	吳鳳科技大學	化學工程系	
12	雲林科技大學	化工與材料工程系	化工與材料工程研究所
13	南臺科技大學	化工與材料工程系	化工與材料工程研究所
14	崑山科技大學	材料工程系	材料工程研究所
15	遠東科技大學	材料科學與工程系	材料科學與工程研究所
16	高雄應用科技大學	化工與材料工程系	化工與材料工程研究所
17	高雄第一科技大學	環境與安全衛生工程系	環境與安全衛生工程研究所
18	高苑科技大學	化工與生化工程系	化工與生化工程研究所
19	輔英科技大學	應用化學與材料科系	
20	正修科技大學	化工與材料工程系	化工與材料工程研究所
編號	技術學院	大學部	研究所
1	北臺灣科學技術學院	化工與材料工程系	
2	華夏技術學院	化學工程系	
3	亞東技術學院	材料與纖維系	
4	黎明技術學院	化工與材料工程系	
5	大華技術學院	化工與材料工程系	
6	東方設計學院	化工與材料工程系	
7	永達技術學院	生物科技系	
食品工程領域			
編號	科技大學	大學部	研究所
1	元培科技大學	食品科學系	

續表3：100年與110年科技大學與技術學院化工學門相關系所

食品工程領域			
編號	科技大學	大學部	研究所
2	中臺科技大學	食品科技系	
3	中華醫事科技大學	食品營養系	
4	屏東科技大學	食品科學系	食品科學研究所

110年 化學工程學門			
化學工程領域			
編號	科技大學	大學部	研究所
1	國立臺北科技大學	化學工程與生物科技系	化學工程與生物科技研究所
2	國立臺灣科技大學	化學工程系	化學工程研究所
	國立臺灣科技大學	材料科學與工程系	材料科學與工程研究所
3	明志科技大學	化學工程系	化學工程研究所
	明志科技大學		生化工程研究所
4	萬能科技大學	化妝品應用與管理系	化妝品應用與管理研究所
5	龍華科技大學	化工與材料工程系	化工與材料工程研究所
6	明新科技大學	應用材料科技系	應用材料科技研究所
7	國立勤益科技大學	化工與材料工程系	化工與材料工程研究所
8	朝陽科技大學	應用化學系	應用化學研究所
9	弘光科技大學	環境與安全衛生工程系	
10	國立雲林科技大學	化工與材料工程系	化工與材料工程研究所
11	南臺科技大學	化工與材料工程系	化工與材料工程研究所
12	崑山科技大學	材料工程系	材料工程研究所
13	國立高雄科技大學	化工與材料工程系	化工與材料工程研究所
	國立高雄科技大學	環境與安全衛生工程系	環境與安全衛生工程研究所
14	高苑科技大學	香妝與養生保健系	香妝與養生保健研究所
15	輔英科技大學	應用化學與材料科學系	

食品工程領域			
編號	科技大學	大學部	研究所
1	中華科技大學	食品科學系	
2	元培醫事科技大學	食品科學系	食品科學研究所
3	中臺科技大學	食品科技系	食品科技研究所
4	弘光科技大學	食品科技系	食品科技研究所
5	中州科技大學	保健食品系	保健食品研究所
6	嘉南藥理大學	食品科技系	
7	國立高雄科技大學	水產食品科學系	水產食品科學研究所
8	大仁科技大學	食品科學系	
9	國立屏東科技大學	食品科學系	食品科學研究所
編號	技術學院	大學部	研究所
1	經國管理暨健康學院	食品保健系	

備註：參考國科會化工學門通訊錄100年版及科技部化工學門通訊錄110年版

第二節　化學工程技職教育發展

臺灣的工業職業教育可以說開始於日本統治時代，1912年臺北工業講習所成立，該所隸屬於臺灣總督府民政局學務部。其成立乃著眼於臺灣產業的前景，當時政府希望培養工業方面需要的人才。臺灣總督府發佈訓令第153號「臺灣總督府民政局學務部附屬工業講習所規程」，由學務部長隈本繁吉暫任所長，選定臺北大安庄為講習所位址（許錫慶，2010）。

後來在1914年改隸為臺灣總督府，更名為「臺灣總督府工業講習所」，並公佈工業講習所生徒養成規程，規定入所的資格與修業年限。講習所學生修業年限三年，分「木工科」與「金工及電工科」兩科，「木工科」下再分「木工」與「家具」兩科。「金工及電工科」下則有五科，分別為「鑄工」、「鍛工」、「仕工」、「鈑金工」、「電工」（歐素瑛，2012）。

學生入學年齡規定在14歲以上20歲以下，招收公學校畢業或同等學力的臺灣人。1917年臺灣總督府因應工業發展，將原有的分科改採中等職業學校的分科內容，分有「機械科」、「電氣科」、「土木建築科、「應用化學科」、「家具」和「金屬細工科」等六大科，其中除因應產業界需求變化而增設「應用化學科」之外，其它各科由先前的兩大科分離出來，「應用化學科」下分「製造」、「釀造」、「色染」等分科。這是臺灣化工教育史上最早正式設立屬化學工程（應用化學）領域的專業職業教育學制。1918年原校址成立臺灣總督府工業學校，以日籍學生就讀為主。1919年工業講習所改稱為臺灣公立臺北工業學校，1921年將臺灣公立臺北工業學校（臺籍學生就讀）更名為「臺北州立臺北第二工業學校」，原臺灣總督府工業學校（日籍學生就讀）則改名為「臺北州立臺北第一工業學校」，但二者仍在同一校舍上課。隨後1923年「臺北第一工業學校」及「臺北第二工業學校」合併，改稱為「臺北州立臺北工業學校」，分為五年制本科生和三年制專修科。五年制招收小學校（日本學生為主的小學）畢業生和公學校（臺灣學生為主的小學）畢業生，亦招收高等科（高於小學，相當於初中）一年級和二年級生入學。國民政府統治臺灣之後，臺北州立臺北工業學校在1945年（民國34年）改為臺灣省立臺北工業職業學校，1948年再改制為臺灣省立臺北工業專科學校（臺北工專），後來因應產業發展需求在1994年升格為臺

1980年臺灣工業技術學院化工系
第一屆畢業生合照。

1997年臺灣工業技術學院與哥斯大黎加簽訂
學術合作協定，首創臺灣技職教育輸出國外
(左三為劉清田校長)。

1981年臺灣工業技術學院第三任校長石延平
(化工系教授)就職致詞。

2005年日本東工大校長相澤益男
參訪臺灣科技大學化工系黃延吉教授實驗室。

1983年臺灣工業技術學院
石延平校長頒授博士學位證書。

2012年臺灣科技大學化工系生物分子實驗室。

北技術學院，1997年（民國86年）擴充改制為現今的國立臺北科技大學（http:// www.ntut.edu.tw/）（楊麗祝和鄭麗玲，2008）。

事實上，從1931年到1945年之間，這18年是臺灣工業職業教育發展關鍵的年代，在這個時期所成立的學校計有：1931年的總督府臺南高等工業學校（現今成功大學）、1938年的臺中州立臺中工業學校（現今臺中高工）、1940年的花蓮港廳立花蓮港工業學校（花蓮高工）、1941年的臺南州立臺南工業學校（現今臺南高工）、1942年的高雄州立高雄工業學校（現今高雄高工）、1943年的臺北帝國大學工學部（現今臺灣大學工學院）、1944年的嘉義、彰化、新竹工業學校（現今嘉義高工、彰化附工、新竹高工）。這些學校大部份創校之初即設有屬化工領域的科系，從工業學校、高等工業學校到帝國大學工學部，由基礎的中等職業學校，進而到高階的專科，最後到大學教育，嚴然已建構成完整的化工教育培育人才系統，這一時期所創設的學校和先前的臺北工業學校對日後臺灣的化學工程教育扮演舉足輕重的角色。

時間序在1945-1949年，臺灣有大學和學院共四所（即為：國立臺灣大學、臺灣省立師範學院、臺灣省立工學院及臺灣省立農學院，其中後三所係由專科改制而成），專科則僅有臺北工專一所。1953-1960年，臺灣開始實施第一、第二期經濟建設計畫，發展進口替代及擴張出口的輕工業，對專業人才的需求逐漸增加，因此，大學及專科學校校數逐漸增加，至1960年臺灣有大學11所、專科10所，增加的大學，大多以在臺復校方式設立。至於專科學校，公立部分增設海事、農業、護理、師範、藝術各1所，私立則增設英專、家專、工專、商專、牙專、新聞專科各1所（陳舜芬，1993）。進入1960年代之後，產業界對專科畢業的人才開始有需求，高等教育政策改變為：全面開放專科教育的發展，而對大學的發展，採取較嚴格的規範。1962年，教育部公佈暫緩設置公立大學，並提出發展五年制專科學校之計畫，除鼓勵私人興學外，也計畫將部份職業學校改制為五年制專科學校。1965年教育部公布「五年制專校設置暫行辦法」，五年制專科學校在1960年代大量擴增，由於品質未能有效的管控，社會各界指責頗多，因此在1967年教育部宣布暫停設立五專。

另為解決過剩高中畢業生問題，在政策上改為推動二年制專科學校，1968年教育部核准設置二年制專科學校。同年，公私立專科學校試辦「二年制實用技藝部辦法」、「公私營企業機構設立二年制實用技藝專科學校申請須知」公佈實施，原已設置之二、三年制專科學校可增設二年制實用技藝部，培育具有實用技藝之技術人員，而企業界所設立之二年制實用技藝專科學校，以建教合作方式招收高中職畢業生，或由企業界保送員工就學，不僅進一步增加高中職畢業生就讀大專機會，同時更進一步配合產業界對人才的需求。在1968年教育部也成立「專科職業教育司」，推動專科職業教育發展，後來在1973年教育部專科職業教育司改名為「技術及職業教育司」。

第三節　技術學院

一、演進

早期的臺灣大專教育採取合流制度，在1960年代，專科日間部（主要為三年制）與大學合併招生，考試科目相同，但同時卻限制高職畢業生報考同性質類科的大專校院。1967年，教育部「教育發展工作小組」提出高等教育改革原則，建議高等教育應致力於「大」、「專」分流，大學從事高深科學的基礎教育，而專科為職業的深造教育。1970年第五屆「全國教育會議」召開，再度決議大專採平行分軌制（楊朝祥，2007）。之後，同年，停止大學附設專科部，1973年，專科學校改為招收高職畢業生為主。1974年，第一所技術學院（臺灣工業技術學院）成立，技職教育之一貫體系（高職 — 專科 — 技術學院）終於成型。1974年臺灣創辦第一所技術學院 — 臺灣工業技術學院，在高等技職教育發展史上是重要的里程碑。教育部在1989年，廢除行之多年之三專（三年制專科）學制，原有三年制專科學校改為技術學院或普通學院，終於普通教育體系和技職教育體制分道揚鑣，各自建構完整獨立的教育系統。

1974-1997年，在臺灣技職教育與普通教育可謂「涇渭分明」，自成一貫體制（楊朝祥，2007），職業學校的畢業生主要升學二專、技術學院（1998年之後增加科技大學）為主，在當時五專畢業生如欲進修，二年制技術學院是主要選擇。

臺灣第一所技術學院的設立乃肇因於：五十年代後期，國內產業結構由勞力密集漸漸轉向技術密集，政府有關人力規劃部門，擬因應國家建設與經濟發展的人才需求，提供就業市場需要的高層次技術人力，所以就有籌設技術學院的倡議。1970年舉行第五次全國教育會議的時候，對籌設技術學院一事，正式提出討論。教育部於1971年成立教育計畫小組研擬計畫，在1973年初成立技術學院籌備小組，同年十二月成立國立臺灣工業技術學院籌備處，1974年8月1日國立臺灣工業技術學院正式成立。

當初規劃技術學院的時候，有許多關心技職教育的人，認為技術學院是時代的產物，它的任務是培育國家經濟發展所需的高層次技術人力，所以希望新成立的國立臺灣工業技術學院其教育目標，應與普通大學的工學院有所不同。這雖然是當時參與規劃人員和諮議委員的共識，然而究竟要怎樣辦理，才能使工業技術學院與一般大學的工學院有所不同，終究很難有一致性的結論（劉清田，1994）。

辦理第一所工業技術學院，政策上曾有三項決定（劉清田，1994）：

第一：為完成技術及職業教育一貫體系，招生對象限於專科學校畢業生和高級職業學校畢業生，前者入學後修業二年，後者入學後修業四年，二者修業期滿成績及格，均授予學士學位。第一年先招收專科學校畢業生，報考者須服畢兵役（或無常備兵役義務），且須具備一年以上相關工作經驗，招生考試分二次辦理，第一次為保送甄試，報考者由企業界薦送；第二次為公開招考。企業界薦送員工報考技術學院，為培育技術人才的投資，原本是個很好的構想，對促進產業升級，相當有助益，惟業界有若干實際上的困難不易克服，以致薦送在職人員報考技術學院並不踴躍，因而僅實施一年，即告停辦。

第二：臺灣工業技術學院既然是配合國家經濟發展所設立，期望能發揮它的既定教育功能，因此課程設計就必須配合時代的發展、社會的變遷以及學生的需要，所以當時所規劃的實習和實驗的課程較多，使學理與實務能夠兼顧，以達到教育目標。

第三：技術學院的教學特別強調理論與實務並重，企業界有許多極具經驗的技術專家，若能敦聘到技術學院擔任教學工作是非常適宜的。大學教師有其資格審查的規定，然多數的技術專家都難符合教師任用資格審查的規定，以致原先的構想很好，但實行卻有困難。

二、化工系所設立

臺灣工業技術學院成立的第一年，只設立工業管理技術系及電子工程技術系，第二年增設機械工程技術系、紡織工程技術系（1978年改名為纖維工程技術系）及營建工程技術系，前兩年各系只招收專科學校畢業生。至1976年，除工業管理技術系之外，其餘各系招收專科畢業生和高職畢業生。因為招收高職畢業生與二年制專科學校招生對象相同，故報考資格並未加以特殊規定，至此臺灣工業技術學院有兩種學制，即二年制和四年制。到1978年，增設化學工程技術系及電機工程技術系（兩系二年制和四年制各一班）。1979年，臺灣工業技術學院成立工程技術研究所，其下依大學部各系的名稱分為七個學程（內含化學工程），招收碩士班研究生，1983年開始招收博士班研究生（內含化學工程），研究生於修滿所需學分並經相關考試，論文審核及格後，分別授以碩士或博士學位。直到1992年化學工程研究所碩士班與博士班從工程技術研究所獨立出來。碩士班及博士班的研究生報考資格，除須具備教育部所訂各大學校院研究所研究生應試資格外，仍有服畢兵役退伍（或無常備兵役義務）及一年以上工作經驗的限制。技術學院成立研究所，其宗旨為：(1). 培養高級工程及管理人才，並提供在職工程技術人員進修。(2). 協助培養專科學校專業科目師資，及提供在職教師進修。其教學與研究，強調注重工程實務的研練，研究論文亦強調以解決實際工程技術問題為重點。

綜觀臺灣整個技職教育發展（包含技職化工教育）從1912年臺北工業講習所的成立，演進到1983年臺灣工業技術學院成立工程技術研究所博士班成立，至此臺灣的技職教育體系與普通教育體系，在層次上完全一致了，目前國內的學制請參見圖2（圖2：現行學制），圖中示意說明我國的現行學制。

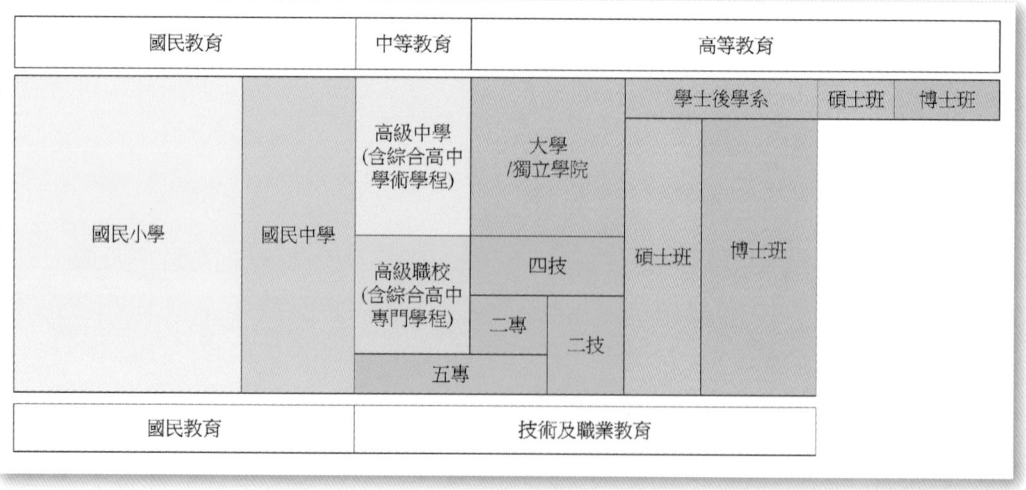

國民教育
中等教育
高等教育
國民小學
國民中學
高級中學(含綜合高中學術學程)
大學/獨立學院
學士後學系
碩士班
博士班
高級職校(含綜合高中專門學程)
四技
二專
二技
五專
碩士班
博士班
國民教育
技術及職業教育

圖2：現行學制

三、其他技術學院化工相關系所設立

74學年度（1984年）國立海洋大學奉准成立航海技術系及輪機工程技術系，並於76學年度成立航海技術研究所。自此，辦理技術學院教育的學校，除國立臺灣工業技術學院外，另增加一所學校。

國立雲林技術學院，於80學年（1991年度）正式成立，第一年先招收四年制學生，與臺灣工業技術學院一同參加四技二專的聯合招生，次年開始招收二年制學生，與臺灣工業技術學院、屏東技術學院及海洋大學的三個技術系，共同辦理聯合招生。之後82學年度成立研究所，招收碩士班研究生。在82學年度時該校大學部有機械工程技術系、電機工程技術系、電子工程技術系、工業設計技術系、商業設計技術系、空間設計技術系、工業管理技術系、企業管理技術系、資訊管理技術系、環境及安全技術系。研究所則有機械工程技術研究所、工業工程及管理技術研究所、企業管理技術研究所。化學工程系則遲至83學年度才成立，首先招收二年制學生，87學年度再成立工業化學與災害防治研究所碩士班，88學年度招收四年制學生，92學年工業化學與災害防治研究所改名為化學工程系碩士班，並且成立博士班。96學年改名為化學工程與材料工程系和其碩士班、博士班（http://www.yuntech.edu.tw/）。

國立屏東技術學院是由原屏東農業專科學校改制而成，於80學年度(1991年)同時開始招收四年制及二年制學生，四年制參加四技二專聯合招生，二年制於第一年是單獨招生，81學年度起則參加二技聯招。82學年度成立研究所，招收碩士班研究生。在82學年度該校大學部有機械工程技術系、土木工程技術系、資源保育技術系、食品技術系、林產加工技術系、農業經營技術系、資訊管理技術系、農園生產技術系、森林資源技術系、植物保護技術系、水產養殖技術系、畜牧生產技術系、獸醫學系、環境保護技術系、生活應用科學技術系。研究所則有環境工程技術研究所、機械工程技術研究所、土木工程技術研究所。與化工相關的系所食品技術系在民國87年起改名食品科學系，89年起成立博士班與碩士在職專班（http://www.npic.edu.tw/）。

國立臺北工專則在民國83年（1994年）8月改制升格為國立臺北技術學院，當時設有二年制的機械工程、電機工程、化學工程、材料及資源工程、土木工程、電子工程和工業工程等七個學系，招收專科畢業

雲林技術學院舊校園。

雲林技術學院化工系館。

雲林技術學院化工系第一屆二技畢業生。(1996年)

雲林技術學院化工系單操實驗室。

生，四年制則有機械工程、電機工程、化學工程、材料及資源工程、土木工程、紡織工程、電子工程、工業工程、工業設計、建築設計等十個學系，招收高中及高職畢業生。化學工程相關的研究所則到臺北技術學院改名為臺北科技大學之後才設立（http://www.ntut.edu.tw）。

其他技術學院的設立計有；在民國83年（1994年），當時另外有國立臺北護專亦改制為國立臺北護理學院，成為國內第一所獨立的護理學院，臺北護專原有之三專及二專學制同時停止招生。國立高雄技術學院則在82年成立籌備處，於84學年度招生，在民國86年始成立環境與安全衛生工程系，首屆招收四技部一般生。私立朝陽技術學院核准自83學年開始招生，成為國內第一所成立之私立技術學院，民國84年成立應用化學系四年制與應用化學研究所碩士班。其中高雄技術學院的環境與安全衛生工程系和朝陽技術學院的應用化學系是與化學工程有相關聯的系所。

民國86年由專科學校改制而成的技術學院，有國立高雄海洋技術學院、國立高雄科學技術學院、國立虎尾技術學院、國立嘉義技術學院、輔英技術學院、崑山技術學院、臺南女子技術學院、明新技術學院、弘光技術學院和大華技術學院。其中臺南女子技術學院，是首間專收女性之技術學院。這些改制成立的技術學院，設有與化學工程學門相關聯之系所，計有國立高雄海洋技術學院、國立高雄科學技術學院、輔英技術學院、崑山技術學院、明新技術學院、弘光技術學院和大華技術學院。

在1990年代，教育部對技職教育最重要的政策是增設技術學院和績優專科學校改制為技術學院，83學年度是重要的啟始點，當時的臺灣工業技術學院、雲林技術學院和臺北技術學院的化學工程技術系首度聯合招生。當時奉教育部核准招生與化學工程有相關聯系所之資料，請參考表4 [83學年度各校與化工相關大學部招生之班數及其開始招生之學年度] 及表5 [83學年度與化工相關研究所招生之人數及其開始招生之學年度]。各校大學部招生之班數及其開始招生之學年列於表4，研究所部份則列於表5。民國100年與最近110年科技大學與技術學院化工學門相關系所的教師人數、大學部學生人數和研究所學生人數如表6 [100年與110年科技大學與技術學院化工相關系所教師人數和學生人數] 所示。從表6可見，100年化工領域仍然有7所技術學院，到110年則完成改名為科技大學或停止招生（永達技術學院與東方設計學院）。

四、入學考試

1979年行政院核定的「工職教育改進計畫」，其中規定工業技術學院四年制和二年制的專科學校，限招收已服兵役及具有一年以上工作經驗的高職畢業生，同時又規定工業技術學院自69學年度起實施，二年制專科學校則定70學年度實施。政策的修定，使得68學年度的高職應屆畢業生，在當年便不能報考工業技術學院，從此之後報考工業技術學院四年制的考生人數驟減，致使臺灣工業技術學院四年制各系於民國72年開始全面停止招生。化學工程系四年制亦於民國72年停止招生。

表4：83學年度各校與化工相關大學部招生之班數及其開始招生之學年度

校名	大學部系名	招生班數				開始招生學年度			
		二技一般	二技在職	四技一般	四技在職	二技一般	二技在職	四技一般	四技在職
臺灣工業技術學院	化學工程技術系	3	0	1	0	67		67	
臺灣工業技術學院	纖維工程技術系	2	0	1	0	64		65	
雲林技術學院	化學工程技術系	1	0	0	0	83			
屏東技術學院	食品技術系	1	1	1	1	81	81	81	81
臺北技術學院	化學工程技術系	1	0	2	0	83		83	

表5：83學年度與化工相關研究所招生之人數及其開始招生之學年度

校名	研究所名	招生名額		開始招生學年度	
		碩士	博士	碩士	博士
臺灣工業技術學院	化學工程技術	63	14	68	72
臺灣工業技術學院	纖維及高分子工程技術	45	6	68	75

表6：100年與110年科技大學與技術學院化工學門相關系所教師人數和學生人數

編號	科技大學	大學部	教師人數	學生人數		研究所	學生人數	
100年科技大學與技術學院化工學門相關系所教師人數和學生人數								
化學工程領域								
				二技	四技		碩士	博士
1	臺北科技大學	化學工程與生物科技系	23	116(夜)	524	化學工程研究所	107 28(職)	11
	臺北科技大學					生物科技研究所	52	
2	臺灣科技大學	化學工程系	34	21	415	化學工程研究所	205	79
	臺灣科技大學	材料科學與工程系	28		408	材料科學與工程學研究所	136	63
3	明志科技大學	化學工程系	25		384	化學工程研究所	61	
	明志科技大學					生化工程研究所	33	
	明志科技大學	環境與安全衛生工程系	11	1(夜)	188	環境與資源工程研究所	33	
	明志科技大學	材料工程系	12	1(夜)	209 30(夜)	材料工程研究所	44	
4	萬能科技大學	化工與材料工程系	9		72 73(夜)			
5	龍華科技大學	化工與材料工程系	10		421			
6	明新科技大學	化工與材料科技系	22		419 110(夜)	化工與材料科技研究所	52 26(職)	
7	勤益科技大學	化工與材料工程系	22	33(夜)	582 152(夜)	化工與材料工程研究所	45 15(職)	
8	修平科技大學	化學工程系	15		281 34(夜)			
9	朝陽科技大學	應用化學系	13		415	應用化學研究所	44 24(職)	16

續表6：100年與110年科技大學與技術學院化工學門相關系所教師人數和學生人數

100年科技大學與技術學院化工學門相關系所教師人數和學生人數								
化學工程領域								
編號	科技大學	大學部	教師人數	學生人數		研究所	學生人數	
				二技	四技		碩士	博士
10	弘光科技大學	環境與安全衛生工程系	23		496 325(夜)			
11	吳鳳科技大學	化學工程系	4		18 12(夜)			
12	雲林科技大學	化工與材料工程系	15	1	458	化工與材料工程學研究所	91	11
13	南臺科技大學	化工與材料工程系	19		438		43	
14	崑山科技大學	材料工程系	14		174 66(夜)		16 18(職)	
15	遠東科技大學	材料科學與工程系	14		214	材料科學與工程研究所	18	
16	高雄應用科技大學	化工與材料工程系	27	41	421 176(夜)	化工與材料工程研究所	97 74(職)	
17	高雄第一科技大學	環境與安全衛生工程系	20		381	環境與安全衛生工程研究所	65 86(職)	
18	高苑科技大學	化工與生化工程系	13		168	化工與生化工程系研究所	27 8(職)	
19	輔英科技大學	應用化學與材料科學系	15		147 101(夜)			
20	正修科技大學	化工與材料工程系	23		318 49(夜)	化工與材料工程研究所	23	

續表6：100年與110年科技大學與技術學院化工學門相關系所教師人數和學生人數

100年科技大學與技術學院化工學門相關系所教師人數和學生人數								
化學工程領域								
編號	技術學院	大學部	教師人數	學生人數		研究所	學生人數	
				二技	四技		碩士	博士
1	北臺技術學院	化工與材料工程系	3		34			
2	華夏技術學院	化學工程系	4		24			
3	亞東技術學院	材料與纖維系	11		336 46(夜)			
4	黎明技術學院	化工與材料工程系	9		110 67(夜)			
5	大華技術學院	化工與材料工程系	13		183 44(夜)			
6	東方設計學院	化工與材料工程系	1		20			
7	永達技術學院	生物科技系	10		54			
食品工程領域								
編號	科技大學	大學部	教師人數	學生人數		研究所	學生人數	
				二技	四技		碩士	博士
1	元培科技大學	食品科學系	13		363 147		20	
2	中臺科技大學	食品科技系	15		420 332 (夜)	食品科學研究所	13	
3	中華醫事科技大學	食品營養系	45	181 44 (夜)	581 178 (夜)			
4	屏東科技大學	食品科學系	16	2	392 239 (夜)	食品科技研究所	74 2(職)	27

備註：1. 化工學門相關系所名單係參考國科會化工暨食品學門(100年版)
2. 統計數據參考教育部最新100學年度(SY2011-2012)大專校院各校科系別概況資料
3. (夜)代表夜間部，(職)代表在職進修班

續表6：100年與110年科技大學與技術學院化工學門相關系所教師人數和學生人數

110年科技大學與技術學院化工學門相關系所教師人數和學生人數								
化學工程領域								
編號	科技大學	大學部	教師人數	學生人數/班數		研究所	學生人數/班數	
				二技	四技		碩士	博士
1	臺北科技大學	化學工程與生物科技系	30	1	529	化學工程與生物科技研究所	209 31(職)	40
2	臺灣科技大學	化學工程系	34		441	化學工程研究所	288	65
	臺灣科技大學	材料科學與工程系	28		392	材料科學與工程學研究所	186	88
3	明志科技大學	化學工程系	20		422	化學工程研究所	84	
4	萬能科技大學	化妝品應用與管理系	17	94(修)	329 258 (修)	化妝品應用與管理研究所	42 20(職)	
5	龍華科技大學	化工與材料工程系	12		370	化工與材料工程研究所	35	
6	明新科技大學	化工與材料科技系	10		308	化工與材料科技研究所	26 11(職)	
7	勤益科技大學	化工與材料工程系	21		590 253 (修)	化工與材料工程研究所	44 7(職)	
8	朝陽科技大學	應用化學系	12		291	應用化學研究所	13 5(職)	16
9	弘光科技大學	環境與安全衛生工程系	19		440 344 (修)			
10	雲林科技大學	化工與材料工程系	18		433	化工與材料工程學研究所	110	5
11	南臺科技大學	化工與材料工程系	14		409	化工與材料工程研究所	37	
12	崑山科技大學	材料工程系	9		157 20(修)	材料工程研究所	4	

續表6：100年與110年科技大學與技術學院化工學門相關系所教師人數和學生人數

編號	科技大學	大學部	教師人數	學生人數/班數 二技	學生人數/班數 四技	研究所	學生人數/班數 碩士	學生人數/班數 博士
13	國立高雄科技大學	化工與材料工程系	26		493 171 (修)	化工與材料工程研究所	107 79(職)	13
	國立高雄科技大學	環境與安全衛生工程系	21	1	458	環境與安全衛生工程研究所	77 91(職)	
14	高苑科技大學	香妝與養生保健系	9		56 21 (修)	香妝與養生保健研究所	16	
15	輔英科技大學	應用化學與材料科學系	9		134			

食品工程領域								
編號	科技大學	大學部	教師人數	學生人數/班數		研究所	學生人數/班數	
				二技	四技		碩士	博士
1	中華科技大學	食品科學系	7		129			
2	元培醫事科技大學	食品科學系	7		129			
3	中臺科技大學	食品科技系	17		448 231 (修)	食品科技研究所	9	
4	弘光科技大學	食品科技系	17		506 463 (修)	食品科技研究所	17 16(職)	
5	中州科技大學	保健食品系	9	28(修)	55 46 (修)	保健食品研究所	2 8(職)	
6	嘉南藥理大學	食品科技系	20		602 44 (修)			
7	國立高雄科技大學	水產食品科學系	17		454 166 (修)	水產食品科學研究所	33 26(職)	
8	大仁科技大學	食品科學系	7	15(修)	29			
9	國立屏東科技大學	食品科學系	22		442 168 (修)	食品科學研究所	85 6(職)	16

備註：1. 化工系與化工相關系所名單係參考國科會化工暨食品學門(110年版)
2. 統計數據參考教育部最新110學年度(SY2021-2022)大專校院各校科系別概況資料
3. (修)代表進修部，(職)代表在職進修班在69學年度（1980年）以前，臺灣工業技術學院二年制機械、電子及電機三系的入學考試，除與其他各系同樣考共同科目和專業科目及術科筆試外，還考術科實作，四年制各系在術科方面則僅考術科筆試，術科成績單獨訂定標單，未達標準者不予錄取。當時化學工程系二年制與四年制的入學考試科目為：共同科目、專業科目和術科筆試。二年制的共同科目為：微積分、國文、英文；專業科目為：單元操作、物理化學；術科筆試為：化學工程主要的術科專業知能包含化學工業程序、單元操作、物理化學、有機化學、分析化學等內容。四年制的共同科目為：數學、國文與英文；專業科目為：化工（ 基礎化工、化工裝置）、化學（普通化學、分析化學、有機化學）；術科筆試為：化學工程主要的術科專業知能包含：普通化學、分析化學、有機化學、基礎化工、化工裝置等內容。

72學年度（1983年），工業技術學院發展工程在職人員進修教育，凡專科學校畢業服畢兵役退伍（或無常備兵役義務），具一年以上工作經驗的工程在職人員，均可報考，每學年分上、下學期及暑期上課（在晚間上課），修業年限三年，可延長至六年，學生修業期滿成績及格，亦授予學士學位。工業技術學院的工程在職人員進修，雖是在晚間上課，但是與一般大學的夜間部並不相同，它有主管機關核撥的員額和預算，學生繳納的學雜費，學生的畢業證書，除院長署名外，勿需他人副署。由於臺灣北部地區化學工廠從業人員較少，臺灣工業技術學院化學工程系從72學年度迄今（2023年）並沒有辦理工程在職人員進修教育。

在1986年與1988年，臺灣工業技術學院的報考資格，分別取消工作經驗和服畢兵役退伍的限制，並自1988年起恢復招收四年制學生。當時的臺灣工業技術學院（包括四年制、二年制、研究所碩士班及博士班），除工程在職人員進修外，應屆畢業生都可報考，四年制因招收的學生與二年制專科學校招收對象相同，故辦理聯合招生。化學工程系四年制學制亦參加聯合招生。歷經數年的技職校院升學管道改革，終於採取多元入學方式，因技術學院與科技大學都屬於大學等級，因此升學管道相同，完整說明技專校院多元入學請參考科技大學部份。

臺灣工業技術學院取消工作經驗的限制條件之後，為了因應轉變，在課程方面進行調整，主要是在四年制與二年制課程上設計一門「實務專題」，讓學生在畢業之前必須修習。由系上每位專業老師設定幾個專題題目並集中公布，然後學生可依興趣或未來工作需要選取題目，學生亦可自擬專題題目，經指導教師同意後執行。學生修習實務專題，依規定的時間週期必須向指導教師提出報告。學期結束時，除須有書面報告之外，還須提出研究成果，由指導教授評分或系內全體教師評審，或甚至陳列出來，邀請企業界來校參觀。此一措施，不僅同學興趣極高，而且對於畢業生的就業問題，也有很大的幫助（劉清田，1994）。臺灣工業技術學院（1997年改名為臺灣科技大學）化學工程系課程中「實務專題」列為必修一年的課程，迄今（2023年），臺灣科技大學化學工程系仍將「實務專題」列為必修課程（安排於大三上、下學期進行，https://ch.ntust.edu.tw）。

五、課程

當時臺灣工業技術學院是國內唯一的技術學院（1974年至1991年），而化學工程技術系也是國內唯一的技職化工系所，因此對化工課程的規劃與設計極具艱難和挑戰，尤其是二年制的課程更是艱辛，因國內、外沒有前例可循，四年制課程還好有一般大學的化工系課程可以供參考。當時技術學院課程制度採用學年學分制，大學部四年制至少須修滿128學分；二年制至少須修滿72學分。當時課程的規劃與設計必須考慮下列三點：（一）要符合學校的教育目標；（二）如何能夠與高職、專科的課程銜接；（三）要表現出當時臺灣工業技術學院化學工程技術系發展的特色。因此國內第一套技職教育體系的化工系四年制與二年制課程，由當時的臺灣工業技術學院第一任化工系系主任劉清田教授主導規劃，並徵詢當時的化工界學者與產業界耆老，課程規劃重點為：承接高職與專科的課程延續、考量整體臺灣工業技術學的培育人才目標以及符合當時化工系擬發展的三個方向：高分子合成與應用、化工程序控制工程、化工程序裝置設計。課程內容歷經多次系務會議討論與修訂，在民國67年（1978年）第3次系務會議通過的四年制與二年制課程架構流程表中（見表7：67學年度臺灣工業技術學院化學工程系二年制課程流程架構，表8: 67學年度臺灣工業技術學院學院化學工程系四年制課程流程架構），除化工重要的核心課目之外，即規劃三條系列連續選修課程：高分子合成與應用系列（課目有：高分子化學(一)、高分子化學(二)、高分子實習、儀器分析等）、化工程序控制工程系列（課目有：電子學概論、電子學實驗、微算機應用、控制系統設計等）、化工程序裝置設計系列（課目有：化工材料與材料力學、機械概論、化工裝置設計(一)、化工裝置設計(二)等），讓學生必須在三條系列連續選修課程中至少擇一條系列連續選修課程，完整選修完畢一條系列的課程。另外當時規劃所有學生（包含四年制與二年制）都必修一學期的「專題研究」，讓學生瞭解研究進行的方法與步驟，期望將來不管學生繼續進修研究所或擔任產業界高級工程職位，都應該能學以致用，後來這門課演化成為「實務專題」（上、下兩學期），變成高等技職教育的特色課程，許多科技大學和技術學院將此課程列為必修。這種課程規劃在當時是一種創舉。

表 7：67學年度臺灣工業技術學院化學工程系二年制課程流程架構

化二三		化二四	
上學期	下學期	上學期	下學期
○ 國　文 (2)			
○ 英　文 (2)		○ 工業技術概論 (2)	○ 科學概論 (2)
○ 中國通史 (2)	○ 中國通史 (2)	○ 中國現代史 (2)	
○ 工程數學 (3)	化工數學 (3)		工業管理 (3)
	計算機概論 (3)	微算機應用 (3)	
電子學概論 (3)	電子學實驗 (1)		
	電機概論 (3)	工業儀表 (3)	
	○ 程序控制 (3)		控制系統設計 (3)
化工材料與材料力學 (3)			
機械 概論 (3)	化工裝置設計 (一) (3)	化工裝置設計(二) (3)	
○ 單元操作 (一) (3)	○ 單元操作 (二) (3)		輸送現象 (3)
○ 化工熱力 (3)	○ 化工動力 (3)	○ 程序設計 (3)	
	化工製造程序 (3)	○ 化學工程實習 (3)	○ 化學工程實習 (3)
		○ 化工製造實習 (3)	○ 化工製造實習 (3)
		電化學 (3)	
		石油化學 (一) (3)	石油化學 (二) (3)
○ 物理化學 (3)	○ 儀器分析 (3)		
高分子化學(一) (3)	高分子化學(二) (3)	高分子實習 (1)	
		○ 專題討論 (0)	○ 專題討論 (0)
			○ 專題研究 (2)

○：必修　　67年化工系第三次系務會議

表8：67學年度臺灣工業技術學院學院化學工程系四年制課程流程架構

第一學年		第二學年		第三學年		第四學年	
上	下	上	下	上	下	上	下
○ 國文 (3)	○ 國文 (3)	○ 國文 (3)					
○ 英文 (3)	○ 英文 (3)			○ 英文 (3)			
		○ 中國通史 (2)	○中國通史 (2)	○ 中國現代史 (2)	○ 國父思想 (2)	○ 國父思想 (2)	
					○ 工業技術概論 (2)	○ 科學概論 (2)	
○ 微積分 (4)	○ 微積分 (4)	○ 工程數學 (3)	○ 工程數學 (3)		化工數學 (3)		工業管理 (3)
○ 物理 (3)	○ 物理 (3)						
○ 物理實驗 (1)	○ 物理實驗 (1)						
○ 工廠實習 (1)					電子學實驗 (1)		
	計算機概論 (3)			電子學概論 (3)	電機概論 (3)	微算機應用(3)	
					○ 程序控制 (3)	工業儀表 (3)	控制系統設計 (3)
○ 圖學 (3)		應用力學 (3)	化工材料與材料力學 (3)	機械概論 (3)	化工裝置設計 (一) (3)	化工裝置設計 (二) (3)	
○ 化工概論 (3)			○ 單元操作 (1)	○ 單元操作 (2)	○ 單元操作 (3)		輸送現象 (3)
		化工製造程序 (3)	○質能平衡 (3)	○ 化工熱力 (3)	○化工動力 (3)		○ 程序設計 (3)
					○化工實習 (1)	○ 化工實習(1)	
					○化工製造實習 (1)	○ 化工製造實習 (1)	
			石油化學 (3)	石油化學 (3)		電化學 (3)	腐蝕工程 (3)
		○ 有機化學 (3)	○ 有機實驗 (1)				
		○ 物理化學 (3)	○ 物理化學 (3)	○ 物化實驗 (1)			
○ 化學 (3)	○ 化學實驗 (1)						
		分析化學 (3)	○ 儀器分析 (3)				
				高分子化學 (一) (3)	高分子化學 (二) (3)	高分子實習(1)	
						○ 專題討論 (0)	○ 專題討論 (0)
							○ 專題研究 (2)

○：必修　67年化工系第三次系務會議

後來1994年雲林技術學院化工系二年制和臺北技術學院化工系二年制和四年制也加入招生，在課程規劃哲學與課程實際安排上，大致參考臺灣工業技術學院化工系的課程，後來陸續由專科改制成立的技術學院亦參考之。

六、評鑑

在技職教育體系發展過程中，有兩個重要發展擴充期，即1960年代（民國五十年代）的專科學校擴充期和1990年代的增設技術學院和績優專科學校改制為技術學院擴充期和1998年之後的技術學院改名科技大學擴充期。第一階段的專科學校擴充期，從1963年至1972年新設五年制及二年制專科共有52校，而1996年到2007年，科技大學與技術學院共增加68校。由於學校量的擴增，難免引發質的疑慮，評鑑制度的建立與強化，在上述二個擴充期中，成為確保教學品質的重要策略之一（周明華，2009）。

1975年（民國64年），教育部為協助各專科學校提升辦學績效，督促改進並提供輔導建議，首度辦理專科學校評鑑，初期並未將評鑑目標明確訂出，也未指定或套用任何評鑑模式（周明華，2009）。75學年度起開始由專科學校評鑑採用CIPP評鑑模式，所謂CIPP是指由 D. L. Stufflebeam教授（Western Michigan University）所提出，其核心概念即背景評鑑（Context evaluation）、輸入評鑑（Input evaluation）、過程評鑑（Process evaluation）、產出評鑑（Product evaluation），強調評鑑最重要的目的不在證明而在改良，評鑑是一項工具用來促進成長。這個CIPP評鑑理論分別由背景、輸入、歷程與產出四大領域來尋求評鑑指標的評鑑模式，後來延續應用到技術學院和科技大學的評鑑。另外直到79學年度才將評鑑目標訂為「輔助提升專校教育的辦學績效，賦予評鑑達成品評優劣、發掘問題、導引方向、督促改進、及輔導建議之功能，而具有衡量、診斷、察考與諮議等性質」。當時由於專科學校的校數多、類別雜，故依據設置類別：工業類、商業類、醫護類（含醫技、藥學、護理）、其他類（含農業、海事、藝術、家政、語文、新聞等），分年辦理（周明華，2009）。專科學校評鑑初期均由教育部主管單位 — 技術及職業教育司聘請評鑑委員，自行承辦。至75學年度（1985年）起，由於人力有限，無法負擔龐雜的行政工作，遂委託當時的臺灣工業技術學院辦理，嗣後陸續分別委請雲林科技大學、屏東科技大學承辦。

表 9：84學年度臺灣工業技術學院化學工程系二年制課程流程架構

二化三		二化四	
上學期 16/22	下學期 16/22	上學期 9/22	下學期 9/22
○ 國文 (2)	○ 通識課程 (2)	○ 歷史類 (2)	○ 憲法與立國精神 (2)
○ 英文 (1)	○ 英文 (1)	語文類課程	
○ 輸送現象 (3)	○ 輸送現象 (3)		
○ 工程數學 (3)	● 程序控制 (3)	○ 程序設計 (3)	
○ 化工熱力學 (3)	○ 反應工程學 (3)		
● 化學技術實習 (1)	● 化學技術實習 (1)	● 化工實習 (1)	● 化工實習 (1)
	● 實務專題 (2)	● 實務專題 (2)	
		● 專題討論 (0)	● 專題討論 (0)
材料科學 (3)	材料表面技術 (3)	固態化學 (3)	陶瓷材料 (3)
電化學 (3)		腐蝕工程原理 (3)	
高分子化學 (3)	高分子物性與加工 (3)		
	生物化學 (3)		生物技術 (3)
		印刷電路板及封裝技術 (3)	半導体元件製造技術 (3)
環境科學 (3)	環境工程 (3)	工業污染防治實務 (3)	
化學原理 (3)	無機化學 (3)	有機反應機構 (3)	有機合成 (3)
儀器分析 (3)	有機光譜分析 (3)		界面化學 (3)
薄膜技術 (3)			工業觸媒 (3)
化工製造程序一 (3)	化工製造程序二 (3)	工廠管理實務 (2)	
	化工裝置設計一 (3)	化工裝置設計二 (3)	計劃工程 (3)
化工經濟 (3)	統計在工程上之應用 (3)	線上數據摘取與分析 (3)	
		工業儀錶 (3)	計算機程序控制 (3)
計算機程式與應用 (3)		數值方法 (3)	
	化工數學 (3)		
		應用熱力學 (3)	能源技術 (3)

○：部訂必修 ●：校訂必修 84年修訂

表10：84學年度臺灣工業技術學院化學工程系四年制課程流程架構

第一學年		第二學年		第三學年		第四學年	
上 22/25	下 22/25	上 16/22	下 16/22	上 16/22	下 16/22	上 9/22	下 9/22
○ 國文 (3)	○ 國文 (3)			○ 憲法與立國精神 (2)	○ 憲法與立國精神 (2)		
○ 英文 (3)	○ 英文 (3)	語文類課程					
		○ 歷史類 (2)	○ 歷史類 (2)				
		○ 通識課程 (2)	○ 通識課程 (2)	○ 通識課程 (2)	○ 通識課程 (2)		
○ 微積分 (4)	○微積分 (4)	○ 工程數學 (3)	○ 單元操作 (3)	○單元操作(3)	○ 單元操作 (3)		
○ 物理 (3)	○物理 (3)	○ 質能均衡 (3)			● 實務專題 (2)	● 實務專題 (2)	
○ 化學 (3)	○化學 (3)	○ 有機化學 (3)	○ 有機化學 (3)			專題討論 (0)	專題討論 (0)
		○ 物理化學 (3)	○ 物理化學 (3)	○ 化工熱力學 (3)	○反應工程 (3)		
				● 儀器分析 (3)			
					●程序控制 (3)	○程序設計 (3)	
		工程力學 (3)	電工學 (3)			輸送程序 (3)	
				材料科學 (3)	材料表面技術 (3)	固態化學 (3)	陶瓷材料 (3)
				電化學(3)		腐蝕工程原理 (3)	
				高分子化學 (3)	高分子物性與加工 (3)		
					生物化學 (3)		生物技術 (3)
						印刷電路板及封裝技術 (3)	半導體元件製造技術 (3)
				環境科學 (3)	環境工程 (3)	工業污染防治實務 (3)	
				化學原理 (3)	無機化學 (3)	有機反應機構 (3)	有機合成 (3)
					有機光譜分析 (3)		界面化學 (3)
				薄模技術 (3)			工業觸媒 (3)
				化工製造程序 (3)	化工製造程序 (3)	工廠管理實務 (2)	
					化工裝置設計 (3)	化工裝置設計 (3)	計劃工程 (3)
				化工經濟 (3)	統計在工程上之應用 (3)	線上數據摘取與分析 (3)	
						工業儀錶 (3)	計算機程序控制 (3)
計算機概論 (3)	計算機語言 (3)			計算機程式與應用 (3)		數值方法 (3)	
			工程數學二 (3)		化工數學 (3)		
						應用熱力學 (3)	能源技術 (3)
● 物理實習 (1)	● 物理實習 (1)	● 化學技術實習 (1)	● 化學技術實習 (1)	●化學技術實習 (1)	● 化學技術實習 (1)	● 化學工程實習 (1)	● 化學工程實習 (1)
● 化學實習 (1)	● 化學實習 (1)						

○：部訂必修 ●：校訂必修 84年修訂

技術學院的評鑑則承襲專科學校評鑑的基礎，從1989年開始，初由臺灣工業技術學院辦理，91學年度（2002年）起由國立雲林科技大學接續辦理，99學年度（2010年）起由社團法人臺灣評鑑協會持續辦理。基本上技術學院的評鑑工作是每四年為一週期，91學年度到94學年度、95學年度到98學年度各為一個週期，但自98學年度開始評鑑週期調整為五年輪評一次，技術學院99學年度到103學年度為一個週期（高教技職簡訊，2011a）。技術學院的評鑑也歷經多次改進，90學年度起技術學院評鑑與專科學校評鑑表冊重新規劃設計，91學年度起並廣泛利用資訊系統，提供全國量化性資訊，評鑑方式以「校」為受評單位，採全面性評鑑方式，跨學制之所有系科及單位皆同時受評，其中設立未滿二年之系所則進行訪視，從開始技術學院評鑑至103學年度為止，所有評鑑結果是以「等第」呈現。但因為評鑑方式之設計往往能引導技專校院往發展特色之方向前進，「認可制」正符合此一重視大學特色發展與自我管理的方向，規劃於2014年實施（高教技職簡訊，2011b），即自新週期的科技校院綜合評鑑全面改採「認可制」評鑑（科技大學103-107學年度、技術學院104-108學年度）。化學工程系和化工領域相關的系所屬於化工組歸類於工業類科。在技職教育體系裡評鑑結果是非常重要的成績，因評鑑結果作為審核公立校院年度預算及核算私立校院績效型獎補助款、調整系科班之參考依據。

至2011年，依據教育部技專校院評鑑的規劃有五種型態：綜合評鑑、專案評鑑、追蹤評鑑、諮詢輔導訪視和改制及改名後訪視。(1) 綜合評鑑屬於每四年為一周期（98學年度調整為五年一周期）的固定常態評鑑，綜合評鑑又分行政類與專業類；行政類主要係以學校行政組織為單位，審視全校行政工作之執行狀況，評鑑要項及權重包括綜合校務組（成績佔30%）、行政支援組（含董事會、會計、人事、總務）（成績佔20%）、教務行政組（成績佔25%）、學務行政組（成績佔25%）。專業類係針對各專業系所評鑑，要項包括發展目標與策略辦法、師資與設備、教學品質與成效、研究與技術發展成果。係以系所為單位，深入瞭解教學實施情況與執行成果。化學工程系和化工領域相關的系所的評鑑屬於專業類。(2) 專案評鑑係針對單項評鑑項目或指定之評鑑項目辦理，例如學校擬改制、改名等須要評鑑成績，教育部接受學校申請辦理。(3) 追蹤評鑑乃是學校綜合評鑑或專案評鑑結果為三等以下，於評鑑結果公告後滿二年須依原評鑑類別及內容辦理後續評鑑，以瞭解學校改善情形。(4) 諮詢輔導訪視係指經評定為三等之系所，應於受評次年開始研擬改進計畫書，委員訪視時提出專業改進意見，診斷改進計畫是否可行，以協助受訪系所確實改善，訪視結果不評定等第。(5) 改制及改名後訪視係對改制或改名滿一年之學校進行訪視，藉以追蹤其後續發展，與綜合評鑑相似，但訪視內容不評定等第。

99學年度到103學年度週期的技術學院評鑑，在專業類評鑑指標權重為：(1) 系（所）務發展 10%，(2) 課程規劃 10%，(3) 師資結構與素養 10%， (4) 學生學習與輔導 15%，(5) 設備與圖書資源 10%，(6) 教學品保 15%， (7) 學生成就與發展 15%，(8) 產學合作與技術發展15%。專業類系所指標詳細參見表11（99-103學年度技術學院專業類系所指標）（技專校院評鑑資訊網，112）。改採「認可制」評鑑之後，其專業類系所評鑑指標如表12（103-108學年度科技校院系所評鑑指標）（技專校院評鑑資訊網，112）所示。

表11：99-103學年度技術學院專業類系所指標

壹、系（所）務發展	
評鑑指標	一、能依據學術專業的發展特性及社會環境需求，配合學校及學院之中長程發展目標，規劃其專業系所之願景與運作機制。 二、各項行政措施均能依據系務發展的規劃及達成，有效運作，並能顯現具體的成效。
評鑑參考要項	一、系所之發展目標與產業需求、未來趨勢、知識發展、技術進步的相關程度。 二、各種系（所）務發展相關委員會運作之情形。 三、系所經費、空間的充足度、來源、使用與分配辦法對系所研究與教學發展的助益程度。 四、系所重點發展之特色。 五、自我評鑑之相關辦法與規章、自我評鑑規劃、執行及後續追蹤機制。 六、系所對於提昇學生素質之具體策略。 七、針對前次評鑑（訪視）建議事項處理情形。
貳、課程規劃	
評鑑指標	一、能因應專業特性、社會及產業需求、以及學生特質，並且依據學生學習目標建立良好的課程規劃、運作及檢討機制。 二、課程結構與內容能夠符合知識結構層次、專業發展及人文關懷的特性，以培養學生專業實務能力、人文素養，並達成具體成效。

續表11：99-103學年度技術學院專業類系所指標

評鑑參考要項	一、課程規劃、運作及檢討機制能配合學生培育特色及目標，並兼顧產業需求及系科本位課程情形。 二、系所課程發展能明訂學生基本能力。 三、專業實務課程開設情形。 四、課程開設能滿足學生多元選擇之需求情形。 五、課程總學分數及各年制學分數之適切性。 六、針對前次評鑑（訪視）建議事項處理情形。
參、師資結構與素養	
評鑑指標	一、能因應發展願景與中長期計畫聘任合適之專業師資。 二、教師能於教學、學術研究、產學合作及專業服務上充分發揮其專業知能，並具良好的具體成果。
評鑑參考要項	一、師資學位、研究或技術領域配合學生培育目標、專業課程規劃與系所發展目標之關聯情形。 二、專任教師之博士師資比、實務師資比及助理教授以上師資比。 三、教師增、續聘與系所發展目標的配合性。 四、兼任教師實務經驗配合課程需要之情形。 五、提升教師實務專長之相關策略與績效。 六、系所各級師資升等情形。 七、針對前次評鑑（訪視）建議事項處理情形。
肆、學生學習與輔導	
評鑑指標	一、能具體規劃與整合相關資源，制訂有效協助學生學習之制度與策略。 二、能針對學生基本能力、專業能力、學習歷程制訂學生之生活、學習及就業輔導機制並具體落實。
評鑑參考要項	一、學生基本能力及專業能力指標制訂與執行情形。 二、學生學習歷程檔案建置及使用情形。 三、系所畢業門檻制訂情形。 四、學生之生活、學習及職涯輔導機制之實施情形及配套措施。
伍、設備與圖書資源	
評鑑指標	一、能依據系所發展之需求，購置充分適宜的設備資源，制訂相關的使用管理辦法，並達成具體使用成效。 二、圖儀場所之設備資源均能配合時代潮流與趨勢的需求，有效支援教師與學生之教學、研究與實習。
評鑑參考要項	一、投入於實習（驗）課程之儀器、設備、工具、材料、空間之充足度、使用率與教學擴展計畫情形。 二、實習（驗）課程除任課教師之外，助教與技術人員之設置情形。 三、系所設備與儀器之充分度、維修保養與使用情形。 四、圖書期刊之品質與充足度。 五、針對前次評鑑（訪視）建議事項處理情形。
陸、教學品保	
評鑑指標	一、各教師教學方式能夠符合專業特性、學生特質、社會發展與需求。 二、各項教學活動能夠運用先進的科技與教學策略，以提升教學及傳播之效率。 三、教師教學表現均能具有具體的教學成效。

續表11：99-103學年度技術學院專業類系所指標

評鑑參考要項	一、課程能訂定明確的教學大綱（含目標、進度、教法、教課書及參考書、成績考核方式及office hour等）及即時上網公告之執行成效。 二、促進教學品質之措施及成效。 三、實習（驗）課程講義編撰及教學實施方式之妥適性。 四、教師應用資訊科技（電腦及網際網路等）教學、e-learning之情形。 五、教學妥善運用產業及社區資源之情形。 六、教師授課鐘點時數適當情形（總量管制內開設班別，個別教師每週授課鐘點統計資料）。 七、教學評量結果與運用情形，及其提升教學品質之成效。 八、針對前次評鑑（訪視）建議事項處理情形。
柒、學生成就與發展	
評鑑指標	一、在校學生及畢業生均有良好的學習成就與就業發展。 二、能制訂學生就業輔導措施及畢業校友之追蹤機制。 三、能系統性地規劃及辦理實務經驗（證照取得）及就業輔導等相關措施與活動。
評鑑參考要項	一、學生在校期間取得證照及獲獎等相關傑出表現情形。 二、學生就業率及升學率情形。 三、該系所畢業生進入相關職場之比例。 四、該系所辦理與職場相關實務、實習與就業輔導相關活動情形。 五、針對前次評鑑（訪視）建議事項處理情形。
捌、產學合作與技術發展	
評鑑指標	一、能因應社會發展與產業需求，規劃有效的研究發展制度與運作機制，以落實產業所需基礎與實用科技的研究發展。 二、能尋求及善用相關的資源，進行系統性或整合性的學術研究與創新技術的開發。 三、教師的研究與技術研發能有具體成效，並能結合教學、學生實習或社會需求，發揮實質效益。
評鑑參考要項	一、教師將產學合作或研究成果融入教學及培育人才情形。 二、教師取得專利、技轉、授權、創新表現之情形。 三、教師取得專業實務經驗及參加國內外研究或研討（習）會之情形。 四、教師專業期刊論文、研討會論文、專書及展演發表之情形。 五、教師產學合作及研究計畫承接之情形。 六、教師獲獎與榮譽之情形。 七、教師研究成果與來自政府部門或法人機構之經費資助之間的相稱度。 八、針對前次評鑑（訪視）建議事項處理情形。

表12：103-108 學年度科技校院系所評鑑指標

（適用週期：科技大學 103-107 學年度、技術學院 104-108 學年）	
項目	1. 目標、特色與系所務發展
內涵	系所依據務實致用之技職教育目標，以及配合校務及院務發展目標、產業發展與專業發展趨勢，擘劃系所教育目標、特色及發展計畫、學生核心能力，訂定師資聘任、招生與畢業條件，建立健全行政管理機制，妥善規劃及運用空間與資源，展現系所發展特色與提升學生競爭力。
參考效標	1-1 系所依據校務及院務發展目標及專業發展趨勢，考量學生背景，評估自身發展條件，訂定系所特色及發展計畫。 1-2 系所訂定教育目標、學生核心能力及畢業條件，以提升學生競爭力。 1-3 系所符應其教育目標與特色，建立師資聘任及招生策略。 1-4 系所行政管理機制之規劃與執行。 1-5 系所空間及資源之規劃、運用、管理及維護機制及成效。
說明	‧「系所行政管理」，包含行政人力配置、各種委員會功能及運作等。 ‧「系所空間及資源」，包含空間、經費、圖書、設備等。 ‧「核心能力」，指學生畢業時所具備之專業知識與能力。
項目	2. 課程規劃、師資結構與教師教學
內涵	課程規劃能配合系所教育目標，並符應專業特性、產業發展及學生特質需求。課程結構與內容能符合專業發展及人文關懷的特性，以培養學生專業知識、實務能力並符應社會需求。 系所能因應系所務發展計畫聘任專兼任師資，師資結構與專長符應專業課程規劃與系所教育目標及特色。 教師教學科目與專長相符，教學負擔合理，能於教學、研究、產學合作及專業服務上充分發揮其專業知能，且教學能因應產業特性及學生特質，運用適切之教學內容及方法，提升學生學習成效。 教師主動參與學校教師專業成長活動，並根據教學評量結果，精進教材教法，增進學生學習成效，以提升教學品質。
參考效標	2-1 課程規劃符應系所教育目標、社會及產業發展需求，並考量學生特質之作法。 2-2 課程規劃能符合專業發展及人文關懷的特性，以培養學生專業知識、實務能力及人文素養。 2-3 實務課程規劃及運作機制。 2-4 系所專兼任師資結構、專長與系所教育目標及特色之相關性。 2-5 專兼任教師授課能因應產業特性及學生特質，運用適切之教學內容與方法，提升學習成效。 2-6 教師參與教學專業成長活動並運用教學評量結果，增進教學品質之情形。 2-7 其他特色規劃及運作情形。

續表12：103-108 學年度科技校院系所評鑑指標

說明	•「學生特質」，即學生之特性與素質，包括學生的學習動機、學習態度與信念、預備知識、學習行為與學習表現等。 •「課程規劃」，包含課程、學分、課程大綱、課程檢討、教學評量與改進機制等。課程大綱須說明大綱規劃與學生核心能力之關聯性。 •「實務課程」規劃包含檢視與校系發展目標、瞭解產業需求、分析培育工作人力所需具備能力，並完成課程規劃、教學科目及教學大綱發展及修正。 •「師資結構」，包含專兼任教師人數、專長及授課鐘點等。教師專長可依其學位、研究、著作、實務經驗或產學合作來衡量與系所教育目標及學生核心能力之配合程度。
項目	3. 教學品保與學生輔導
內涵	系所能依據學生特質、基本素養與核心能力目標，具體規劃並整合校內外相關資源，制訂有效協助學生學習之策略，以達成系所教育目標；並能針對學生學習、生活及生涯發展需求，鼓勵學生積極運用學校及系所提供的資源。
參考效標	3-1 系所依據學生能力需求制訂學習成效檢核方式並落實之情形。 3-2 系所針對學生之課業、生活、生涯及就業所採行之輔導機制及落實情形。 3-3 系所提升學生實務能力之具體措施。 3-4 其他有關增進學生學習意願及提升學習成效之具體作法。
說明	•「學習成效檢核」，包含學生基本素養及核心能力之檢核、學生畢業條件達成之檢核，以及其他多元評量方法之執行情形等。研究所之「學習成效檢核」包含研究生論文指導及品質確保之作法。「多元評量」係指評量方式的多元化及實施過程的多元化。評量執行兼顧時機、功用、作用、結果的解釋與運用，內容兼顧知能、技能，並以客觀測驗、實作、口頭問答等多元方式進行評量。 •「課業輔導機制」，包括 TA 制度、Office hours、補救教學等。 •「提升學生實務能力之措施」，如引進業界兼任教師或業師、開設專題製作（研究）、規劃業界實習、輔導學生考照、指導學生參與校內外競賽等。
項目	4. 系所專業發展與產學合作
內涵	系所能因應其教育目標及特色、社會與產業需求，建立有效的專業發展與產學合作之作法，尋求並善用相關資源，進行系統性或整合性的產學合作、技術開發與專業服務。系所的產學合作、技術開發、專業服務表現與學術研究能有具體成效，並能結合教學，提供學生學習與實習機會，發揮實質效益。

續表12：103-108 學年度科技校院系所評鑑指標

參考效標	4-1 系所因應教育目標及特色、產業需求，規劃及推動系所專業發展與產學合作的作法。 4-2 系所產學合作、技術開發、專業服務及研發成果。 4-3 教師將產學合作或研發成果融入教學，提供學生實習及人才培育之作法。
說明	•「研發成果」，包含論文、技術報告、專利、技轉、商標、著作權、作品展演、企業診斷與輔導、商品化產品及其他智慧財產權益之運用成果 等。
項目	5. 學生成就與職涯發展
內涵	在校生與畢業生學習成就與發展能符合系所教育目標與特色，且系所能建立追蹤聯繫管道與機制，追蹤畢業系友之職涯發展情形，並有成效。
參考效標	5-1 學生學習成效與發展符合系所教育目標與特色。 5-2 提升學生就業力之規劃措施。 5-3 系所應屆畢業生進路發展之情形。 5-4 系所建立畢業系友追蹤聯繫管道與機制之情形。
說明	•「學生學習成效」，可包含學生在校期間取得專業證照、實務學習、參與校內外及國際競賽及其他專業表現之情形。 •「學生就業力規劃措施」，包含課程改進、教師專業實務能力增進、職涯輔導等之相關配套措施。 •「畢業生進路發展」，包含進修、就業、創業、服兵役、留學及其他（含待業）情形。
項目	6. 自我改善
內涵	系所對內能建立自我評鑑作法，檢視辦學績效，並推動持續改善以提升品質之作為，達成系所教育目標，以確保系所永續發展。對外，能蒐集各方意見，作為自我改善與提升系所競爭力之參酌。
參考效標	6-1 系所自我評鑑作法與落實情形。 6-2 系所持續改善及提升品質之作法。 6-3 系所針對前次評鑑（訪視）意見之檢討及後續處理情形。 6-4 其他措施。
說明	•「自我評鑑作法」，可參酌教育部「大學自我評鑑結果及國內外專業評鑑機構認可要點」辦理。 •「系所持續改善作法」，包括蒐集並參考師生、家長、校友、雇主、業界賢達等意見，以改善系所務品質之作法。

從過去技術學院的專業評鑑歷程觀察，確實能逐步引導良性辦學競爭和提升系所整體辦學品質，尤其對課程規劃、圖儀設備及師資結構等方面確實進步良多，同時也實現技職教育體系的「務實致用」教育目標。技術學院化學工程系和化工領域相關的系所，其所屬的化工組，近年來受評的系所評鑑成績都屬於第一等和第二等（臺灣評鑑協會，100），91年至99年技術學院評鑑化工相關系所整理於表13（91年至99年技術學院化工相關系所評鑑名單）。

依據大學法第5條第1項規定，大學應定期對教學、研究、服務、輔導、校務行政及學生參與等事項，進行自我評鑑。因此教育部於2012年公布「教育部試辦認定大學校院自我評鑑結果審查作業原則」（後修正為「教育部認定大學校院自我評鑑機制及結果審查作業原則」），對自辦系所外部評鑑機制及結果經教育部認定者，可申請免接受同類型評鑑（林佳宜，2021）。另外教育部技職司也希望協助科技校院確立自我定位及發展目標，超越過去「配合性自我評鑑」之思維，自行建構一套評估目標及達成情形為基礎的「自我品保機制」，以確保教學品質及呈現學校系所辦學特色（教育部技職司，2014）。總之，大學校院評鑑機制的改革，即希望將「品質保證」與「持續改善」的觀念深入於大學教育中。教育部又於2017年公布取消強制性系所評鑑，由學校基於大學自主及自我課責，自行依據需求，洽請評鑑機構（如：高等教育評鑑中心、臺灣評鑑協會、中華工程教育學會（IEET）、中華民國管理科學學會等）辦理系所評鑑，或是學校自辦評鑑後再由財團法人高等教育評鑑中心基金會認定其評鑑結果，甚至只要在有「其他確保教學品質機制」之前提下，可選擇不辦理系所評鑑 (林佳宜，2021）。意即自2017年起，大學校院系科將自我要求、管理、維護與精進教學品質，此為大學校院專業系所評鑑重要的改革之舉。

表13：91年至99年技術學院化工相關系所評鑑名單

校名	接受評鑑年份								
	91年系名	92年系名	93年系名	94年系名	95年系名	96年系名	97年系名	98年系名	99年系名
大華技術學院	化學工程				化工與材料				化工與材料
中華醫事學院	食品營養								
中臺醫護技術學院	食品科學								
元培科學技術學院	食品科學			食品科學(專案)					
弘光科技大學	環境工程								
正修技術學院	化學工程								
永達技術學院	化學工程				生物工程				生物科技
明志技術學院	化學工程								
明志技術學院	環境與安全								
高苑技術學院	化學工程								
萬能技術學院	化學工程								
遠東技術學院	化學工程			化學工程(專案)					
光武技術學院(北臺)		化學工程		化學工程(專案)		化工與材料			
吳鳳技術學院		化學工程			化學工程(專案)	化學工程			
南亞技術學院		化學工程				化工與材料			
南亞技術學院		紡織工程				材料與纖維			材料纖維(專案)
修平技術學院		化學工程				化工與生物		化學工程(專案)	
國立勤益技術學院		化學工程							
東方技術學院			化學工程				化工與材料		
黎明技術學院			化學工程				化工與材料		
華夏技術學院					生化工程				化工(訪視)
亞東技術學院					材料與纖維				
當年評鑑總系數	12	6	2	3	4	5	2	1	3

第四節　科技大學

一、演進

1974年臺灣工業技術學院設置，是臺灣的第一所技術學院，之後，直至1991年方才成立雲林及屏東兩所技術學院，期間間隔長達18年之久。之後因專科改制技術學院政策的實施，以及開放私人興辦技術學院，技術學院數量急遽的增加。為因應未來科技整合及科技人才培育需要，1995年底，教育部函報行政院之「技術職業教育的轉型與革新」方案中即提出「輔導技術學院增設人文等相關學院，仿照日本技術科學大學名稱，將技術學院改名科技大學，朝向綜合性大學發展」的構想。

1996年，「教育部遴選專科學校改制技術學院，並核准設專科部實施要點」公佈實施，專科學校得申請改制為技術學院。同時，教育部也依「大學及分部設立標準」、「各級各類私立學校設立標準」受理技術學院改名科技大學案，自此，技術學院及科技大學在臺灣快速成長（簡明忠，2005）。1997年起，教育部配合當時吳京部長的教育改革政策，和上述各項法案的公佈，期望建立彈性、多元教育體系，因此積極輔導辦學績優的技術學院改名為科技大學、績優專科學校改制為技術學院。技職教育體系因此完整涵蓋科技大學、技術學院、專科學校、職業學校、綜合高中等，並以培育經濟發展所需之各級技術人力為主。

二、化工系所設立

技職教育的發展是配合社會進步、產業升級、經濟發展等人才需求的變革，以及符合民眾對學位、文憑的追求。為建立臺灣技職教育一貫體系和建立第二條教育國道政策，教育部於1997 年7月首先核定國立臺灣工業技術學院等5校自同年8 月1 日起改名為科技大學。首批改名科技大學的學校為：

國立臺灣科技大學（原國立臺灣工業技術學院）：當時設置工程學院、管理學院、設計學院及人文社會學院。工程學院當時即設有化學工程系（二年制與四年制）與化學工程研究所碩士班與博士班。

國立雲林科技大學（原國立雲林技術學院）：當時設置工程學院、管理學院、設計學院及人文科學院。工程學院中設有化學工程系二年制。之後87學年度（1998年）成立工業化學與災害防治研究所碩士班，88學年度成立四年制，92學年工業化學與災害防治研究所改名為化學工程系碩士班，92學年度成立博士班，在96學年改名為化學工程與材料工程系和化學工程與材料工程研究所／碩士班／博士班。另外化學工程系二年制目前已停止招生。

國立屏東科技大學（原國立屏東技術學院）：當時設置農及生命科學學院、工程學院及管理學院。該校到目前（2023年）並未設置化學工程系所，惟該校設有食品科學系與食品科學研究所，屬於化學工程學門的食品工程領域。

國立臺北科技大學（原國立臺北工業專科學校，1994年8月升格為國立臺北技術學院）：當時設置機電學院、工程學院及設計與管理學院。工程學院中設有化學工程系二年制與四年制。之後在1999年8月成立生化與程序工程研究所碩士班，2000年該研究所改名為化學工程系碩士班。2001年8月工程技術研究所成立，所中化學工程組開始招收博士班學生，2003年另外再成立生物科技研究所碩士班，2005年8月化學工程系改名為化學工程與生物科技系，但研究所仍為化學工程研究所。另外化學工程系二年制於97學年度（2008年）停止招生。

私立朝陽科技大學（原私立朝陽技術學院）：當時設置管理學院、理工學院、設計學院、人文及社會學院。理工學院當時即設有應用化學系日間部四年制及碩士班。

三、其他科技大學化工相關系所設立

迄至111學年度（2022年），技職教育體系計有科技大學61所，技術學院7所，統計資料詳見表2。由於近年來，少子女化衝擊，大學生源快速萎縮，許多科技大學與技術學院的化學工程系所也面臨招生問題，為了擴大吸引生源，多數科技大學與技術學院將化學工程系更名為化學工程與材料工程（科技）系所、或轉型為其他系所或停止招生（馬哲儒，2015）。2011年與2021年科技大學與技術學院化工學門相關系所（化學工程領域與食品工程領域）的名單、教師人數、大學部學生人數和研究所學生人數詳見表6，從這10年的變化，可觀察到化學工程領域系所的變化與學生人數的變化。

四、入學考試

1994年全國第七次教育會議後，有感於現行教育體制已無法滿足社會之需求，逐漸形成教育改革之聲浪，行政院乃設立教育改革審議委員會，由中央研究院李遠哲院長擔任召集人，展開推動教育改革。1998年擬定「教改行動方案」，包括教改重大政策十二項，即為：一、健全國民教育；二、普及幼稚教育；三、健全師資培育與教師進修制度；四、促進技職教育多元化與精緻化；五、追求高等教育卓越發展；六、推動終身教育及資訊網路教育；七、推展家庭教育；八、加強身心障礙學生教育；九、強化原住民學生教育；十、暢通升學管道；十一、建立學生輔導新體制；十二、推動終身教育。其中，第十項「暢通升學管道」則是教育改革工程中重要的一項（徐明珠，2009）。其中第四項政策：促進技職教育多元化與精緻化，對技職教育發展有很大的影響。

歷經數年的努力，技職校院升學管道改革方案經過擬定、審議、諮詢與試辦，終於朝向提供多元機會以滿足學生的多元發展，於是形成。2011年技專校院多元入學計有參加四技二專統一入學測驗、技優入學、高職繁星計畫、高職不分系菁英班以及高中生申請入學多元管道等（徐明珠，2009；技專校院招生委員會聯合會，https://www.jctv.ntut.edu.tw/）。(1) 參加四技二專統一入學測驗：以四技二專統一入學測驗成績，報名參加採計統一入學測驗成績之招生管道，高職應屆畢業學生或綜合高中修習專門學程25學分以上之應屆畢業學生參加推薦甄選；高職或綜合高中應屆或非應屆畢業生或具有同等學力者，或已畢業1年以上之普通高中畢業生參加聯合登記分發入學。(2) 技優入學：技優入學分為保送與甄審二種入學管道，免採計統一入學測驗成績，符合「保送」與「甄審」資格者均可報名。保送入學資格為國際技能競賽前三名或優勝、或者獲選國際技能競賽國手資格、或者在全國技能競賽或全國高級中等學校技藝競賽獲前三名獎項者，可直接填寫志願分發入學。甄審資格為認可之競賽獲獎者或持乙級（含）以上技術士證者，參加學校辦理之指定項目甄審。有關學校辦理之指定項目甄審，評量方式不採筆試，可包含面試、實作、作品、書面資料審查等，由各校訂定。(3) 高職繁星計畫：高職或綜合高中修習專門學程25學分以上之應屆畢業學生全程就讀同一學校且學業成績在全年級（科、學程）前20%或具有技優甄審資格。(4) 高職不分系菁英班：高職或綜合高中修習專門學程25學分以上之應屆或非應屆畢業學生在校學業成績60分以上，具有技優保送入學資格者。(5) 高中生申請入學：一般高中畢業生（含綜合高中學生）亦可參加大學學科能力測驗，取得學測成績單，報名參加四技申請入學。另外專科畢業生（包含五專與二專畢業生）亦可透過參加二技入學招生測驗，取得成績之後參加甄選、申請入學或登記分發以及技優入學等方式進入科技大學或技術學院，完整的技專院校多元入學管道可參見圖3的示意說明（圖3：2011年技專院校多元入學主要管道）。技專院校多元入學管道不斷地改善精進與擴充，技專院校多元入學最重要即是四技二專的招生。科技校院（科技大學與技術學院，基本上2023年技術學院已無化學工程領域的系所）四年制及專科學校二年制簡稱「四技二專」，為技術型高級中等學校（先前稱為高職）畢業生主要升學進路。四技修業4年，畢業後與大學同樣授予學士學位證書；二專修業2年，畢業後授予副學士學位證書。2023年四技二專主要入學方式包含甄選入學、聯合登記分發、技優入學、科技校院繁星計畫、申請入學（招收高中生）及經教育部核准辦理之各校單獨招生等多元入學管道（技訊網 https://techexpo.moe.edu.tw/search/）。圖4顯示2023年（112學年度）技專院校多元入學主要管道，其中112學年度科技校院四技二專化工學門多元入學管道招生學校與名額如表14所整理。

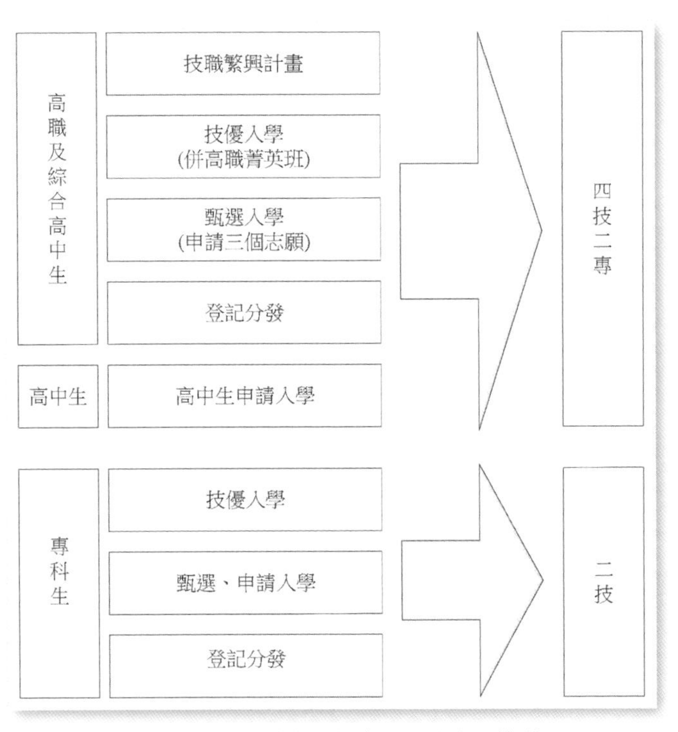

圖3：2011年技專院校多元入學主要管道

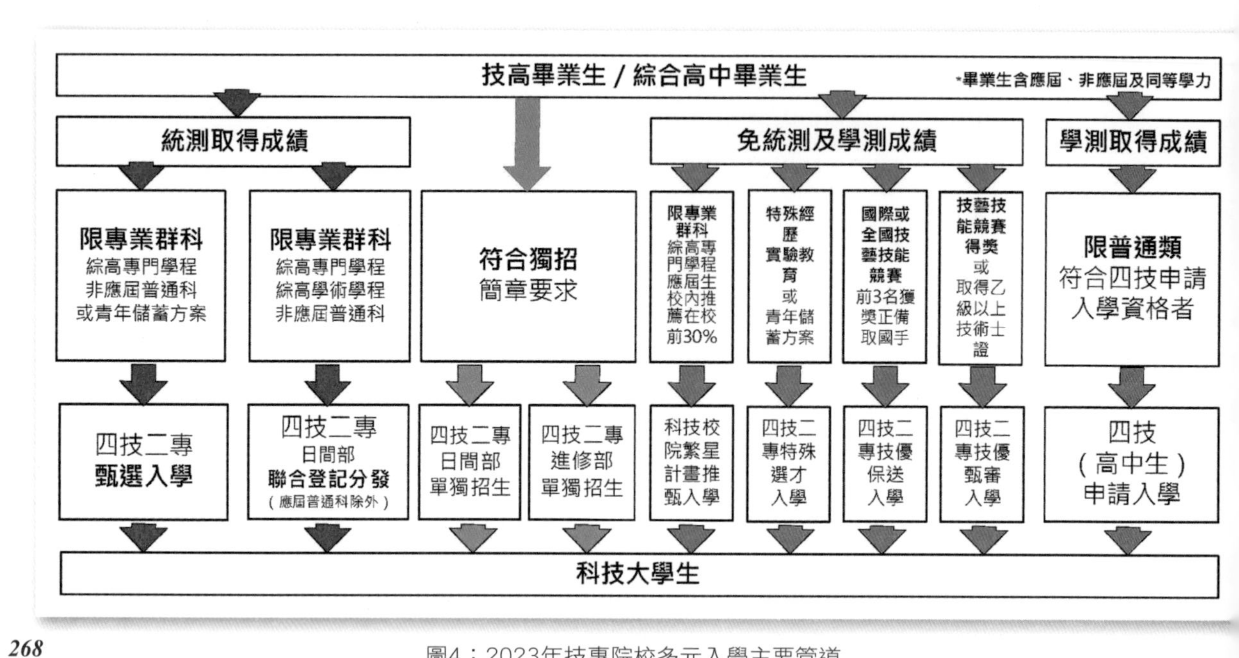

圖4：2023年技專院校多元入學主要管道

表14：112學年度科技校院四技二專化工學門多元入學管道招生學校與名額

112學年度四技二專甄選入學（一般組）化工群			
招生學校	招生系科	學制	招生名額
國立臺灣科技大學	材料科學與工程系	四技日間部	化工群：13名
	化學工程系	四技日間部	化工群：34名
國立雲林科技大學	環境與安全衛生工程系	四技日間部	化工群：6 名
	化學工程與材料工程系	四技日間部	化工群：71名
	文化資產維護系	四技日間部	化工群：6 名
國立屏東科技大學	生物科技系	四技日間部	化工群：4 名
	環境工程與科學系	四技日間部	化工群：35名
	材料工程系	四技日間部	化工群：3 名
國立臺北科技大學	分子科學與工程系	四技日間部	化工群：13名
	材料及資源工程系材料組	四技日間部	化工群：3 名
	材料及資源工程系資源組	四技日間部	化工群：4 名
	化學工程與生物科技系	四技日間部	化工群：51名
國立高雄科技大學	化學工程與材料工程系（建工校區）	四技日間部	化工群：64名
	環境與安全衛生工程系（第一校區）	四技日間部	化工群：25名
	海洋環境工程系(楠梓校區)	四技日間部	化工群：15名

續表14：112學年度科技校院四技二專化工學門多元入學管道招生學校與名額

112學年度四技二專甄選入學（一般組）化工群			
招生學校	招生系科	學制	招生名額
國立虎尾科技大學	材料科學與工程系	四技日間部	化工群：22名
	生物科技系	四技日間部	化工群：10名
	臥虎專班(願景計畫)	四技日間部	化工群：--
國立勤益科技大學	化工與材料工程系	四技日間部	化工群：105名
國立聯合大學	環境與安全衛生工程學系	四技日間部	化工群：3 名
國立金門大學	食品科學系	大學日間部	化工群：1 名
朝陽科技大學	應用化學系	四技日間部	化工群：21名
南臺科技大學	化學工程與材料工程系	四技日間部	化工群：51名
崑山科技大學	先進應用材料工程系	四技日間部	化工群：5 名
嘉南藥理大學	食藥產業暨檢測科技系	四技日間部	化工群：12名
	化粧品應用與管理系	四技日間部	化工群：6 名
	環境工程與科學系環境科技組	四技日間部	化工群：13名
輔英科技大學	應用化學及材料科學系	四技日間部	化工群：9 名
	生物科技系	四技日間部	化工群：5 名
明新科技大學	應用材料科技系	四技日間部	化工群：12名
明志科技大學	化學工程系	四技日間部	化工群：40名
	半導體材料與製程學士學位學程	四技日間部	化工群：6 名
中臺科技大學	醫學檢驗生物技術系	四技日間部	化工群：15名
	環境與安全衛生工程系	四技日間部	化工群：13名
中華醫事科技大學	醫學檢驗生物技術系	四技日間部	化工群：8 名
	製藥工程系	四技日間部	化工群：5 名
美和科技大學	食品營養系	四技日間部	化工群：1 名
國立中興大學	材料科學與工程學系	大學日間部	化工群：1 名
淡江大學	化學工程與材料工程學系	大學日間部	化工群：1 名
中國文化大學	化學工程與材料工程學系	大學日間部	化工群：7 名
	紡織工程學系	大學日間部	化工群：1 名
逢甲大學	纖維與複合材料學系	大學日間部	化工群：2 名
	化學工程學系	大學日間部	化工群：5 名
大葉大學	藥用植物與食品保健學系	大學日間部	化工群：3 名
義守大學	化學工程學系	大學日間部	化工群：1 名
長榮大學	職業安全與衛生學系	大學日間部	化工群：1 名
	消防安全學士學位學程	大學日間部	化工群：1 名
	食品安全衛生與檢驗學士學位學程	大學日間部	化工群：1 名
臺北市立大學	應用物理暨化學系應用化學組	大學日間部	化工群：1 名
高雄醫學大學	醫藥暨應用化學系醫藥化學組	大學日間部	化工群：1 名
	醫藥暨應用化學系應用化學組	大學日間部	化工群：1 名

續表14：112學年度科技校院四技二專化工學門多元入學管道招生學校與名額

112學年度四技二專日間部聯合登記分發化工群			
招生學校	招生系科	學制	招生名額
國立臺灣科技大學	化學工程系	四技日間部	化工群：36名
	材料科學與工程系	四技日間部	化工群：5 名
	全球發展工程學士學位學程材料工程組	四技日間部	化工群：6 名
國立雲林科技大學	環境與安全衛生工程系	四技日間部	化工群：2 名
	化學工程與材料工程系	四技日間部	化工群：24名
	文化資產維護系	四技日間部	化工群：1 名
國立屏東科技大學	生物科技系	四技日間部	化工群：1 名
	環境工程與科學系	四技日間部	化工群：12名
	材料工程系	四技日間部	化工群：1 名
國立臺北科技大學	材料及資源工程系材料組	四技日間部	化工群：2 名
	材料及資源工程系資源組	四技日間部	化工群：2 名
	化學工程與生物科技系	四技日間部	化工群：50名
	分子科學與工程系	四技日間部	化工群：3 名
國立高雄科技大學	化學工程與材料工程系(建工校區)	四技日間部	化工群：27名
	環境與安全衛生工程系(第一校區)	四技日間部	化工群：2 名
	海洋環境工程系(楠梓校區)	四技日間部	化工群：6 名
國立虎尾科技大學	材料科學與工程系	四技日間部	化工群：10名
	生物科技系	四技日間部	化工群：3 名
國立勤益科技大學	化工與材料工程系	四技日間部	化工群：41名
國立宜蘭大學	化學工程與材料工程學系	大學日間部	化工群：5 名
	環境工程學系	大學日間部	化工群：4 名
國立聯合大學	環境與安全衛生工程學系	四技日間部	化工群：8 名
南臺科技大學	化學工程與材料工程系	四技日間部	化工群：2 名
崑山科技大學	先進應用材料工程系	四技日間部	化工群：1 名
嘉南藥理大學	食藥產業暨檢測科技系	四技日間部	化工群：2 名
	環境工程與科學系環境科技組	四技日間部	化工群：1 名
輔英科技大學	應用化學及材料科學系	四技日間部	化工群：1 名
明新科技大學	應用材料科技系	四技日間部	化工群：4 名
萬能科技大學	化妝品應用與管理系	四技日間部	化工群：1 名
明志科技大學	化學工程系	四技日間部	化工群：6 名
	半導體材料與製程學士學位學程	四技日間部	化工群：1 名
建國科技大學	電子工程系	四技日間部	化工群：1 名
中臺科技大學	醫學檢驗生物技術系	四技日間部	化工群：2 名
	環境與安全衛生工程系	四技日間部	化工群：1 名
元培醫事科技大學	醫學檢驗生物技術系	四技日間部	化工群：1 名
中華醫事科技大學	醫學檢驗生物技術系	四技日間部	化工群：1 名
	製藥工程系	四技日間部	化工群：1 名

續表14：112學年度科技校院四技二專化工學門多元入學管道招生學校與名額

112學年度四技日間部申請入學聯合招生（招收高中生）			
招生學校	招生系科	學制	招生名額
國立臺灣科技大學	材料科學與工程系	四技日間部	51名
	化學工程系	四技日間部	23名
	全球發展工程學士學位學程材料工程組	四技日間部	6 名
國立臺北科技大學	分子科學與工程系	四技日間部	25名
	材料及資源工程系材料組	四技日間部	24名
明志科技大學	化學工程系	四技日間部	33名
	環境與安全衛生工程系	四技日間部	7 名
	材料工程系	四技日間部	10名
	行銷與流通管理系	四技日間部	5 名
	企業資訊與管理系	四技日間部	5 名
亞東科技大學	材料織品服裝系材料應用科技組	四技日間部	11名
黎明技術學院	化妝品應用系	四技日間部	1 名
經國管理暨健康學院	食品保健系	四技日間部	8 名
明新科技大學	應用材料科技系	四技日間部	23名
萬能科技大學	化妝品應用與管理系	四技日間部	20名
元培醫事科技大學	食品科學系	四技日間部	5 名
國立雲林科技大學	環境與安全衛生工程系	四技日間部	34名
國立虎尾科技大學	材料科學與工程系	四技日間部	3 名
	生物科技系	四技日間部	7 名
	工業工程與管理系	四技日間部	12名
朝陽科技大學	應用化學系	四技日間部	25名
弘光科技大學	環境與安全衛生工程系職業安全衛生組	四技日間部	5 名
國立屏東科技大學	食品科學系	四技日間部	1 名
	生物科技系	四技日間部	4 名
	材料工程系	四技日間部	25名
國立高雄科技大學	化學工程與材料工程系(建工校區)	四技日間部	23名
	環境與安全衛生工程系(第一校區)	四技日間部	28名
	水產食品科學系(楠梓校區)	四技日間部	9 名
南臺科技大學	化學工程與材料工程系	四技日間部	44名
崑山科技大學	先進應用材料工程系	四技日間部	4 名
嘉南藥理大學	食品科技系	四技日間部	3 名
輔英科技大學	應用化學及材料科學系	四技日間部	25名

續表14：112學年度科技校院四技二專化工學門多元入學管道招生學校與名額

112學年度四技二專技優保送入學			
招生學校	招生系科	學制	招生名額
國立雲林科技大學	環境與安全衛生工程系	四技日間部	化工：5 名
國立屏東科技大學	環境工程與科學系	四技日間部	化工：5 名
國立臺北科技大學	化學工程與生物科技系	四技日間部	化工：1 名
國立虎尾科技大學	生物科技系	四技日間部	化工：6 名
國立勤益科技大學	化工與材料工程系	四技日間部	化工：1 名

續表14：112學年度科技校院四技二專化工學門多元入學管道招生學校與名額

112學年度四技二專技優甄審入學			
招生學校	招生系科	學制	招生名額
國立臺灣科技大學	化學工程系	四技日間部	化工：4 名
	材料科學與工程系	四技日間部	化工：3 名
國立雲林科技大學	化學工程與材料工程系	四技日間部	化工：7 名
	文化資產維護系	四技日間部	化工：1 名
國立屏東科技大學	環境工程與科學系	四技日間部	化工：1 名
國立臺北科技大學	化學工程與生物科技系	四技日間部	化工：6 名
	分子科學與工程系	四技日間部	化工：2 名
國立高雄科技大學	環境與安全衛生工程系(第一校區)	四技日間部	化工：2 名
	海洋環境工程系(楠梓校區)	四技日間部	化工：2 名
國立虎尾科技大學	材料科學與工程系	四技日間部	化工：4 名
	生物科技系	四技日間部	化工：3 名
國立勤益科技大學	化工與材料工程系	四技日間部	化工：1 名
國立宜蘭大學	化學工程與材料工程學系	大學日間部	化工：2 名
國立聯合大學	化學工程學系	大學日間部	化工：5 名
朝陽科技大學	應用化學系	四技日間部	化工：4 名
南臺科技大學	化學工程與材料工程系	四技日間部	化工：2 名
	生物與食品科技系	四技日間部	化工：1 名
崑山科技大學	先進應用材料工程系	四技日間部	化工：1 名
嘉南藥理大學	環境工程與科學系環境科技組	四技日間部	化工：2 名
	食藥產業暨檢測科技系	四技日間部	化工：4 名
	化粧品應用與管理系	四技日間部	化工：3 名

續表14：112學年度科技校院四技二專化工學門多元入學管道招生學校與名額

112學年度四技二專技優甄審入學			
招生學校	招生系科	學制	招生名額
龍華科技大學	半導體工程系	四技日間部	化工：5 名
輔英科技大學	護理系	四技日間部	化工：4 名
	應用化學及材料科學系	四技日間部	化工：5 名
明新科技大學	應用材料科技系	四技日間部	化工：1 名
明志科技大學	化學工程系	四技日間部	化工：4 名
中臺科技大學	環境與安全衛生工程系	四技日間部	化工：4 名
	醫學檢驗生物技術系	四技日間部	化工：3 名
	食品科技系	四技日間部	化工：5 名
	護理系	四技日間部	化工：1 名
中華醫事科技大學	醫學檢驗生物技術系	四技日間部	化工：1 名
	護理系	四技日間部	化工：1 名
	製藥工程系	四技日間部	化工：1 名
中華科技大學(台北校區)	生物科技系生物科技組	四技日間部	化工：1 名
	生物科技系化妝品生技組	四技日間部	化工：1 名
長庚科技大學(林口本部)	護理系	四技日間部	化工：10名
中國文化大學	化學工程與材料工程學系	大學日間部	化工：1 名

續表14：112學年度科技校院四技二專化工學門多元入學管道招生學校與名額

112學年度科技校院繁星計畫聯合推薦甄選			
招生學校	招生系科	學制	招生名額
國立臺灣科技大學	材料科學與工程系	四技日間部	化工群：4 名
	化學工程系	四技日間部	化工群：1 名
國立雲林科技大學	環境與安全衛生工程系	四技日間部	化工群：6 名
	化學工程與材料工程系	四技日間部	化工群：4 名
國立臺北科技大學	化學工程與生物科技系	四技日間部	化工群：9 名
	分子科學與工程系	四技日間部	化工群：4 名
國立高雄科技大學	化學工程與材料工程系(建工校區)	四技日間部	化工群：3 名
	海洋環境工程系(楠梓校區)	四技日間部	化工群：3 名
國立勤益科技大學	化工與材料工程系	四技日間部	化工群：5 名
崑山科技大學	先進應用材料工程系	四技日間部	化工群：1 名
明志科技大學	化學工程系	四技日間部	化工群：2 名
元培醫事科技大學	生物科技暨製藥技術系	四技日間部	化工群：2 名

續表14：112學年度科技校院四技二專化工學門多元入學管道招生學校與名額

112學年度四技二專特殊選才聯合招生(技職特才及實驗教育組)			
招生學校	招生系科	學制	招生名額
國立雲林科技大學	環境與安全衛生工程系(願景計畫)	四技日間部	3 名
國立屏東科技大學	生物科技系	四技日間部	2 名
國立高雄科技大學	水產食品科學系(楠梓校區)	四技日間部	2 名
	環境與安全衛生工程系(第一校區)(願景計畫)	四技日間部	1 名
明志科技大學	環境與安全衛生工程系	四技日間部	2 名
	材料工程系	四技日間部	2 名

續表14：112學年度科技校院四技二專化工學門多元入學管道招生學校與名額

112學年度四技二專特殊選才聯合招生(青年儲蓄帳戶組)			
招生學校	招生系科	學制	招生名額
國立屏東科技大學	生物科技系	四技日間部	1 名
	食品科學系	四技日間部	1 名
國立高雄科技大學	環境與安全衛生工程系(第一校區)	四技日間部	2 名
弘光科技大學	環境與安全衛生工程系環境工程組	四技日間部	1 名
	環境與安全衛生工程系綠色科技組	四技日間部	1 名
明志科技大學	材料工程系	四技日間部	1 名
淡江大學	化學工程與材料工程學系	大學日間部	2 名
中國文化大學	化學工程與材料工程學系	大學日間部	2 名

五、課程

技術學院及科技大學皆是依據《大學法》而設立，以培養高級專業及實務人才為宗旨。技術學院及科技大學皆可招收副學士班生（專科生）、學士班生（大學生）、碩士班生，科技大學可招收博士班生。副學士班之學制、學生來源及學位取得同專科學校；學士班又分為四年制（四技）與二年制（二技），均設有日間部、進修部及進修學院（二年制），各校亦得另訂工作經歷與年資等入學條件，以設立在職專班。在學生來源方面，四技及二專招收高級職業學校、綜合高中畢業生或具同等學力者入學，二技則招收專科學校（二專或五專）畢業或具同等學力考生入學，四技及二技畢業後可取得學士學位。課程方面採學年學分制，四年制學生須修滿128學分，二年制學生須修滿72學分，始可畢業。112學年度（2023）二技主要招生方式係採「申請入學」招生管道，亦即各校辦理之單獨招生，包含日間部及進修部學制。但2023年時專科學校已無化學工程領域的科組。

研究所碩士班學生須修滿24學分及完成碩士論文，博士班學生須修滿18學分以上及完成博士論文，始可畢業。教師來源除如同一般大學師資之外，可依「大學聘任專業技術人員擔任教學辦法」，另聘具有企業界實務工作經驗的教師授課。

技術職業教育之特色，為採取高級職業學校、專科學校、和技術學院／科技大學一貫教育體系。有關技術及職業教育課程，歷經教育部編定課程標準及修訂工作。高工化工科課程於1974年2月首次公布實施，並於1986年2月修訂後公布實施。工專化工科二年制課程於1977年7月公布，而於1983年1月修訂後公布實施；五年制課程原於1976年6月公布，然後於1983年1月修訂公布實施。技術學院與科技大學部分沒有課程標準，但臺灣工業技術學院二年制之化工課程，首先於67學年度（1978年）開始實施，隨後於1981年、1986年分別提出修正。職業學校與專科學校之課程，均由教育部編定必修科目表與課程標準公布實施。技術學院和科技大學則由學校擬定必修科目表，報部核定後實施。然而各級學校的縱向課程銜接問題一直未曾見過完整的分析與討論。而教育部在編定與審核

各級學校必修科目中，也沒有明確規範課程銜接的事宜。事實上，課程內容的銜接與一貫性問題，對於高職、專科與技術學院／科技大學的教學衝擊相當大。教育部自1997年起推動國民教育及技職教育兩大體系一貫課程的規劃，即希望兩大體系的課程能更連貫、統整和適切，產出完整的一貫性課程。在技職教育方面，教育部於第340次部務會報中，由部長交議規劃技職教育體系一貫課程，以配合已暢通之技職教育升學管道，並建立有系統且健全之技職教育體系。教育部隨後在1998年1月9日召開「我國跨世紀技職體系一貫課程專案第一次委員會議」之後，開始推動技職教育一貫課程的規劃工作。

技職體系一貫課程化工群的課程規劃是以：(1) 兼顧升學與就業的進路目標，(2) 發展先廣後專與延後分化的課程體系，(3) 以群為發展課程的單位，(4) 發展學校本位課程等原則為基本理念，期望發揮技職教育的特色，滿足國家人力資源的需要。技職體系化工群一貫課程，其規

劃範圍包括高職銜接四技，高職銜接二專及二技，或由五專銜接二技等各種進路與途徑，並且兼顧各層級學校之間的學分數平行性與均衡性之外，亦考慮化工群的相對工業、未來發展機會以及相關的問題包含：(1) 化學工廠工業安全，(2) 國內化學工業發展的瓶頸，(3) 能源利用和環境保護的世界潮流，(4) 二十一世紀的化學工業技術發展新方向，(5) 國內經濟發展與人才需求。

表15：技職體系一貫課程化工群科技大學及技術學院課程架構

二年制科技大學及技術學院課程結構表		
類別	群核心	非群核心
一般科目	6	
專業及實習科目	8	
合計	14	58
最低畢業學分	72	

四年制科技大學及技術學院課程結構表		
類別	群核心	非群核心
一般科目	20	
專業及實習科目	31	
合計	51	77
最低畢業學分	128	

續表15：技職體系一貫課程化工群科技大學及技術學院課程架構

二年制科技大學及技術學院化工群核心科目建議開課學期與節數									
類　別			科　目		建議授課學年與節數				備註
					第一學年		第二學年		
名稱		學分	名　稱	學分	一	二	一	二	
群核心科目	一般科目	6	由各校自訂						
	專業科目	8	工程數學	4	4(2)	0(2)			第一學年第一學期或第一學年第一、二學期
			專題製作	4			2	2	
			小計	8	4(2)	0(2)	2	2	

續表15：技職體系一貫課程化工群科技大學及技術學院課程架構

四年制科技大學及技術學院化工群核心科目建議開課學期與節數												
類別		科目		建議授課學年與節數								備註
				第一學年		第二學年		第三學年		第四學年		
名稱	學分	名稱	學分	一	二	一	二	一	二	一	二	
群核心科目 一般科目	20	由各校自訂										
群核心科目 專業科目	31	儀器分析	3					3				
		清潔生產概論	3							3		
		有機化學	6			3	3					
		物理化學	6			3	3					
		工程數學	6			3	3					
		材料科學概論	3			3						
		專題製作	4							2	2	
		小計	31			12	9	3		5	2	

技職體系化工群的科系在科技大學與技術學院層級包含有：化學工程系、應用化學系、纖維與高分子工程系、材料與資源工程系、環境工程系、環境工程與科學系和環境與安全工程系等。一貫課程化工群的課程規劃在科技大學與技術學院層級考慮群的教育目標為：(1) 培育化學工業及生化、醫藥、環境、材料、纖維等相關產業之高級技術、服務與管理人才。(2) 傳授化學工業及其相關產業之基本知識，以奠定學習專業知能，使其具有繼續進修相關專業領域之能力。(3) 訓練化學工業及其相關產業之生產操作、工程設計、工廠管理、品質管制、分析檢驗、污染防治等專業技能。(4) 傳授工業安全與環境衛生之基本知識。

規劃小組基於上述的理念，規劃的課程建議分成：部訂必修（群核心，基礎核心課程）、校訂必修（非群核心，基礎課程與發展特色課程）、選修課程（非群核心，發展特色課程）三類。對科技大學與技術學院層級的課程和課程大綱僅提出建議，由各學校化工相關系所參考。

表15（技職體系一貫課程化工群科技大學及技術學院課程架構）說明技職體系一貫課程化工群科技大學及技術學院二年制與四年制課程架構、群核心科目與學分數。這項延續技職體系一貫課程的規劃工作在高

職部份仍持續進行，可參考技職校院課程資源網（http://course.tvc.ntnu.edu.tw/Web/Default.aspx）。

六、評鑑

科技大學的評鑑工作開始於90學年度（2001年），當時教育部委託國立臺灣科技大學規劃與實施，評鑑表冊則以國立彰化師範大學在2000年修訂的「技專校院評鑑表冊」為基礎，再針對科技大學體制發展來調整而後完成的版本。11所科技大學評鑑結果，除由教育部公告於網路外，並將評鑑報告分送各校參考改進，報告中訪評委員僅提供質化意見，並無量化資料的價值判斷。換言之，90學年度科技大學的評鑑旨在發掘問題與輔導改進，未涉及品評優劣（周明華，2009）。之後因應94學年度科技大學首度辦理評鑑，科技大學評鑑表冊全面修訂，而且技術學院部份也一體適用，專業類系所指標詳細參見表11（表11：99-103學年度技術學院專業類系所指標）。94學年度評鑑特別著重在教學品質的提升，並根據技職體系的特性，增加產學合作、技術移轉、專利、教師技術報告、教學實習等項目。但科技大學評鑑專業類部份另增列學院評鑑，要項包括組織發展、師資整合機制、教學品質機制、課程規劃與整合、研究與技術發展整合、設備整合機制，以強調學校與業界的結合。科技大學評分原則可選擇採計學院25％、學系75％，或學院40％、學系60％，但限定以校為單位，選擇一種評分方式全校施行。2005年至2010年科技大學評鑑化工相關系所整理於表16（94年至99年科技大學化工相關系所評鑑名單）。教育部於2017年公布取消強制性科技校院系所評鑑，由學校基於大學自主及自我課責，自行依據需求，洽請評鑑機構（如：高等教育評鑑中心、臺灣評鑑協會、中華工程教育學會（IEET）、中華民國管理科學學會等）辦理系所評鑑，或是學校自辦評鑑後再由財團法人高等教育評鑑中心基金會認定其評鑑結果。臺灣評鑑協會專業類系所評鑑指標如表12（103-108學年度科技校院系所評鑑指標）（技專校院評鑑資訊網，112）

表16：94年至99年科技大學化工相關系所評鑑名單

校名	接受評鑑年份					
	94年系所名	95年系所名	96年系所名	97年系所名	98年系所名	99年系所名
弘光科技大學	環工系所				環境工程系所	
正修科技大學	化工與材料系所					化工與材料系所
明新科技大學	化工系所					化工系所
南臺科技大學	化工與材料系所				化工與料系所	
臺北科技大學	化工與生物系化工所				化工與生物系化工所	
臺北科技大學					生物科技研究所	
臺灣科技大學	化工系					化工系(免評)
臺灣科技大學	高分子工程系					材料科學與工程系
屏東科技大學	食品科學系				食品科學系	
高雄第一科技大學	環境與安全衛生系所				環境與安衛系所	
高雄應用科技大學	化工與材料系(所)					化工與材料系(所)
雲林科技大學	化工系				化學工程系	
崑山科技大學	高分子材料系				高分子材料系綠材所	

續表16：94年至99年科技大學化工相關系所評鑑名單

校名	接受評鑑年份					
	94年 系所名	95年 系所名	96年 系所名	97年 系所名	98年 系所名	99年 系所名
朝陽科技大學	應用化學系				應用化學系	
龍華科技大學	化工與材料系					化工與材料系
輔英科技大學	應用化學系					應化及材料系
明志科技大學		化工系 化工與材料所				
明志科技大學		環境與安衛系 生化所				
明志科技大學		材料工程系				
萬能科技大學		化工與材料系				化工與材料
中臺科技大學			食品科學系(所)			
高苑科技大學			化工與生化系(所)			
元培科技大學				食品科學系(所)		
遠東科技大學				材料科學與工程系		
勤益科技大學					化工與材料系(所)	
中華醫事科技大學						食品科技(訪視)
當年評鑑總系數	15	4	2	2	10	7

附錄　大事紀

年代	紀　　事	備註
1972	籌設技術學院確立技術教育之完整體系乙案，教育部於1973年度列入施政計畫	
1973	教育部派技職司陳司長履安兼任國立臺灣工業技術學院籌備處主任，並即成立國立臺灣工業技術學院籌備處，正式展開籌備工作。	
1974	國立臺灣工業技術學院正式成立，教育部核定招生工業管理技術、電子工程技術、機械工程技術、紡織工程技術等四系。	國內第一所技術學院成立。
1976	教育部核准國立臺灣工業技術學院增設化學工程技術系、電機工程技術系。	
1978	國立臺灣工業技術學院化學工程技術系正式成立，招收二年制與四年制學生各一班	國內第一所技職化工系成立。
1980	教育部函轉行政院准國立臺灣工業技術學院於72學年度起招收碩士班研究生。	國內技職化工系招收碩士生。
1983	1. 行政院准停招高職畢業生。 2. 教育部函轉行政院准國立臺灣工業技術學院，工程技術研究所於72學年度起招收博士班研究生。	1. 國內技職化工系招收博士生。 2. 化工系四年制停止生。
1991	雲林技術學院成立。	國內第二所技術學院成立。
1992	臺灣工業技術學院化學工程研究所碩士班與博士班脫離工程技術研究所化工組正式成立。	國內第一所技職化工研究所成立。
1994	1. 雲林技術學院成立化學工程系，首先招收二年制學生。 2. 臺北工專在八月改制升格為國立台北技術學院，化工系招收二年制與四年制學生。 3. 私立朝陽技術學院核准自83學年開始招生，成為國內第一所成立之私立技術學院 4. 修正大學法，建立大學校長遴選制度，大學學術自由及自治獲保障。 5. 修正大學法，研究所碩士班與博士班併入相關學系。	國內第二與三所技職化工系成立。
1995	1. 國立高雄技術學院則在1993年成立籌備處，於84學年度生。 2. 私立朝陽技術學院成立應用化學系與應用化學研究所招收四年制與碩士班學生。	

年代	紀　　事	備註
1997	1. 教育部於1997年7月核定國立臺灣工業技術學院等五校自同年8月1日起改名為科技大學。五校為：國立臺灣科技大學、國立雲林科技大學、國立屏東科技大學、國立臺北科技大學、私立朝陽科技大學。 2. 教育部核准四所國立專校、五所私立專校自1997年7月1日起改制為技術學院。改制之九所技術學院為：國立高雄科學技術學院、國立高雄海洋技術學院、國立嘉義技術學院、國立虎尾技術學院、私立明新技術學院、私立臺南女子技術學院、私立大華技術學院、私立輔英技術學院、私立弘光技術學院。 3. 國立高雄技術學院成立環境與安全衛生工程系，首屆招收四技部一般生。	1. 國內首次核准成立科技大學。 2. 增設技術學院和績優專科學校改制為技術學院。
1998	1. 教育部核定國立屏東商業專校、宜蘭農工專校、私立龍華工商專校、私立中臺醫護專校自七月一日起改制技術學院並附設專科部。 2. 教育部開始推動技職教育一貫課程，其中包含化工相關系科的化工群。	技職教育一貫課程化工群規劃：高職、專科與科技大學/技術學院課程改革與課程銜接。
1999	1. 88學年度四技二專推薦甄選，招收首屆十八所綜合高中畢業生入學，由南臺技術學院主辦，計2672名參加甄選。 2. 教育部核定正修工商專校、中華工商專校、嶺東商專、文藻語專、大漢工商專校等校自88年8月1日改制為技術學院並附設專科部；另國立臺中商專、國立勤益工商專校、國立聯合工商專校改制呈報行政院審議。 3. 教育部核定通過萬能工商專校、慈濟護專、新埔工商校、健行工商專校、遠東工商專校、永遠工商專校、大仁藥專、建國工商專校、元培醫專等九校，自1999年8月1日起改制技術學院並附設專科部；另光武工商專校同意進行改制籌備，同時通過私立馬偕護理職校自88學年度起改制為馬偕護專。 4. 教育部核定中華醫專、和春工商專校二校自88學年度起改制為技術學院並附設專科部。 5. 教育部召開會議研訂「技專校院招分離制度實施辦法」確定90學年度開始實施技專校院考招分離制度。	1. 技專校院首次甄選綜合高中畢業生入學。 2. 增設技術學院和績優專科學校改制為技術學院。

年代	紀　　事	備註
2000	1. 教育部核定通過嘉南藥理學院、崑山技術學院、樹德技術學院自89學年度起改名為大學；國立臺灣高雄科學技術學院報經行政院同意後亦自89學年度起改名為大學。 2. 教育部核定德明商專、中國工商專校、光武工商專校（臺北市）、致理商專、醒吾商專、亞東工專、東南工專（臺北縣）、南亞工商專校（桃園縣）、僑光商專（臺中市）、中州工商專校（彰化縣）、環球商專（雲林縣）、吳鳳工商專校（嘉義縣）、美和護專（屏東縣）等十三所私立專科學校自2000年8月1日起改制為技術學院並附設專科部。 3. 公布技職教育政策白皮書。	增設技術學院和績優專科學校改制為技術學院。
2001	1. 教育部召開「技職教育審議委員會」第五次會議，決議2001年度進行十一所科技大學評鑑，採綜合評鑑方式，並運用技專校院評鑑管理資訊系統改進資料的蒐集、交流與分析功效。 2. 教育部同意屏東商業技術學院、虎尾技術學院、龍華技術學院改名科技大學，敏惠護理職業學校改制專科學校。國立臺北商專改制為臺北商業技術學院、私立四海工商專校改制為德霖技術學院、私立復興工商專校改制為蘭陽技術學院、私立南榮工商專校改制為南榮技術學院、私立南開工商專校改制為南開技術學院。 3. 公布我國大學教育政策白皮書，針對大學教育政策訂出為期二至三年近期短程計畫及以十年為目標的中程計畫；研議兩、三年內大學校院採學年制與學季制並行，設置彈性學程；三年內推動成立「國際留學生學院」，並引進國外一流大學在國內設立分校；五年內設立十所以內重點型大學、研究型大學；十年內完成二十五歲以上成人具四年工作經驗、基本語文及數學能力達一定水準，可免學歷進入大學，提供回流教育機會。 4. 公布九所國立大學列為重點研究型大學（臺灣大學、交通大學、清華大學、成功大學、陽明大學、中央大學、中山大學、臺灣科技大學，以及政治大學。），將投注7.2億元補助各校進行研究所教育改善計畫，以提升研究所博士班基礎建設，趕上國際水準為首要目標。 5. 研擬完成「技職校院法」草案，明定技職校院之範圍外，為增進科技大學與產業、政府機關、學術交流合作及籌措財源，科技大學得設立與其教育目標相關之附屬機構或獨立機構，增加科技大學發展空間。	1. 增設技術學院和績優專科學校改制為技術學院。 2. 公布大學教育政策白皮書。 3. 公布九所國立大學列為重點研究型大學，其中包含臺灣科技大學。

年代	紀　　事	備註
2002	規劃完成技職校院一貫課程，將高職、五專、二專等校部訂課程比例由八成減至五成以下，相對增加校訂課程比例，技職校院科系整併為十七個學群，91學年度起選部分學校模擬試辦，94學年度全面實施。	
2003	教育部技職司推動技專院校學生「最後一哩(The Last Mile)計畫，在學校最後一年課程設計時納入產業界建議，並開放業界擔任技職師資，同時將提供獎勵補助，給配合推動「最後一哩」計畫的學校。	
2004	1. 教育部首次公布24 所私立技職校院評鑑報告，共有14 校因行政評鑑或是任一系所被評為三等。被評為三等的系所必須在1年內完成改善，若屆時仍未改善，教育部將減招或扣減補助款等處分。 2. 公布「公立技專校院專任教師授課時數編配注意事項」，明定公立科技大學、技術學院專任教師每週基本授課時數，首度開放從事產學合作、技術研發及研究工作的專任教師，從93學年度起可核減授課時數，最多每週能減少9小時，但每週最低授課時數仍須達3小時以上，預計93學年度實施。 3. 行政院核定公立大專校院教師學術研究費分級支給標準，授權學校根據教師表現，上下增減30%幅度學術研究費，作為對優秀教師加薪、不適任教師減薪依據。	

年代	紀　　事	備註
2005	1. 教育部公布2005年度至2008年度技專院校評鑑辦理原則，決定今年起首次將17所科技大學納入評鑑對象，並增列學院項目。 2. 公布93學年度技專校院評鑑結果，共計有17所學校、82個科系接受評鑑，其中有4校6科系被評為3等，95學年度將減招50人，經追蹤評鑑連續2次被評為3等，則須停招。評鑑結果將作為教育部審核私校獎補助款、調整系科班及相關決策參據，以提升技職教育辦理績效。 3. 教育部修訂「學位授予法」，開放大學畢業生可免修碩士，直攻博士，預計高中畢業最快五年級可拿到博士學位，碩士在職專班與報經教育部同意的系所則可免寫論文，改以加修學分等方式替代，國內大學並可與外國大學合作授予各級「雙聯學位」與雙學位。 4. 教育部召開「技職校院變更審議委員會」，通過聖約翰技術學院、中國技術學院、嶺東技術學院、大仁技術學院，等4校於94學年度起改名科技大學，今年8月國內科技大學將從22所增為27所。 5. 公布5年5百億「發展國際一流大學及頂尖研究中心」名單。 6. 教育部同意國立聯合大學等6所一般大學，明年開辦高職生專班招收高職生就讀，臺北科大與臺灣科大也將開辦高中生菁英專班，技職體系與一般體系的招生可交流互換；全教會痛批教育政策搖擺，為高中生增設菁英專班，排擠到高職學生的教育資源，對弱勢高職生不公平。	科技大學首次由社團法人臺灣評鑑協會辦理等第評鑑。專業類評鑑包含有化工與材料組。
2006	1. 98學年度高職入學四技二專升學管道有重大變革，將分為甄試入學、技優入學與分發入學三個管道，其中技優入學並將自96學年度起試辦。 2. 推動技專校院產學合作，2005年度辦理產學合作總計編列近3億3千萬元，補助設立6所區域產學合作中心及30所技術研發中心。	
2007	教育部統計，近10年來，已有35所技術學院改名為科大，到今年8月，全國共有37所科大、40所技術學院，專校只剩16所。	

年代	紀　　　事	備註
2008	1. 教育部公布第2階段5年500億計畫名單，由第1階段的12所減少為11所。 2. 前暨南大學校長李家同在「工程教育評估」發展會上批評，大學評鑑及教授升等方式太過重視研究、寫論文，對工學院教育產生嚴重影響，電機系學生不懂電路板，化工系學生不懂熱交換器，長久下來，會使台灣只有「科學家」沒有「工程師」。高教司表示，2004 年辦理大學評鑑至今，均非以SCI 質化方式，大學校院系所評鑑最大特色是確保教學品質為主，協助各管所改善教學資源、課程結構、師資等。 3. 技職教育學會理事長林聰明校長擬妥陳情書，將串聯全國93所技專校院連署，向新教育部長上書，請求修正普通大學與技專校院不成比例的預算結構。並表示，97年高等教育預算812億餘元，大學校院占71.6%，技專校院只有28.4%，每個大學生分配到的教育經費，是技職生的4.6倍，政府對技職生的照顧明顯不足。 4. 教育部統計，2008年公私立大專校數共計171 所。	
2010	8月起，臺北護理學院、高雄餐旅學院、吳鳳技術學院、美和技術學院及環球技術學院5校升格為科技大學。	
2011	1. 公布中華民國教育報告書。 2. 公布「邁向頂尖大學計畫」審議結果，總計30所學校（包含15個國立大學、6個技職校院及9所私立學校）提出申請，經審議後共有12所大學獲得本次補助，並在第1期「發展國際一流大學及頂尖研究中心計畫」的基礎上，自2011年4月開始執行，為期5年。	
2012	1. 教育部大力推動「區域產學合作中心」，以促進技專院校研發成果產業化，根據統計2010年技專校院技轉金額達1億2千392萬，其中臺科大近3千萬居冠，北科大次之。 2. 教育部成立「技專校院校外實習發展委員會」，一千多家廠商加入平臺，增加學生實習機會。 3. 技專校院甄選入學從2013學年起，若學校超過5成招生科系在甄選指定項目納入面試或實作，該校就可以申請放寬甄選名額最高可以到6成。 4. 教育部宣布試辦「發展典範科技大學計畫」，先期投入4億元，發展有實務特色的典範科大，明年將向行政院爭取經費，預計4年共投入80億元。	

年代	紀　　事	備註
2012	5. 教育部修正《大專校院產學合作實施辦法》，要求專科以上學校應設立學生校外實習委員會，負責產學合作實習契約檢核、成效評估及申訴處理等學生權益保障事項。 6. 為維護職校學生升學權益，教育部推動繁星計畫，讓私立技職學費比照國立同時鼓勵頂尖大學與教學卓越大學40所大學每校提供1到6個名額。 7. 教育部通過醒吾、大華技術學院自8月1日起改名科技大學，並同意南榮技術學院籌備一年。	
2013	1. 教育部啟動第二期技職再造計畫，鼓勵科技大學和產業合作，技職司李司長表示，教育部已和七大產業工會聯繫，建立產學交流平臺，推動「契合式人才培育方案」，由學校和產業界共同成立產業學院。 2. 教育部推動4年一期的「發展典範科技大學計畫」，第一年補助逾12億，並公布12校獲補助，另有4所科大獲得補助成立產學研發中心。 3. 教育部宣布南榮技術學院和文藻外語學院通過審議，8月1日將改名為南榮科技大學、文藻外語大學。 4. 教育部宣布「第二期技職再造計畫」，內容包括制度調整、課程活化、就業促進，總 經費新臺幣202億元，教育部技職司李司長表示，教育部考慮修改「技術及職業教育法」，開放「校辦企業」，以學校研發成果成立新公司，讓學生有更多實習機會。	
2014	1. 教育部鼓勵技專院校的師生透過專題製作方式，配合產企業界需求提出實務研究計畫，訂「教育部推動技專校院與產業園區產學合作實施要點」，提供學校申請補助，今年共通過補助45校72件計畫，補助金額 3,176萬元。 2. 教部正式去函屏東永達技術學院，勒令2014學年全面停招。 3. 教育部公布2013年技專院校評鑑結果，在受評22 校當中，有2校、3個系科被評鑑為三等，其中國立臺中科技大學「國際貿易與經營系」被評為三等，是國立科大科系被評為三等的首例。 4. 教育部推動「第二期技職教育再造計畫」，5年編列202億元預算，其中約80億元用在設備更新以提升教學品質。	

年代	紀　　事	備註
2015	1. 今年四技二專甄選入學方式有重大變革，技專校院招聯會決定今年起比照學測，先公布成績，考生再填志願。 2.《技術及職業教育法》通過，規定教師任教滿6年要到業界實習半　。 3. 興國管理學院師資不足，教育部勒令停招，為繼高鳳技術學院、永達技術學院之後， 第三所退場的大學校院。 4. 配合技職法今年1月公布，教育部訂定技專校院專業科目或技術科目之教師業界實務工作經驗認定標準，技專校院新聘專業或技術科目教師應具備 1年業界實務工作經驗。 5. 教育部公布《專科以上學校實習課程績效評量辦法》，讓學生權益更受保障。 6. 教育部公布《專科以上學校遴聘業界專家協同教學實施辦法》，明確界定業師的資格認定、協同教學的課程類型與授課方法，發布後實施。 7. 立法院三讀通過《大學法》部分條文修正案，刪除大學評鑑結果作為政府教育經費補助參考規定，避免各校為爭取經費，過度重視評鑑，影響教學品質。	
2016	1. 技職再造第3期計劃2018年啟動，規劃4年投入70億元，聚焦以學院為核心的跨領域學習而提升實作比例。 2. 教育部成立新南向專案小組，明年將編列10億元配合新南向有關政策。	
2017	1. 教育部修正發布《教育部補助發展典範科技大學計畫要點》，名稱並修正為《教育部補助發展典範科技大學延續計畫要點》。 2. 教育部訂定發布《教育部補助技專校院辦理產學合作國際專班申請及審查作業要點》。 3. 教育部部長宣布，規劃自今年起，大學系所評鑑停辦，校務評鑑簡化，透過期程延長、精簡文書、縮短程序、善用資料庫等方法，達到行政減量目的。	

年代	紀　　事	備註
2017	4. 教育部宣布推動「大專校院教師教學實踐研究計畫」，鼓勵教師提出對學生學習有效的各種措施，包含創新教學方法等，每案補助30萬元到50萬元，兩年計畫補助200到300件計畫案。 5. 教育部推動高教深耕計畫，5年至少600億元經費，其中2成經費將依學校規模分配，希望拉近各校間經費差距。	
2018	1. 教育部公布「專科以上學校校外實習教育法」草案，研擬將現有校外實習原則法制化，明定學校應依科系性質開設校外實習課程。 2. 教育部公布「高教深耕計畫」審查結果，第一年總經費173.7億元。教育部表示「高教深耕計畫」僅有2成是用學校師生規模計算補助，另外8成是計畫審查，依照各校所提計畫去核定金額，如果將總經費直接除以師生數，會有一定落差。 3. 教育部推動「大專校院教學實踐研究計畫」，鼓勵教師投入多元教學實務，並納入升等績效；今年申請案有134校、1,034件獲補助，總經費提升到3億元。 4. 臺灣支持巴拉圭設立臺巴科技大學，未來將培育營建工程系、機械工程系、工程系、資訊工程系等4個學位的科技人才。 5. 立法院三讀通過《學位授予法》修正案，未來專科以上學校可以「系進院出」或 「院進系出」，不限原入學的院、系、學位學程規定，並依學術領域、修讀課程及要件授予學位。 6. 教育部2019學年度起，將停止南榮科技大學全部班級之招生，該校仍有約1,600名左右的學生，需正常營業3年，無師生後才可申請停辦，停辦後3年若未轉型，政府可介入要求法人解散。	
2019	1. 教育部修正「教育部補助技專校院辦理產業學院計畫實施要點」，自公告日生效。 2. 教育部核釋「專科以上學校推廣教育實施辦法」第14條第5所定推廣教育學分班學員所修學分，入學後依各校學則或相關規定辦理學分抵免後，在校修業不得少於該學制畢業應修學分數1/2之規定，自2019學年度第一學期開辦之推廣教育學分班適用。	

年代	紀　事	備註
2020	1. 總統令修正公布「技術及職業教育法」第25條、第26條條文。 2. 教育部修正發布「教育部補助大專校院延攬國際頂尖人才作業要點」。 3. 教教育部修正發布「專科以上學校維護學生受教權益應行注意事項」，自2020年2月1日生效。 4. 教育部修正發布「技術及職業教育法施行細則」第6、第7條文。	
2021	1. 因應國內疫情警戒升級，為降低群聚感染之風險，自2021年5月19日(三)起至5月28日(五)止，全國各級學校及公私立幼兒園停止到校上課，且兒童課後照顧服務中心、補習班等各類教育機構亦同時配合停課。大專校院及高級中等以下學校改採線上教學，學生居家遠端學習不到校，線上教學為正式課程，暑假期間不另行補課為原則。 2. 因應嚴重特殊傳染性肺炎疫情，全國實施疫情警戒第三級時間延長，為降低群聚感染之風險，維護學校師生健康及學習權益，教育部考量學期完整性，宣布全國各級學校及公私立幼兒園2020學年度第2學期停止到校（園）上課之期間，延長至2021年7月2日止(高中以下學校休業式)。	

資料參考：教育部出版之中華民國教育年報。

參考文獻

技專校院評鑑資訊網（112），99-103學年度技術學院專業類系所指標。臺北：臺灣評鑑協會，https://tve-eval.twaea.org.tw。

周明華（2009），我國技術學院綜合評鑑之後設評鑑研究，臺北：國立臺灣師範大學工業教育學系博士論文。

林佳宜（2021），自辦品保認定作業說明，評鑑雙月刊，第90期，9-11。

科技部（2021），化工學門通訊錄。臺北：科技部化工學門。

徐明珠（2009），升學考試制度產生、問題及改革。臺北：國家政策研究基金會，教文(研) 098-010 號，http://www.npf.org.tw/post/2/6175。

馬哲儒（2015），大學化工教育的檢討與因應，化工，第62卷第1期，4-8。

高教技職簡訊（2011a），技專校院評鑑制度簡介 056。臺北：教育部。

高教技職簡訊（2011b），改進技專校院評鑑之討論 056。臺北：教育部。

國科會（2011），化工學門通訊錄。臺北：國科會化工學門。

教育部（2011），科技大學和技術學院，中華民國技術及職業教育簡介。臺北：教育部。

教育部中華民國教育統計，https://www.edu.tw/News_Content.aspx?n=829446EED325AD02&sms=26FB481681F7B203&s=B19AF3B0B4D7BFAC

教育部技職司（2014），技專校院評鑑未來發展，簡報檔案，https://www.heeact.edu.tw/media/1242/技專校院評鑑未來發展.pdf。

許錫慶（2010），國史館臺灣文獻館電子報，第49期，中華民國99年02月26日發行，https://www.th.gov.tw/epaper/site/page/49/654。

許瀛鑑（1994），四十年來工業職業教育之演進與展望。臺北：國立教育資料館，教育資料集刊，第十九輯。

陳舜芬（1993），高等教育研究論文集。臺北：師大書苑。

楊朝祥（2007），臺灣技職教育變革與經濟發展。臺北：國家政策研究基金會，教文(研) 094-018 號，http://www.npf.org.tw/post/2/1733。

楊麗祝和鄭麗玲（2008），百年風華、北科校史。臺北：國立臺北科技大學。

臺灣評鑑協會（2011），評鑑報告。臺北：臺灣評鑑協會，http://utce.twaea.org.tw/report.html

劉清田（1994），我國技術學院教育之演進與展望。臺北：國立教育資料館，教育資料集刊，第十九輯。

歐素瑛（2011），近代臺灣工業教育之濫觴－以臺灣總督府工業講習所為中心，教育資料與研究，第104期，77-106。

簡明忠（2005），技職教育學。臺北：師大書苑。

呂維明

呂維明教授，國立臺灣大學化工學士，美國休士敦大學化工碩、博士。歷任味全公司臺北廠機電課課長、臺灣大學化工系副教授、教授、系主任、國科會工程處處長、中國化學工程學會(現改名為台灣化學工程學會)理事長及該會出版之英文會誌總編輯。曾獲頒中國化學工程學會終身成就獎。呂教授的研究領域包括流体操作和粉粒体技術等，民國92年70歲退休，獲頒名譽教授，102年榮膺台灣化工學會會士。

童國倫

童國倫教授，國立臺灣大學化工學士、碩士、博士。歷任中原大學化工系教授暨薄膜技術研發中心主任、臺灣大學化工系教授、臺灣大學副國際長、台灣化學工程學會副理事長(Vice President)及該學會教育委員會主任委員、英文會誌副總編輯、以及國際SCI期刊Separation and Purification Technology主編(Editor)。曾獲國科會傑出研究獎兩次、中工會傑出工程教授獎、台灣化學工程學會賴再得教授獎。童教授的研究領域包括過濾、純化和薄膜分離技術等，目前是臺灣大學化工系特聘教授暨國際水協會會士（IWA Fellow）。

第六章

一般大學及研究所化工教育

國立臺灣大學化工系名譽教授　呂維明(原著作)
國立臺灣大學化工系特聘教授　童國倫(增訂者)

第一節　國內化學工程系所的設立

一、各級化學工程的學校教育的起始

臺灣化學工程的正式學校教育遲了中國清朝1903年制訂癸卯學制(含應用化學門) 9年，於1912年當時統治臺灣的日本臺灣總督府在臺北廳大安庄(現臺科大址)成立「民政學部附屬工業講習所」，內設土木、金工、電工三科該是臺灣工程的正式學校教育的起點，相當於化學工程科的應用化學科。在遲了6年後於1918年，該附屬工業講習所升格為「臺灣總督府工業學校」(高職層次)時與土木、機械兩科同時創設，這是臺灣最早的正式化學工程領域的學堂。此學堂經多次改制，改名於1923年成為臺北州立臺北工業學校為設有五年制的本科與三年制的專修科，也是現在臺北科技大學化學工程系的前身。

為進一步提昇臺灣的技職教育水準，臺灣總督府分別於1931年在臺南成功大學現址創設了「臺南高等工業學校」、現中興大學前身的「臺中高等農林專門學校」及後來併入臺灣大學的「臺北高等商業專門學校」(創於臺北1930年) 與「臺北醫學專門學校」(創於臺北1922年)等四所，建立了臺灣在醫農工商四領域專門學校層次的教育體制。在臺南高等工業學校先設了機械工學，電氣工學與應用化學等三科，於1940~1944年再增土木，電氣化學，建築三科。1944年三月底該校改制為「臺南工業專門學校」，同年應用化學科改稱工業化學科，所以臺灣首所專門學校的應用化學科是設在臺南高等工業學校的應用化學科。1945接管臺灣的中國國民政府依中國學制將臺南工業專門學校先改稱省立臺南工業專科學校化學工程科，於1946年升格為臺灣省立工學院化學工程系，1956年改稱省立成功大學化學工程系。

臺灣的大學教育則到1928年日本政府把設於臺灣大學現址的臺北

高等農林專門學校遷至臺中改稱臺中高等農林專門學校，並在該址創設臺北帝國大學，這也是臺灣首所大學，創校當初只設有文政，理農兩學部，後再擴充至文政、理、農、醫、工等五學部，而工學部是於1941年開始籌備，到1943年才成立，先設土木，機械，電氣，應用化學等四科。應用化學科則有燃料化學，有機工業化學，電機化學，無機化學，分析化學等五個講座。1945年終戰後，11月國民政府接管臺北帝國大學，將其改制為國立臺灣大學，依中國學制將應用化學科改稱為工學院化學工程系，但實質內容只把講座改稱研究室仍承繼應用化學之本質。所以臺大化工系算是臺灣第一個大學層次的化工學堂。

二、國內普通大學化學工程系的增設與改稱

1. 過渡整頓時期(1945～1953年)

1945年終戰後，日籍教授被遣返空出的員額大部分由大陸延攬來臺教授(大多留日或留美或留德背景)填補，當時社會久逢戰亂，民生凋蔽，加上國民政府1949年在大陸敗退遷至臺灣，在政府無暇顧及所有教育下，無論臺大或成大，都只能在既有基礎上整頓，逐漸擴大學生人數(從單班增為兩班)，於1953年配合政策增收僑生，並建立各基礎學生實驗室，在這段期間，國內增設了化學工程系的只有具軍事背景的兵工學校(現臺大綜合體育館址)。

2. 擴增時期(1954～1993年)

(1) 首波擴增期(1954～1975年)

1950年代中期後臺灣政局漸趨穩定，國內化學工業也開始脫離進口替代時期，跨越發展期，出口擴張期。配合僑外資，美援，掀起國內紙業，水泥，酸鹼，味精，染整，製藥，和初期輕油裂煉等化學工業與石化工業，帶動紡織產品的出口旺盛。這些發展誘致了國外基督教宗教團體來臺興學意願，於1955年分別在臺中建立設有化學工程系的東海大學，與於中壢設立中原理工學院化學工程系。在公立大學的增設仍受限於政府財力先走向增班，並只藉在大陸既存國立大學的復校名義，在1955年於新竹復校，初設國內第一所碩士班的核工研究所的清華大學於1972年以工業化學系(1980年正名為化工系)，和1970年在中壢先增

設中央大學化工系，於1976年再設碩士班。在這一時期，具有政治背景的有力人士以配合國家經濟發展為藉詞，紛紛投入開辦私立大學和學院，在化工領域就有如張其昀(前教育部長) 創辦的中國文化大學，在1968年將陶磁，造紙專修科改制成為化學工程系；1956年林廷生(曾任臺北市市議會議長)創辦的大同工專，1963年升格為大同工學院，於1970年增設化學工程系；而淡江文理學院(董事長：張建邦)於1971年增設化學工程系並開收夜間部；曾任僑務委員會主任委員高信1971年在臺中創設逢甲大學。

同一時期，在教育部積極發展技職教育鼓勵下，有心辦學校的社會人士只好申設工業專科學校，在1980年時已有24所設有化工職類的二專或五專。

表1-1 國內一般大學化學工程系設立大學部，碩士班，博士班的年代

大學校名與化工系名	大學部	碩士班	博士班	備註
臺灣大學化學工程學系	1943*	1964	1970	* 原稱應用化學科
成功大學化學工程學系	1946*	1962	1969	* 由專科學校改制
東海大學化學工程與材料工程學系	1955	1990	2000	
中原大學化學工程學系	1955	1974*	1980	* 以應用化學所成立
國防大學化學與材料工程系	1963*	1980		* 陸軍理工學院
中國文化大學化學工程與材料工程學系	1967	1984*		* 以造紙印刷所成立
中央大學*化工與材料工程系	1970	1976	1984	* 1962在台復校
大同大學化學工程學系	1970	1981	1986	
淡江大學化工與材料工程系	1971	1992	2001	
逢甲大學化學工程學系	1971*	1981	2000	* 以應用化學系成立 ** 1981改制化學工程學系並設碩士班
清華大學*化學工程學系	1972**	1972	1978	* 1956在臺復校 ** 以工業化學系所成立
臺灣科技大學化學工程學系	1974			* 技教系統
元智大學化學工程與材料科學學系	1989	1990	1998	
義守大學化學工程學系	1990	2002	2006	
長庚大學化工與材料工程系	1993	1996	1999	
中興大學化學工程學系	1993	1997	2000	
中正大學化學工程學系	1997	1993	1998	

(2) 第二波擴增時期(1975～2006年)

1973年石油危機後增設化工系的熱潮就稍為冷卻，在1973～1997年這段時間只有教育部在1974年創設技職系統的臺灣工業技術學院，開闢受職業教育學生深造的另一路徑時也設立了化學工程技術系。其實臺灣的化學工業在這段時間逆勢成長，中油公司前後完成了第三、第四、第五輕油裂煉，台塑公司也在雲林麥寮建以六輕為重心的完整的石油化學工業基地。故1989年由遠東企業公司捐建的元智大學，1990年由義聯集團捐設的義守大學，和1997年由王永慶先生捐設的長庚醫學院擴大改制而成的長庚大學都設立了化工系。公立大學只有在1993年由曾任教育部長的林清江博士在嘉義縣民雄籌建的中正大學先設化工研究所，與同年在臺中的中興大學增設了化工系。

3. 轉型期(2006年～)

1973年首波石油危機不僅提醒化工企業從此沒有低廉的能源和石化原料，也搖醒消費大眾發展產業須用心平衡生態品質。雖然化學工程師很努力提升所有化學工業程序的能量效率，防止污染物質的排放，但社會大眾總是指責化學工業為生活環境品質的破壞者，而忘了化學工程師是化學產品大眾化的功臣，更是解決公害的第一線的尖兵，這不很公平的觀念在1980年代轉變了要進入大學的年輕人志願，開始有疏離化學或化工相關科系趨勢。鑒於環境的變化，國內外大學化工系，紛紛走上改名之途，在美國有31/137改了名稱，多在Chemical Engineering後加生物，材料或環工。在鄰近的日本，為爭取學生，有九成以上的大學把化學工程改為物質化學工程、材料化學工程或生物化學工程。在國內眼看著聯考錄取排名為後起的材料工程趕過，1999年長庚化工系搶先改稱化工與材料工程學系，此後中央(2001年)，淡江(2003年)、元智(2004年)和東海(2008)等大學也改稱化學暨材料工程系，而義守大學則把研究所改稱生物技術暨化學工程研究所。

表1-1列示了國內一般大學化學工程系設立大學部，碩士班，博士班的年代表中也插列兵工學校，與技職系統第一所大學院校的臺灣科技大學。

三、國內大學化工研究所的設立

成功大學於1962年率先成立化工研究所碩士班，臺大遲了兩年也設立碩士班。此兩校設研究所初期，都擬採取美國大學的體制，但在師資上都感到非常拮据，倖有國科會前身之「長期科學發展委員會」大力補助各大學在職教師赴國外進修，也鼓勵各校以邀請國外學人來臺擔任客座教授或開辦短期研習會的方式彌補此缺陷，讓在學研究生直接受教來充實學習的內涵。或許因此，教育部在1972年以前，對新增大學部或研究所都相當嚴謹，如中原大學和文化大學都先分別以應用化學和造紙印刷研究所申請，而中央大學的化工研究所從碩士班至博士班就相隔了八年之久。不少學校雖多次申請增設研究所，除1978年清華獲准設博士班外其他都未能獲准。但這高門檻在1980年以後不知何因突然放鬆，東海於1990年准設碩士班，中原增設博士班，接著大同(1981年)，逢甲(1981年)，文化(1983年)，元智(1990年)，淡江(1992年)，中正(1993年)，長庚(1996年)，義守(2002年)均先後設立了研究所碩士班。在博士班的設立狀況各校平均差了碩士班六年內也都獲准增設了，至此，國內一般大學化工系幾乎沒有例外全設了擁有碩、博士班的研究所。

從以上的各校設立研究所的經過，令人不得不質疑國內的大學教育的方針在那裡？彷彿在臺灣辦大學若沒能設立研究所就不像大學或沒有面子，不知在美國或歐洲都有只辦大學部而著名的大學。

第二節　招生

臺灣大學工學部創設於二次世界大戰熾烈時期，首屆入學僅為52名，應用化學科有21名，大部分是日本人，臺籍學生只有李薰山一人，第二屆也只有黃春福一人，第三屆則有3人，1945年後處於戰後重建，招生曾一度停滯，1946年再恢復招生，錄取人數不多，但以轉學借讀或甄試方式收容了大陸流亡學生及青年軍退伍學生，加上當時臺大人力，財力不足，校園內可說一片混亂。

1949年傅斯年接任校長後始確立新生入學考試制度設定錄取成績標準，依學生志願錄取，摒除關說等弊病。此公平的考試制度自1954年為國內聯考所沿用迄今。1951年以前臺大化工系每年錄取一班(40人)新生，於1952年增為兩班。1953年依政策開始收僑生，隔年就擴大僑生名額至幾乎與本地生名額1:1的水準，僑生人數的急增，而教師編制不增的情況下對當時的教學品質產生不少負面效果，也引起社會上對大學招生方式有不公平的批評，政府於1990年在埔里另設暨南大學專收僑生後，臺大化工系僑生人數逐漸減至5%以下。

在南部的臺南高等工業學校於1931年設立後，每年錄取應用化學科約30名新生，1940年增設電氣化學科招收約40名新生。改制為省立工學院後，1948年學生總數電化系為40人，化工系為56人；1949年時學生總數電化系為60人，化工系為71人。化工系每年招收一班新生，1952年增招一班，1953年合併電化系升二年級學生。

在1956年後，公立學校有以復校形態成立的中央、清華兩大學，和新設於民雄的中正等校的化工相關學系成立，每年錄取一班新生。此外有東海，中原，文化，大同，淡江，逢甲，元智，義守，長庚等私立大學相繼參加了化工群的招生行列。在這些私立學校裡，除了東海在國外財源支持下能維持單班外，其他私校則在財務壓力下於很短時間就擴增至兩班，甚至增設夜間部來緩和財務困境。

1990年後受到社會對化學工業的風評影響，投考大學高中生開始有了疏離化學與化工相關科系的趨勢，如以臺大化工系在大學聯考第二類組的錄取排行序位做為指標來看，化工序位一時曾滑落到第20位以下，經台灣化學工程學會與各大學教授們紛赴國內各高中向學生解說化工與尖端科技與保護生態環境有密切的關係，而事實也證明化工是很重要的基盤產業，化工序位回升的趨勢工業才挽回頹勢逐漸回升的情形。表2-1列示2004-2007年化工序位的回升趨勢。

表2-1 臺大化工系在大學聯考第二類組的錄取排行序位

年度	學年度	序位
2004	93	19
2005	94	13
2006	95	10
2007	96	8
2008	97	7
2009	98	6
2010	99	6
2011	100	5
2012	101	5
2013	102	5
2014	103	9
2015	104	13
2016	105	10
2017	106	10
2018	107	10
2019	108	17
2020	109	19
2021	110	未排
2022	111	未排
2023	112	未排

註：自108課綱實施後，各系分科考試採用的學科及計分分式均不同，　故不再計算排名。

這一波考生疏離化學，化工相關科系的趨勢對臺大以外的化工系影響更大，不僅收不到像往日優質學子，甚至有缺額的現象產生，導致原有夜間部的學校普遍設立研究所後，逐漸停招夜間部，或改招在職班。

表2-2列示2008年國內普通大學化工系，大學部和研究所錄取新生與畢業人數的統計，依這些數據，大學部收單班的有：清華化工，中央化材，中正化工，中興化工；而兩班的有：臺大化工，元智化材，大同

化工，長庚化材，逢甲化工，東海化材，義守化工，而收三班有成大化工，中原化工，淡江化工，文化化材等四校。

表2-2 2008年與2023年國內普通大學 [錄取新生/畢業生]統計

校名	BS		MS		Ph.D	
	2008	2023	2008	2023	2008	2023
臺灣大學化工	80/104	104/92	80/76	126/110	20/18	14/7
清華大學化工	52/45		76/65		22/17	
成功大學化工	146/148	151/131	107/110	128/128	12/27	8/11
中央大學化材	40/48	49/44	60/52	82/66	20/14	6/10
中興大學化工	55/58	54/49	55/55	75/78	10/14	2/0
中正大學化工	單班/43	52/40	/43	45/54	/10	0/4
中原大學化工	三班/123	三班/115	/56	48/37	/1	2/0
大同大學化工生技	兩班/94	兩班/99	30/27	17/12	4/1	1/3
元智大學化材	兩班/120	110/97	/60	47/33	15/3	3/4
淡江大學化材	兩班/127		/29		/3	
長庚大學化材	單班/40	單班 55/49	60/57	45/35	/1	7/3
義守大學化工生技	兩班/94	51/58	26	6/1	0	2/5
逢甲大學化工	兩班/98	兩班/98	/34	40/38	/1	/1
東海大學化材	120/84	105/90	30/27	26/15	5/2	2/0
文化大學化材	115/84	90/59	*		*	*

第三節　課程

一、美國化工大學部課程的變遷

談臺灣各大學化工課程的變遷，得先了解化學工程是怎麼產生，又走過怎樣的過程發展到現在。化學工程雖萌芽於歐洲，而以生產精密化學品為主流而偏重化學技術，十九世紀初開始物理學者就與化學家共同研討物質之結構促使建立了「物理化學」，這種想由物理和化學理論來闡明發生在化工程序裡之諸現象的趨勢，也促使化學工業產生擺脫憑經驗運作的製造產業，20世紀初，汽油引擎之發明，美國進入以汽車代步時代，讓原油從批式裂煉為主的煉油工業進入以連續方式大量生產汽油，為了生產更有效率，裝置內反應物之流動，熱能之進出及回收利用、熱力學的變化及反應速率或觸媒之有效利用，都需藉由了解生產過程相關的物理化學和化學反應機制來解決所遭遇的問題，也就是說解決生產連續操作化帶來的複雜工程問題，已不是只靠「化學師＋機械工程師」可掌握，讓化學工業界深感需要具有化學學識及了解化工程序之諸現象所含之工程學理之工程師。

於1888年，美國麻省理工學院(Massachusetts Institute of Technology，MIT)的Lewis M. Norton 在School of Engineering大學部首創化學工程學程(Course X)，但當時這學程內容仍以工業化學(含一些單元操作知識)為主軸，加上一些機械工程的基本學識而成。1902年化學系之Arther A. Noyes建議要了解化學工業中所發生現象的科學基礎，化工學程課程裡宜加強物理化學之教學。1903 W. H. Walker回MIT就任化工系主任，Walker就任後大力推動 以單元操作為主軸之化學工程系課程。

「單元操作(Unit Operations)」一詞是1915年Little擔任在MIT設立" School of Chemical Engineering Practice (化工實務學程) "規劃委員會主任委員時，在呈給MIT校長之規劃書首次正式寫下此名詞，並強調化學工程教育應以單元操作為主軸，因只要了解構成化工程序中各單元操作的原理，就可貫通不同化學品之製造程序，此主張獲得的美國化工界之共識，因而此後20年，在美國化工教育漸脫離應用化學或工業化學為主軸之色彩。單元操作之所以能打破原有以應用化學加上機械工程為主軸之課程規劃，並重視以物理化學之理論詮釋單元操作，這種手法實與MIT創立化工系之諸位先進都曾留學德國學習物理化學有密切之關係。Little和Walker所擬以單元操作為主軸之化工核心課程的理念於1922年AIChE年會發表，並為學會所承認。MIT化工系所講授之單元操作講義於1923年由Walker，Lewis，和McAdams三人整理後以" Principles of Chemical ngineering "由McGraw-Hill出版，並列為美國200年來100冊經典書藉之一。這也是在中國於早年「單元操作」一課常被稱謂「化工原理」之緣由吧。

圖3-1揭示美國過去一百年大學化工系專業課程的變遷，從此圖可知約在1925年美國化工教育就脫離了工業化學時代而進入以「單元操作」為核心的時期。但我國化工相關科系的教學則遲到1950年代才逐漸脫離了工業化學時代。

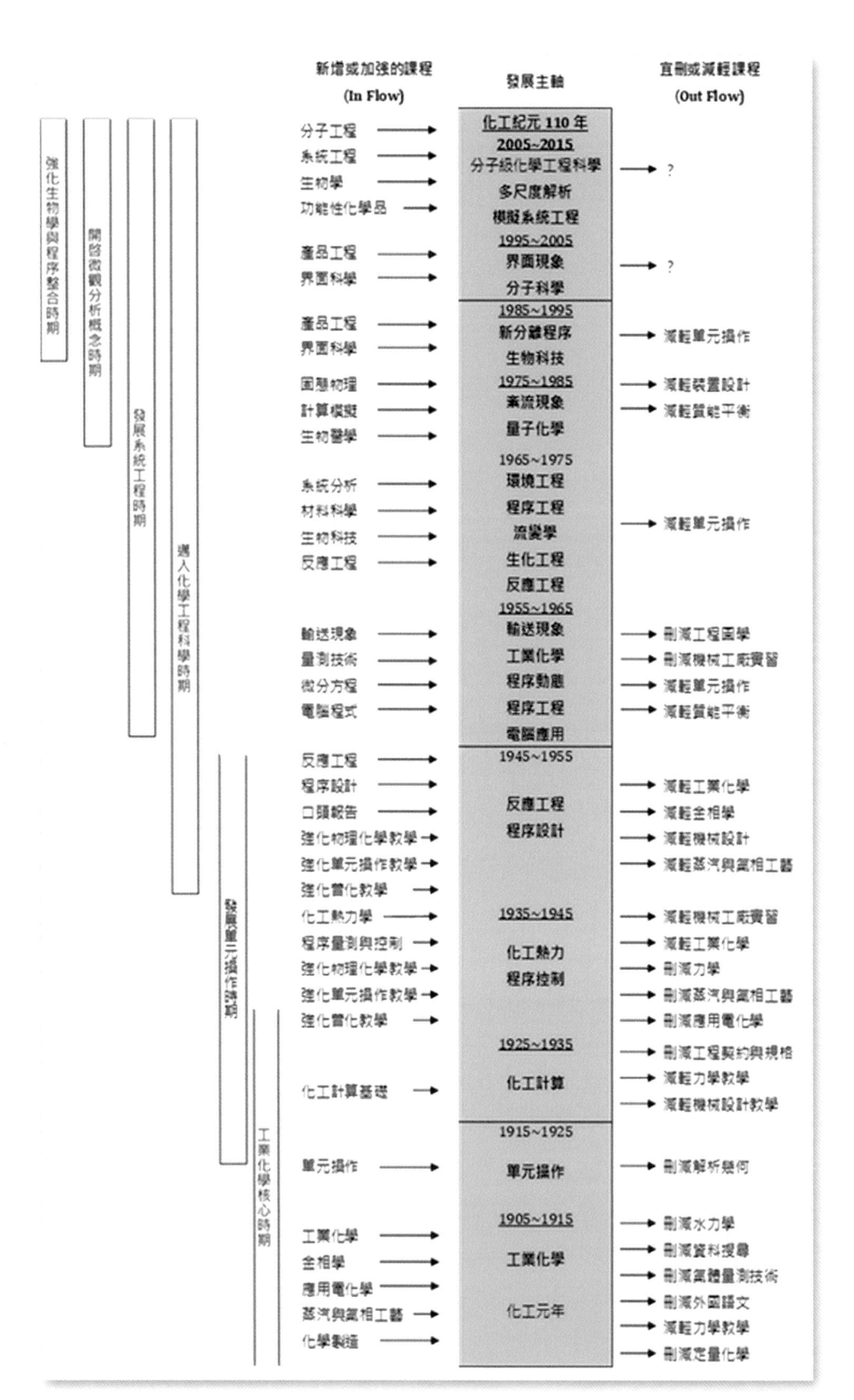

圖3-1 20世紀美國大學化工系專業課程的變遷

在1930年代初期就有一些美國化工學者認為化工教育不宜過分偏重程序中的物理操作 — 「單元操作」，而忽略程序中重要的化學反應操作，如普渡大學的R.N.Shreve (化工系教授，曾於1950年代擔任美援成大的首席顧問)就提議把化學程序中常見的燃燒、氧化、還原、鹵化、酯化、聚合、醱酵、電解等類比單元操作稱為「單元程序(Unit Processes)」；但此議旋即遭Wisconsin大學化工系O. A. Hougen指出從單元程序的內涵找不出像單元操作一般具有共通於不同程序而可通用的原理，就主張討論反應操作應從解析反應中反應機制與影響反應速率的因素來掌握，並稱此領域為「反應工程」。

對於化工教育過份偏重單元操作為主軸，1947年 Kirkbride在其著書裡也指出要解析化工程序，其基礎不該只是單元操作或單元程序而下列五項才是：

(1) 質量收支

(2) 能量收支

(3) 探討化工系統之物理平衡和化學平衡之化工熱力學

(4) 探討化工系統之化學反應速率之化工反應工程與探討化工系統之物理量(動量、熱量、質量)之輸送速率之輸送現象

(5) 探討化工程序之經濟評估

他並指出解析單元操作也可說是應用這五項所涉及之基礎原理，並對化學工程下了如下之定義：

“ Chemical Engineering (Process Engineering) have been defined as the application of material balances, energy balances, static equilibria, rates of transfer and transformation of energy and mass, and economic balances to the development, design and operation of processes and process equipment in which materials undergo chemical and/or physical change. ”

這敘述雖是Kirkbride個人的觀念，但這想法已播下1950年代所發展的「化學工程科學」之種，並強調程序設計是身為化學工程師必備的工程技能。

1952年美國工程教育協會為加強工程與基礎科學之橋樑，由S. C. Hollister召集組成探討工程科學小組，於1955年提議在工程教育應加

強1. Mechanics of Soilds，2. Mechanics of Fuids，3. Themodynamics，4.Transfer and Rate processes，5. Electrical Science，6. Nature and Properties of Materials，同時也建議重視 7. Engineering Analysis and Design。

據於此議，化工領域1960遂有R. B. Bird，E. Stewart 和R. Lightfoot三人共著之“ Transport Phenomena.(輸送現象) ”一書的出版，著者們強調不同的單元操作裝置或反應器裡所發生的許多現象都可由其涉及的化學原理和物理現象的基礎理論來解析，也即為了解複雜的化工程序開了另一條捷徑與大道。所以「輸送現象」這本書不僅被美國各化工系採用為教單元操作所含共通原理的教材，也很快就被全球化工系所接受為單元操作時的基礎教材。

二、國內普通大學課程的變遷

1. 工業化學時期

早年(1957年以前)臺灣普通大學裡化工相關科系，不論沿襲日制的應用化學(或工業化學)系或中國體制的化學工程系，其課程大約如表3-1所示，當時化工系的必修課程除了一門叫做「化工原理」(單元操作)外，全都是化學或工業化學的課程。除此之外，由1950年代高等考試的專業科目(表3-2)也可看出當時化學工程教育是以工業化學為主軸的課程內容，表3-2列示1950年代考試院高等考試化學工程科的專業課目也反應當時化學工程教育尚以工業化學為主軸。

表3-1 1950年代臺大化工系專業必修與選修課程

年級	專業必修課程
	1950
大一	微積分(4，4)，普通化學及實驗(4，4)，普通物理及實驗(4，4)，投影幾何(1，1)
大二	微分方程(2)，有機化學及實驗(4，4)，定性分析及實驗(2，1)，定量分析及實驗(2，1)，應用力學(2)，材料力學(2)，機動學(2，2)，化工計算(2)，工程畫(2)
大三及大四	理論化學(3，3)，化工原理(3，3)，工業化學(3，3)，有機合成(3，3)，工業分析及實驗(3，1)，熱工學(3)，化工原理(3)，電工學(3)，燃料工業(3)，有機化學工業(3)，學士論文(1，1)，工業化學實驗(1，1)，化工機械實驗(1，1)，經濟學(3)

項目	選修課程
	1950
選修課程	化工熱力學(3)，藥品工業(2)，肥料工業(3)，製糖工業(3)，纖維工業(3)，電化學(3)，電化工業(3)，化工裝置設計(3)，高分子化學(3)，合成化學工業(3)，製成工業(3)，發酵學(3)，應用微生物學(3)，水泥工業(2)，酸鹼工業(3)
畢業學分	146

表3-2 1950年代高等考試化學工程科專業課目

年代	專業科目
1950	無機化學、有機化學、理論化學(物理化學)、分析化學、工業化學、化工原理(單元操作)

2. 經短暫單元操作為主流期逕入化學工程科學時期

當時「化工原理」用的教科書是Badger所著的“Elements of Chemical Enginnering”和 Walker等人所著的“Principles of Chemical Engineering”，謝明山編譯的「化工機械」則列為參考書。

1950年代初，成大因接受美援而接觸了美式化工課程，臺大則因當時開授化工原理的嚴演存教授把赴Michigan大學進修的鄭建炎講師帶回臺灣的1950 Brown等所者“Unit Operations”一書翻譯出版的影響，雖然那時期學生經濟並不寬裕，但為充實化工新知都買了該譯本認真的自修，將學習心得應用在化工裝置設計一課，曾而有過短暫的「單元操作」時期。此外，或許受Shreve教授的影響，在美國萌芽但未被那麼重視的「Unit Processes (單元程序)」卻在臺灣生根成為國內各化工系的必修課多年。這時期成大和臺大，除了必修單元操作實驗外也得必修單元程序課和單元程序實驗。這種安排一直延伸到1990左右才完全被反應工程和化學工業程序所取代。1960年代初，1962 Wisconsin大學Prof. Lightfoot (Transport Phenomena一書的共著者) 應國家長期科學發展委員會之邀，在臺中東海大學舉辦「輸送現象」研習會，加上長期科學發展委員會(國科會前身)在1960年代利用暑假廣邀旅美學人回臺開授多次化學工程科學相關的Summer School，加上臺大陳成慶教授於1960年代就以Bird等所著之“ Transport Phenomena ”為教科書開授輸送現象，讓臺灣化工教育有機會受到化學工程科學的洗禮。1968年 Hougen所提倡的反應工程(化工動力學) 在留美學人熱心的建議下取代單元程序成為必修課，連1960初已成必修課的「化工熱力學」，程序控制等課也逐漸由選修改成必修。至此，國內大學化工教育可說已跳過短暫的單元操作為主流期就逕邁入化學工程科學時期，並加速了改革的腳步跟上當時美國大學化工系的課程內涵，讓那時期留美念研究所的臺灣學子能在很短時間就能適應美國研究所的功課。

在1955～1975年這段期間，國內普通大學前後已有8所大學設立了化工相關系所，於是教育部1977頒定化工相關系的專業必修學分來管制授課水準，表3-3是列示此部定專業必修學分，並與1970年臺大化工系的專業必修學分做了比較。

由於部訂學分數是最低要求，各校為充實教學效果都依師資酌量加重一些課程份量，如臺大化工系的「輸送現象與單元操作」雖是每學期3學分，但授課卻是每週四小時，以這種增加授課方式來加重核心課程的教學。

1983年當時的教育部長(夏漢民部長)堅持大學各系的核心必修課程學分不宜超過50學分的政策下，要求各學門擬出方案，化工學門就訂出如表3-4的核心課程規劃案，或許教育部想規劃目標在降低畢業學分減輕學生的課程負荷，空出時間讓學生能依個人志趣做多元的發展，但忽略了過分削減主課學分將導致學生無法學好該學門的學識，所幸除了少數私立學校曾有過短時期實施部訂標準(不久為了維持教學的完整又增加到原有的學分)外，大部分學校仍維持以前的水準，圖3-2揭示臺大化工系大學所現行的課程安排之例。

3. 大四課程的空洞化－國內化工系大學部教育品質的殺手

各校在釐定必修學分時，該校師資的背景總會影響了該系必修學分的內涵，如「程序設計」，這門課該是來體會化工大學部前三年半念的化工相關科目，是應用如何設計最經濟、最安全、最合乎環境的化工生產程序的總結性的課，在歐美日各大學化工科系被認為與學士論文並重，是大四學生要用一年的時間專心學習的兩門最重要的課程，但由於國內大學師資卻幾乎清一色的學院派，較少具有實務經驗，且多沒經過歐美化工系的大學部教學的洗禮，導致不少師資成員對程序設計一課認識不深，造成程序設計的教學在國內被忽視了一段相當長的時間，直到最近才稍有些好轉。

表3-3 1977部定專業必修學分

	課目	1977(部定)	1970(臺大)	備註
科學基礎與專業課程	微積分	6	8	
	工程數學	4	6	
	普通物理	8	8	含實驗2學分
	普通化學	8	8	含實驗2學分
	分析化學	4	6	含實驗2學分
	有機化學	8	8	含實驗2學分
	物理化學	8	8	含實驗2學分
	化工熱力學	3	3	
	質能均衡	2	3	
	輸送現象與單元操作	10	11(12+2*)	含授課 12節實驗×2 下午
	化工動力學 (化工反應工程)	3	3	
	程序控制	2	3	
	程序設計	2	2	
	化學工業程序	3	3	
	工程力學	2	4	
	電工學	2	3	
	圖學	2	2	
	工業經濟	2	3	
	工廠實習	1	-	
	小計	80	92	

表3-4 1983部定核心課程規劃案

科目		部定學分數	備註
		1983	
共同必須科目		28	
科學基礎與專業課程	微積分	6	
	普通物理	6	包含實驗2學分
	普通化學	6	包含實驗2學分及分析實驗
	圖學	1	
	工程數學	2	
	化學工業程序	2	
	有機化學	5	包含實驗1學分
	物理化學	6	包含實驗2學分
	單元操作	8	包含實驗2學分及輸送現象
	化工熱力學	3	
	化學反應工程	3	
	程序設計	2	
	小計	50	
	總計	78	

另一負面現象值得大家來檢討的是「學士論文」，除了美國以外的先進國家的大學都是必修而認為不可缺的，但在1952～1985年這段時期，政府為培養更多工程人才來配合起飛的工業的人才需求，倍增了工科招生人數，如臺大和成大在1952年都增班招生導致師生比愈來愈大，1955年以前為培養學生的研究和做事能力的「學士論文」就在無論人力上，資源上及空間上都無法負擔的情況下，藉口美國學士論文不是大學部必修，就把「學士論文」改為選修。學士論文可說是把一個題目，從資料蒐集，規畫研究，設計試驗，判讀數據，整理研究結果的整套做事的訓練，尤其自小學至上大學只知考試的國內學生最需要的課程，我們就如此刪除，尤其各校有了研究所後，教授們更不想用心訓練人數眾多的大學部學生的學士論文，甚至簡直把大學部當做研究所的先修班！也把國內學子學習研究的時機延後兩年！

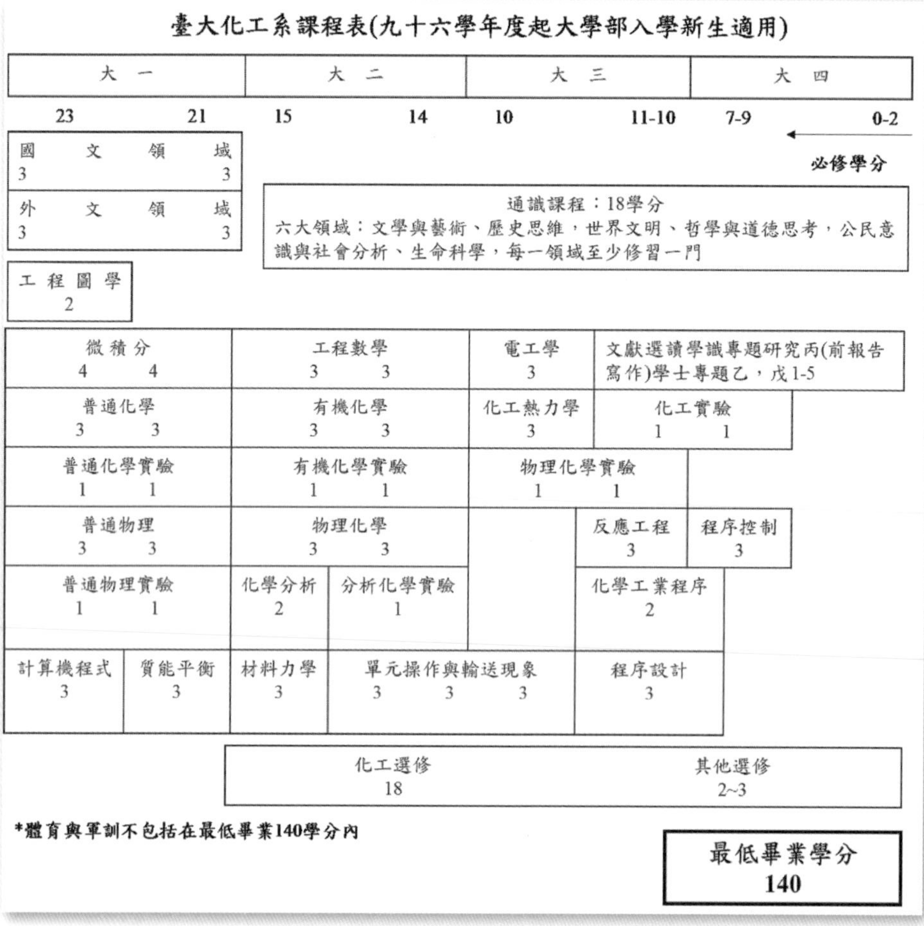

臺大化工系課程表(九十六學年度起大學部入學新生適用)

大一		大二		大三		大四	
23	21	15	14	10	11-10	7-9	0-2

← 必修學分

國文領域 3 3

外文領域 3 3

通識課程：18學分
六大領域：文學與藝術、歷史思維，世界文明、哲學與道德思考，公民意識與社會分析、生命科學，每一領域至少修習一門

工程圖學 2

大一		大二		大三		大四
微積分 4 4		工程數學 3 3		電工學 3	文獻選讀學識專題研究丙(前報告寫作)學士專題乙，戊1-5	
普通化學 3 3		有機化學 3 3		化工熱力學 3	化工實驗 1 1	
普通化學實驗 1 1		有機化學實驗 1 1		物理化學實驗 1 1		
普通物理 3 3		物理化學 3 3			反應工程 3	程序控制 3
普通物理實驗 1 1		化學分析 2	分析化學實驗 1		化學工業程序 2	
計算機程式 3	質能平衡 3	材料力學 3	單元操作與輸送現象 3 3 3		程序設計 3	

化工選修 18　　其他選修 2~3

*體育與軍訓不包括在最低畢業140學分內

最低畢業學分 140

圖3-2 臺大化工系大學所現行的課程例

忽視程序設計教學與刪除學士論文訓練，讓很多從小學一直只靠考試升上來的大學部畢業生，雖念了不少化學工程的理論基礎，但進入工廠卻不知如何運用這些學識於實務，失去做研究整理論文結果的經驗，延遲了他們在化工職場上的成熟，讓我們的大學部畢業生成了半生沒熟的人材。殊不知在歐美大學部畢業生有85%就業，只有15%上研究所？但國內大學部畢業生在虛榮心作祟下有85%考研究所，而大學教授們為了要收到足夠的研究人力，不惜犧牲大學部畢業生的品質，把絕大部分必修學分擠在前三年，空出大四一年(參照圖3-2)，卻不用心培養可用的畢業生，把學生趕去準備研究所的入學考試。這種現象一直延燒到國內全部化工系，就是已有申請甄試進入研究所的管道的今天，尚未能看到任何改善。

4. 轉型期

按理改名，就不能不反應在課程的安排，如改稱化工與材料系的各校在必修學分裡增加了儀器分析，無機化學，材料科學，固態物理，材料工程，普通生物學，生命科學概論，等課程，但實際上做如此變革的學校只有中央與長庚，而其他各校則多採取軟性的學程方式輔導學生的選修課程在尖端科技有機會進修在環境、高分子、電子材料、醫工、生物技術、程序系統工程的學識。

在1988，Minnesota大學的 Amundson教授向美國科學基金會所提出這報告指出化學工程領域不僅從實驗室擴展到工廠規模，以化學工程科學來解析，開拓以整廠為對象之程序系統工程成就完善化學生產工廠，而擴大對象規模至整個社區整個地球為對象來分析問題。從公害與能源危機中找出解決困難的方式來拯救地球生態。另一方面把化學工程科學之解析，整合，模擬等手法推廣至反應中之分子或原子層次之現象，把程序控制對象縮小至程序中之分子之環境，藉超微觀的手法來掌握個個反應分子之舉動，並應用從分子模擬到整合整廠之多層次模擬手法來探討和設計生產尖端科技所需材料和高機能精緻化學品。

有鑑於化學工業的轉型，美國化學工程學會呼籲各大學應注意化學工程領域的擴張(如圖3-3)而加強分子工程、系統工程、生物科技和功能性化學品相關的課程，也建議如圖3-4 所示如何在大學部課程裡讓學生能把化學工程科學應用小至分子級，大到社區、地球等系統的問題。

但是在國內，教授們卻全心全力忙於研究，發表論文無暇來思考大學部核心課程的革新，表3-5-1、3-5-2、3-5-3是目前(2010年)教育部鬆綁專業課程的約束後，國內普通大學化工系必修專業學分的內容，並與2001年調查的課程結果做了比較 [表中有( )內數據是2001年調查所得結果，無( )表示與2001年時相同]。內容可說與2001年調查結果相差查不大，據筆者所知幾乎沒有任何國內大學化工系對AIChE如圖3-4所發表的“Frontiers in Chemical Engineering Education，2003”呼籲有所反應，而在化學工程科學相關課程裡加強分子級的解析手法，或在程序系統工程有改進的趨勢，也即必修課程名稱內涵尚維持1985年代的內容，不知是教授們忙於研究而無暇設法就課程內容做合乎擴張後的化學工程的需求？

奈米級尺度	微觀級尺度	中等級尺度	鉅觀級規模	超巨級規模
NANOSCALE	MICROSCALE	MESOSCALE	MACROSCALE	MEGASCALE
1pm~1μm	0.5μm~2mm	1mm~5m	10m~500m	1km<
分子	粒子，氣泡，液滴	單元操作	程序工廠	社區，地球
分子活性點	組合： 化學反應 + 輸送現象	組合： 反應器 熱交換器 分離裝置 流體機械 程序控制	整合： 系統工程 程序單元 ↓ 單位工廠 ↓ 綜合工廠	相互作用： 交易・支援 資源 流排物 環境・生態

複雜程度 ← ○ → 複雜程度

分子結構・流體流體・反應間之互相關係 ／ 程序・工廠・企業・環境之互相關係

圖3-3 化工領域之擴張與內涵

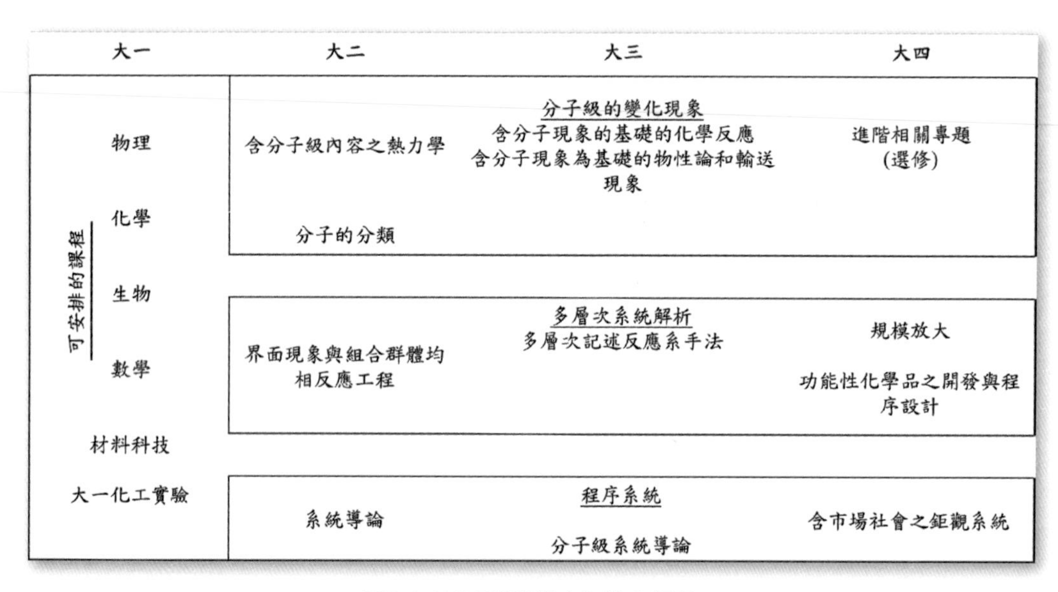

圖3-4 AIChE所建議宜加強之課程

為學生能在某些特殊領域能有較深鑽研與發展，不少大學提供不同學程讓學生選修，表3-6列示各校提供學程或選修課程的情況，◎印者代表全系必修，也即代表那領域是該系的特色，● 印是跨院系的硬性學程，學生需正式申請加入，○印者是自由選修領域，為避免所選課程過於分散而難能有較深鑽研，部分學校另規定並輔導學生須在所選領域需選複數課。

表3-5-1 國內普通大學化工系必修課--數學與自然科學

	臺大化工	清華化工	成大化工	中央化材	中興化工	中正化工	中原化工	大同化工	元智化工	淡江化材	長庚化材	義守化生	逢甲化工	東海化材	文化化材
數學															
微積分	8	6	6	6	6	6	6	6	6	3(6)	6	6(8)	4	6	6
工程數學	6	6	6	6	6	6	6	6	6	6	6	6	4	6	6
數值分析				3☆				3(0)	3(0)	0(4)	3	0(3)			
基礎科學															
普通物理	6	6	6	3(6)	6	6	3(6)	6	6	3(4)	6(3)	6	4	6	4
普通物理實驗	2	2	2	1(0)	2	2	0(0)	1(1)	0	0(2)	1	2	2	1	
普通化學	6	6	6	3(4)	6	6	3	6	6	4	6(3)	6	6	3	6
普通化學實驗	2	2	2	1(2)	2	2	1(1)	2	1(2)	0(2)	2(1)	2	2	1	2
有機化學	6	6(8)	6	6	6	6	4	6	6	4	6	6	6	6	4
有機化學實驗	2	4(2)	2	1(2)	1	2	1	2	1(2)	1(2)	1	2	2	1	1
物理化學	6	6(8)	6	6	6	6	6	6	6	6	6	6	6	6	4
物理化學實驗	2	4(2)	2	2	2	2	2	2(1)	1	1(2)	2	2	2	1	1
分析化學	2(3)		1								3		3		
分析化學實驗	1						0(1)				1				
儀器分析		3△	2	3	3(0)	3	3	3(2)	3	2(3)	3(0)	*	0(2)	3	
儀器分析實驗			1		1(0)	1		1	1	1	1(0)	*		1	1
普通生物	3*(0)	3*(0)		0(0)		3◆	2								
生命科學導論		3*(0)													
高分子化學(含物性)				3*				3	3						3
無機化學(材料)				3(0)					3	3				3	
材料科學				3★		3◆			6(含★)	3★					
環境科學															

★固態物理；△四門分析實驗選一門；◆生物或材料；＊多選一

3-5-2國內普通大學化工系必修課--工程科學

	臺大化工	清華化工	成大化工	中央化材	中興化工	中正化工	中原化工	大同化工	元智化工	淡江化材	長庚化材	義守化生	逢甲化工	東海化材	文化化材
工程科學															
輸送現象與單元操作(含分離技術)	9	9	9	9	9(6)	9	9	9	6	9(10)	9(6)	9	9	9	9
化工熱力學	3	3	3	6**	3	3	3(5)	3	3	3	3	3	3	3	3
化學反應工程	3	3	3	3	3	3	3	3	3	3	3	3	3	3	3
程序控制	3	3	2	3☆	3	3	3	3(2)	3	2	3	3	3	3	3
環境科學															
材料科技				6							6				
工程力學	4														
物理冶金															3
工程力學	4														

表3-5-3國內普通大學化工系必修課--應用工程

	台大化工	清華化工	成大化工	中央化材	中興化工	中正化工	中原化工	大同化工	元智化工	淡江化材	長庚化材	義守化生	逢甲化工	東海化材	文化化材
應用工程															
化工概論		1	0*	3	2(0)		1 (1)		3	3(4)	2		3	1	2
工程導論		2													
質能均衡 (化工計算)	3	3	3	3	3	3	3(2)	3	3	2	3	3	3	3	3
程序設計	3	3	3	4	3	3	3	3(2)	3	3	3	3	4	3	
化學工業程序	2		3					0(2)		3		3		3	
計算機 (概論，程式)	3	3(0)		3(4)	3		2	3(4)	6(9)	4^ (8)	3	3	4	3	
材料工程				6(0)										6	
工程圖學	2	2									0	0(1)		0	0(2)
電工學 (含實驗)	3		★					2(0)			0(3)				
化工安全					3(2)		2	3	3(0)				2(0)	1	
程序模擬														2	
實驗方法							2								
化工實驗	2	2	5?	6(2)	2(3)	4	4(6)	2	2	2(4)	2	2(4)	2	2	2
工廠實習										1	3				
學士專題 (含書報討論等)	1*		★		2(0)	0(2)	6	5		1	2△				2
材料實驗										1					

表3-6 各校提供學程或選修課程領域

	臺大化工	清華化工	成大化工	中央化材	中興化工	中正化工	中原化工	大同化工	元智化工	淡江化材	長庚化材	義守化生	逢甲化工	東海化材	文化化材
化工程序系統工程	○	○	○	◎	○	◎		○	○	○	○		○	○	○
尖端科技材料	○	○	○	◎	◎				○		○		○	○	○
高分子科技	○	○	○	◎	○			○	○	○	○		●	○	
醫學工程	○	○		○					○			○			
生物科技	○	○	○	◎	○			○	○			○	○		○
能源工程	○	○							○	○	○		○		
環境工程				○					○						
應用化學	○							○			○				
自動化製程									○					○	

●跨院系學程；○彈性輔導學域；◎全系必修學域

表3-7列示國內普通大學必修學分的內涵，並與2001年美國大學的平均值和日本化學工學會擬提的規劃案比較。美日兩國化工系大學部畢業學分分別為133和128，而國內大學除了清華、中央、元智和逢甲四校外畢業學分都在135～145，值得注意的是化工專業必修學分都比美日低，相對地，學程國內絕大部分學校都有15～30學分的必選或限選專業選修學分的要求，而其學分數逾化工專業必修學分之50%竟有12校(80%)之高的特殊現象。要在有限時間內培養踏實的化工人才，應全心全力打好學生對化學工程科學的了解和基本化工工程學識，有堅固的化學工程科學基礎，學生才有能力在尖端科技裡挑起化學工程師可發揮的局面。希望負有培養下一代化學工程師的教授們了解在沙灘是建不了高樓大廈之理，而用心於專業必修課程(化學工程科學等)的教學。

3-7 2012年與2023年國內普通大學必修學分的內容分析

	共同必修（含通識）		基礎科學		化工專業必修學分		學程必選或專業限選		自由選修學分		畢業學分（最低）	
年代	2012	2023	2012	2023	2012	2023	2012	2023	2012	2023		2023
USA*	30.2		32.8		45.7		-		10		133	
Japan**	17		42		53		-		4		128	
臺灣大學化工	30	24	51	45	38	38	18	21	3	6	140	134
清華大學化工	30		55		35		10		-		128	
成功大學化工	32	28	48	22	29	55	24	10	10	12	145	138
中央大學化材	30	25	57	50	42	41	12	13	-		128	128
中興大學化工	30	28	47	44	36	38	31	27	14	0	142	137
中正大學化工	28	28	56	33	31	44	23	20	8	6	141	131
中原大學化工	22	34	44	32	43	39	22	9	6	14	141	128
大同大學化工生技	32	28	50	51	39	22	24	27			140	128
元智大學化材	33	31	40	33	25	50	15	15	-		128	129
淡江大學化材	31		40		38		43		-		142	
長庚大學化材	30	通識29	53	40	40	45	22	13	4	4	140	131
義守大學化工生技	30	28	46	46	32	28	30	26	-		135	128
逢甲大學化工	28	28	32	32	48	48	23	13	9	9	130	130
東海大學化材	22	28	47	49	35	33	27	21	-	6	137	137
文化大學化材	32	32	39	37	27	27	28	28	-	-	135	128

多校平均值，**日本化學工學會2004提案。

三、研究所的課程

國內大學的第一所研究所是1956年清華大學在新竹復校時所設立的「核工研究所」。它的設立曾風靡了當時很多因家境而不敢妄想留美的理工系畢業生。

世界上大學研究所有兩類，一是課程與研究並重的如美國大學研究所，另一是重創意研究的歐洲式研究所。前者要求學生必修進階的科學相關課程來加強學生能以科學理論解析相關事項。而後者只收高素質的學生念研究所，重點放在培養獨立思考，學生素質較優，故懂得自修進階課程和自擬研究目標，所以少有課程要求或資格考試之門檻。我國的大學化工研究所所標榜的教育宗旨來看，都明示其宗旨在於培養更深一層的化學工程科學基礎和在碩士班學的如何從事有創見研究，而博士班則能獨立思考從事有創見的研究之中高級化工工程人才。從課程的安排來說，我國的大學制度是沿襲美國大學研究所的制度，美國各大學化工系研究所對奠定學生的化學工程科學基礎用心甚深，尤其在碩士階段都會要求修四門高等化學工程科學相關課程，表3-8列示各大學化工研究所必修學分的要求和其核心課程。除了所列的核心課程外，各校教授都就其專長領域開了不少選修課程(表3-9舉中央大學為例)。國內碩士班大都只要求修三門核心課程，在博士班只有1/3的大學對修核心課程有進一步的要求，2/3的學校則採取開放政策，而把重心放在論文研究，在美國大學研究所有不少碩士班兼有進修階的科學相關課程和工程學識為目標的碩士學程，來培養企業所需的中高級工程人才，但國內各大學則把研究所視為招募教授進行研究所需人力的主要來源，而忽略了培養學生更深一層的化學工程科學基礎的宗旨。

對博士班，各校雖都有某種形式的資格考試，但不少學校所抱持的態度是儘量保留研究人力資源，能收則收的態度，且另定各種補救的辦法，甚少淘汰多次考不過資格考試的學生。這也是近年來，學生素質低落，導致國內博士氾濫的原因吧！

表3-8國內各大學化工研究所必修學分的要求和其核心課程

研究所		課程以外的學分要求
碩士班	2012*	論文(6)，專題討論(2-4)，專題研究(2-4)
	2023	論文(6)，專題討論(0學分4學期)_成大 論文(6)，專題研究(1-2)_長庚 碩士論文(2-6)，專題討論(2-4)_中正化工
博士班	2012*	論文(12)，專題討論(4-6)，專題研究(4-6)
	2023	論文(12)，專題討論(0學分6學期)_成大 論文(6) _長庚 博士論文（4-6），博士專討(4-8) _中正化工
博士班(直)	2012*	論文(6)，專題討論(4-6)，專題研究(4-6)
	2023	論文(12)，專題討論(0學分6學期)_成大 博士論文（4-6），博士專討(4-8) _中正化工

*2012年資料。

從19世紀末經百多年的演變，化學工程從工業化學為主軸的時期，經過單元操作為主流，再演變以化學工程科學為其核心的工程，其所面對的對象從串聯Mesoscale的化工裝置擴大至巨觀級的全廠，再擴大至包含社區甚至整個地球的超巨觀；而另一方面也隨化學與生物學的進展，化工程序也鑽進分子級的微觀眾的分子化學工程現象，如精密化學品，電子工業，生物，生醫領域開拓出化學工程的新領域，以化學工程科學的基礎來解析Plasma反應、光化學反應、細胞內的各種現象，也就是說我們該如何革新化學工程的核心課程，來培養我們的學生能正確的掌握任何化工程序的現象，來構思新程序或合成新物質再應用程序系統的學識，去模擬與創造合乎環境與經濟的新化工程序。

		課程要求					
		碩士班		博士班		博士班(直	
校名	所定核心課程	課程總學分	核心課	課程總學分	核心課	課程總學分	核
臺灣大學化工	高等流體力學(3)、高等熱質傳(3)、高等熱力學(3)、高等反應工程(3)、高等化工應數(I、II)(3、3)	24	9+	15	12+	36	1
清華大學化工		24	4 字頭以上	18	5 字頭以上	24	5 頭
成功大學化工	化工背景:高等熱力學(3)、高等反應工程(3)、高等輸送現象(3) 非化工背景:化學工程一(3)、化學工程二(3)	24	化工背景:9+ 非化工背景:6+	18	化工背景:9+ 非化工背景:6+	42	9
中央大學化材	高等熱力學(3)、高等反應工程(3)、高等輸送現象(3)、材料物理(3)、材料鑑定(3)、軟質材料(3)	24	9+	18	12+	34	1
中興大學化工	高等化工熱力學(3)、高等化工動力學(3)、高等輸送現象(3)	24	6	18	6	34	
中正大學化工	高等熱力學(3)、高等反應工程(3)、高等輸送現象(3)	18	6+	18	-	36	
中原大學化工	高等流體力學(3)、高等熱質傳(3)、高等熱力學(3)、高等反應工程(3)、高等程序控制(3)、高等化工應數(3)、高等物理化學(3)	24	9+	18	9+	30	9
大同大學化工生技	高等化工熱力學(3)、高等化工動力學(3)、高等輸送現象(3)、高等高分子科學(3)、高等有機化學(3)	24	9	18		36	
元智大學化材	高等輸送現象(3)、高等化工熱力學(3)、高等化工動力學(3)、高分子物理(3)、材料物理化學(3)、物理冶金(3)	27	6	21	-	30	
淡江大學化材	A組：高等流體力學(3)、高等熱質傳(3)、高等熱力學(3)、高等反應工程(3)、科技論文寫作 B組：高等物化、高等固態物化、高等材料熱力、材料分析特論、科技論文寫作	31	13+	18	-		

校名	所定核心課程	課程要求					
		碩士班		博士班		博士班(直)	
		課程總學分	核心課	課程總學分	核心課	課程總學分	核心課
長庚大學化材	碩士班：高等反應工程、高等輸送現象、高等程序工程、高等熱力學、高等有機材料、高等無機材料 博士班：高等反應工程、高等輸送現象、高等程序工程、高等熱力學、高等有機材料、高等無機材料、生化工程、生醫工程	32	3	28	6		
義守大學化工生技	化工：高等化工熱力學、高等化學反應工程學、高等輸送現象、高等物理化學 生物：分子生物學、高等生化工程、生物技術程序、高等生物化學	24	9+	18	9+		
逢甲大學化工	高等熱力學(3)、高等反應工程(3)、高等流體力學(3)、高等熱質傳(3)、高等物理化學(3)、生化工程特論	24	14+	18	11		
東海大學化材	高等熱力學(3)、高等反應工程(3)、高等輸送現象(3)	20	9+	18	-		
文化大學化材	A組：高等熱力學(3)、論文研究(全)(2)、高等材料分析(3)、結構分析與X光繞射(3) B組：高等熱力學(3)、論文研究(全)(2)、高等輸送現象(3)、高等化學反應工程(3)	30	14				

表3-9研究所選修課程之例(中央化材)

高生物化學工程、分子模擬、膠體與界面科學、電子材料科學、高等應用電化學、生物高分子、生物啟發材料、有機金屬化學與應用、奈米薄膜製程與分析特論、近代工程物理、科技論文寫作、物理生物化學、生醫材料、X光/中子散射及反射物理原理與應用、微生物應用工程、材料相變化學、鋰離子電池技術與材料、工程統計學、電路板製程與材料

第四節　研究

一、化工學術研究的萌芽

臺灣的化工教育體制建立雖可溯至1930年代，但1940年以前之學術研究情況僅有臺南高等工業學校發行之學術報告可窺見其一二，其後由於二戰熾烈有關學術研究的記錄甚少。該校應用化學科二位擁有博士學位的教授，佐久間巖和竹上四郎，都很努力從事研究工作，其中尤以科長佐久間教授更重視研究。由該校自1935年開始發行的五期學術報告可看出，第一至第五號共刊登18篇論文報告，皆由佐久間巖教授帶領科內百瀨五十助教授、賴再得囑託(後來升任教授)、陳發清(後來擔任臺大化學系教授)、正村準之助及長谷川潤作等幾位同仁一起完成的。其中有關木蠟漂白之研究共有11篇，以及與甘蔗糖色素、海人草、米糠油、以蘇打法蒸煮臺灣紅松之試驗、油脂中有機夾雜物、蓖麻油及落花生油相關的研究。

臺北帝國大學於1941年設立工學部時，因時值戰時，資源較欠缺而且由日本本土要運來臺灣的儀器設備在途中被炸沉，但教授們仍戮力進行熱帶資源利用研究的使命，也協助軍方從事研究。應用化學科加藤二郎和山下正太郎二位教授曾分別以電化學專業和香料知識，協助業界解決技術問題。加藤二郎與黑澤俊一二位教授則參與定時炸彈的研究；山下正太郎教授接受陸軍委託，進行飛機燃料辛烷值測定的相關研究。(以上二段由本篇編輯翁鴻山教授執筆。)

戰後臨近十年的兵荒馬亂的動盪時期，國內大學都面臨資源短拙，只夠維持教學，教師薪薄多得兼差始能維持家計的狀況下，大學裡能留在崗位從事研究的除了像臺大化學系等少數幾所外研究風氣不是很盛，化工領域則僅有臺大有魏喦壽教授(豆腐乳，綠藻，麩胺酸等之醱酵)，成大有賴再得教授(鈾之光譜光度的研究)，曹簡禹教授(由糖蜜製塑膠)，勉強點綴了國內化工學術研究的存在。

1958年政府設立長期科學發展委員會(國科會的前身)，開始補助從事基礎研究的學術機構硬體的建設經費，給從事研究教授相當於當時薪俸的獎助金，資送研究人員赴國外進修，邀請國外客座教授來臺經費。成功大學在賴再得主任用心鼓勵下掀起學術研究，成為國內化工學術研究的先河，進而於1962創設國內第一所化學工程研究所。接著1962-

1980國內就有6所碩士班，4所博士班相繼成立，充實了研究人力，學術研究也成了各校發展的主要指標，而研究結果也逐漸在國際期刊上出現，國內化學工程在學術研究上領先了國內其他工程學門。

二、國內化工學術研究的成長

在1980年代前，國內大學整體學術研究尚未達臨界力量(Critical mass)，國科會的資助仍屬鼓勵教授投入研究性質，所以研究題目也多由教授零星提出，化工學門在雷敏宏教授(國科會顧問)負責推動「觸媒」為主軸的跨校研究，也是化工領域最早的重點研究。1979年林垂宙(國科會客座專家)趁舉辦高分子科技研討會，擬定國內高分子產學的研究發展重點，並在李卓顯博士國科會工程處長的支持下，化工學門得由學門同仁規劃化工科技的研究重點。圖4-1揭示1982-2002 這20年化工學門(不含高分子領域)從國科會獲得的計畫件數與經費的成長圖，經過20年的努力，核准計畫件數從40增加到270，而經費規模也擴張了十三倍。

圖4-2揭示1980-2002這段時期計畫主持人的人數和資位的增加狀況，而圖4-3則揭示了參與國科會補助研究計畫的研究生人數，這段期間國內化工研究所碩士班從6校增至15校，博士班從5校擴大至13校，也是研究人力的增大的原因。

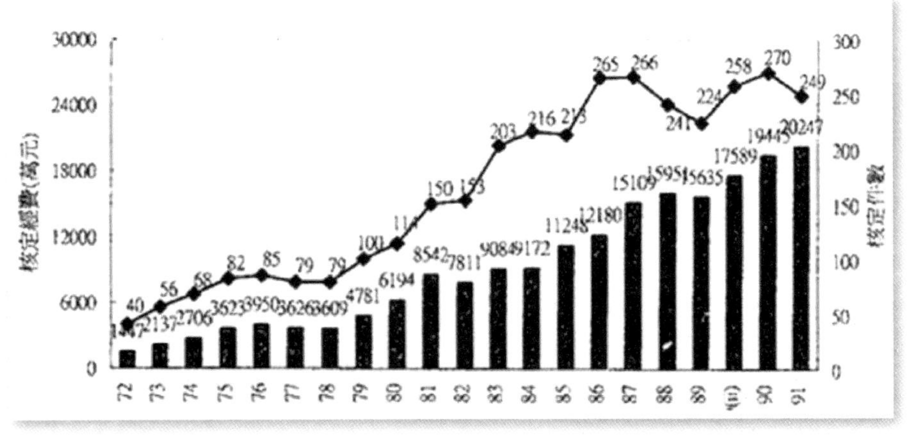

圖4-1 1982-2002期間國科會化工學門核定件數與經費成長圖。

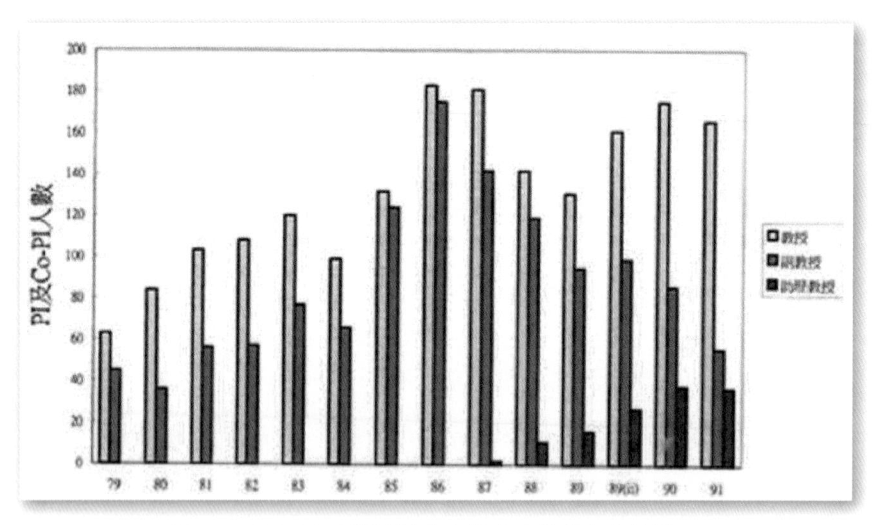

圖4-2 1980-2002期間計畫主持人人數與資位統計。

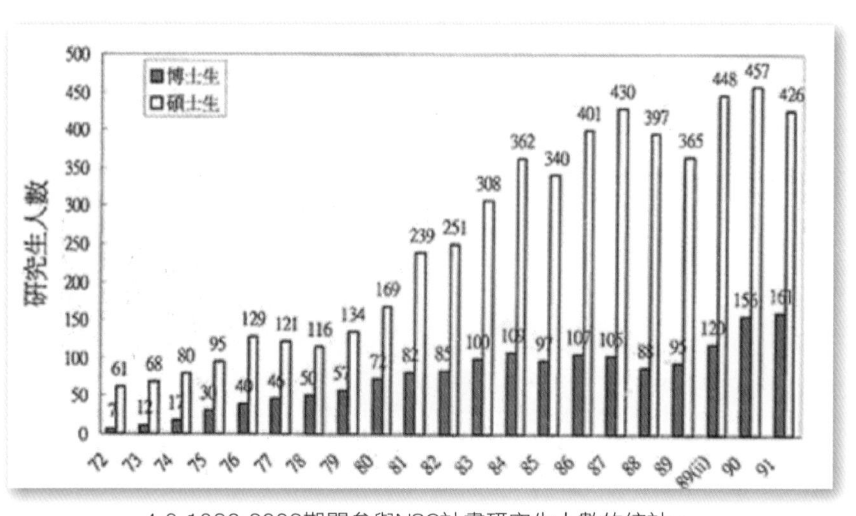

4-3 1980-2002期間參與NSC計畫研究生人數的統計。

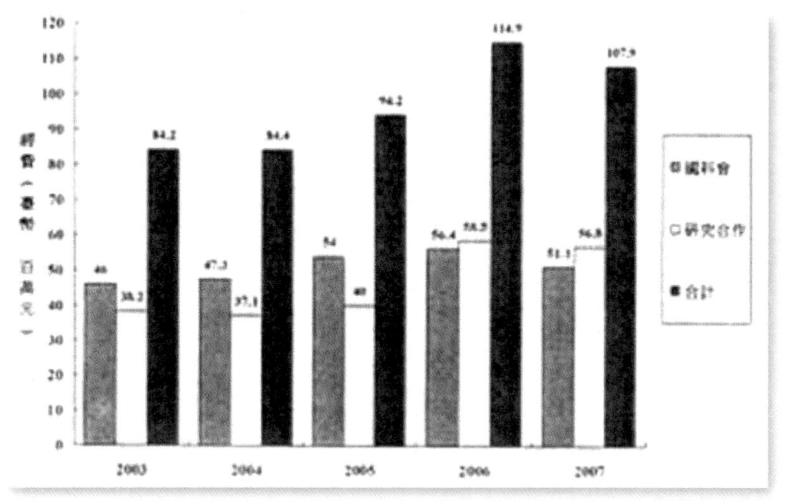

圖4-4 研究經費的來源分析。(臺大化工系之例)。

早期，政局不穩，財力拮据，教育預算只夠勉強維持教學，國內大學研究經費幾全賴國科會補助。隨著國內經濟好轉，大學裡的研究資源多元化，國科會的補助所佔的百分比逐漸下降，以臺大2002-2007年為例，如圖4-4所示來自國科會的研究經費約為50%，來自其他合作研究也約為50%。

三、研究領域的擴張與變遷

表4-1與4-2分別列示1986-2001年期間國內大學化工碩士論文和博士論文領域的分佈，而表4-3則列示2009年國內大學化工研究生(含碩、博士)畢業論文領域的分佈。就這些表的數據來看國內化工系的研究領域，在早期(1985年以前) 由於研究人口稀少，研究領域也就集中於輸送現象、反應工程、程序控制、高分子科技等四領域。隨著研究人口的增加，研究領域就擴展至生化工程、熱力學、電化學、生醫工程，到了1990後化工系的研究也進入電子與材料等相關領域。近年來，隨著化學工業重心轉型，研究對象也從基礎理論趨向應用型的研究，論文內容也轉趨應用化學型，另值得擔憂的是在化工系的研究裡幾乎看不到能源或食品與生活相關頗重領域的研究，這是外國少見的現象。

表4-1 1986-2001期間國內大學化工碩士論文領域的分佈

年代	75	76	77	78	79	80	81	82	83	84	85	86	87	88	89	90
單操與輸送	41	39	39	30	37	30	48	50	53	44	41	66	70	69	64	62
反應工程與觸媒	43	61	32	47	32	50	49	51	66	50	62	51	48	59	68	83
程序控制	21	20	27	37	34	28	38	56	47	43	59	52	39	39	59	45
電化學	18	15	9	18	14	21	16	23	34	29	28	30	39	49	56	51
生化工程	7	18	4	7	8	31	40	57	49	59	60	79	70	93	116	125
熱力學	2	4	3	12	16	10	17	15	18	24	21	15	29	47	22	23
能源工程	1	0	1	1	5	3	0	9	7	7	0	4	0	8	4	5
材料工程	13	4	14	28	24	26	25	40	32	43	58	87	75	78	110	112
污染防治工程	1	3	12	7	14	23	25	24	24	40	32	48	34	28	28	40
生醫工程	4	3	5	3	5	5	10	9	14	16	13	18	29	21	13	34
電子材料蝕刻工程							13	10	5	23	18					
食品工程							0	0	6	20	14	23	10	15	26	24
表面界面科學												0	31	28	20	32
應用化學												0	26	41	62	52
其他	0	0	0	0	25	56	48	1	17	36	44	25	3	5	4	45
高分子	56	50	60	98	75	87	98	100	181	172	155	158	152	178	181	214
合計	207	217	206	288	289	370	427	445	553	606	605	656	655	758	833	947

表4-2 2002-2022期間國內大學化工博士論文領域的分佈

年代	91	92	93	94	95	96	97	98	99	100	101	102	103	104	105	106	107	108	109	110
單操與輸送	58	89	61	87	66	75	61	69	54	72	76	76	51	95	48	59	64	67	43	65
反應工程與觸媒	76	79	78	89	123	91	122	109	141	126	95	103	157	93	87	95	90	77	93	108
程序控制	52	52	55	82	73	63	76	70	78	82	60	76	86	73	73	56	59	53	64	70
電化學	67	59	68	97	138	128	150	164	177	209	170	210	43	160	172	195	188	196	231	203
生化工程	127	101	132	114	127	132	149	139	165	169	134	153	128	150	158	208	163	135	174	159
熱力學	58	52	45	77	63	78	45	92	95	62	67	58	86	65	79	67	46	55	49	58
能源工程																				
材料工程	86	95	108	94	103	181	179	224	233	198	171	175	120	105	133	105	143	133	173	125
污染防治工程	51	48	51	42	81	81	112	114	80	100	58	53	49	53	88	55	72	63	65	65
生醫工程	52	74	59	69	96	100	97	91	150	149	152	148	130	116	143	134	138	158	188	137
電子材料蝕刻工程																				
食品工程	5	6	11	6	10	9	7	6	11	11	20	13	64	9	32	39	42	97	103	71
表面界面科學																				
應用化學																				
其他	110	163	80	115	219	157	253	229	240	286	231	255	282	199	260	214	227	229	148	191
高分子	241	297	269	283	338	331	376	374	375	410	306	350	247	279	328	314	265	259	282	260
合計	983	1115	1017	1155	1437	1426	1627	1681	1799	1874	1540	1640	1443	1397	1601	1541	1497	1522	1613	1512

表4-3 2009國內大學化工研究生畢業論文領域的分佈

校名	領域														
	輸送現象與單元操作	反應工程	程序系統工程	熱力學與界面	高分子化學	高分子加工	高分子物理	電化學工程	生化工程	生醫工程	無機材料	環境工程	食品工程	其他	合計
臺灣大學化工	8	12	10	11	11	2	4	7	8	6	5	8	0	2	94
清華大學化工	0	9	9	1	4	9	7	1	9	14	19	0	0	0	82
成功大學化工	0	4	6	4	22	3	7	9	14	2	4	5	0	57	137
中央大學化材	2	17	2	0	10	0	4	3	8	5	15	0	0	0	66
中興大學化工	6	4	0	1	17	7	1	8	12	9	0	0	0	4	69
中正大學化工	8	5	2	0	3	6	2	5	8	6	11	0	0	5	53
中原大學化工	5	6	8	8	8	4	6	3	4	3	0	2	0	0	57
大同大學化工	0	10	1	1	9	0	0	2	0	0	0	1	0	4	28
元智大學化材	0	6	2	0	1		10	2	7	0	10	5	0	20	63
淡江大學化材	10	0	5	0	3	1	5	2	0	0	5	1	0	0	32
長庚大學化材	16	0	3	1	7	2	0	7	0	5	14	2	0	1	58
義守大學化工生技	3	6	1	0	1	0	1	1	8	0	1	0	0	1	26
逢甲大學化工	0	3	3	0	4	0	2	6	7	3	7	0	0	0	35
東海大學化材	0	3	3	1	1	0	5	6	7	1	1	1	0	0	29
文化大學化材*															
小計	52	85	55	27	101	34	54	62	84	54	92	34	0	94	829

*缺少數據。

四、學術研究量與質的迷思

如果研究成果的評量是所發表的論文(當然論文不該是唯一標準)，讓我們來檢討化工學門兩百多位計畫主持教授的研究成果，圖4-5列示1997-2001年國內化工(不含高分子)領域在SCI期刊發表的論文篇數，以2001年為例，243位教授共發表了537篇SCI期刊論文，平均每位教授發表了2.8篇，如以圖4-6所示2002-2007年臺大化工系為例每位教授平均發表了近6篇。依表4-4據元智前副校長林勝雄教授整理的SCI論文篇數與教授之比來說，臺灣化工學門255人。在1995-1999年每人每年平均發表了2.13篇；此值在化工教授逾百的國家僅次美國排名第二，藉論文篇數來滿足自已的虛榮罷了。但事實上我們在國際化工學術界的貢獻尚遠不如英，德，日，澳等國。如以「標準化影響係數」(扣除自我引用次數的被他人引用次教除以同領域的平均引用次數，CPPx/FCSm)來評價臺灣化工學門的「標準化影響係數」是0.74，同期荷蘭為1.73；美國為1.39；英國為1.39；法國為1.16；以色列為0.91；日本為0.89。這評價數據指出了我們的研究被以論文篇數做評價的代價。故石延平教授曾坦白說「我曾發表了近兩百篇論文，但我最大的願望就是其中能有一篇論文內容能為企業界所用！」。

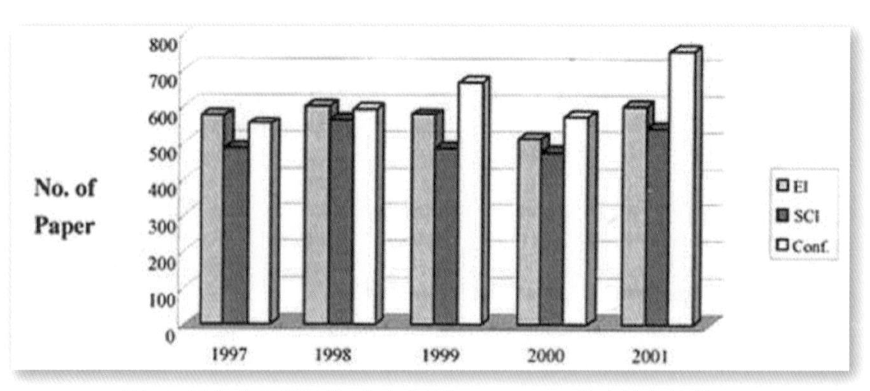

圖4-5 國內化工領域(不含高分子)1997-2001發表論文件數。

表4-4 世界主要國家化工學門SCI期刊論文篇數的統計

Rank	Country	Fac	P95/F	P96/F	P97/F	P98/F	P99/F	總平均
1	USA	1884	2.05	2.23	2.25	2.33	2.35	2.24
2	Taiwan	255	1.72	1.97	2.19	2.33	2.45	2.13
3	Japan	345	1.49	1.90	2.21	2.38	2.32	2.06
4	Korea	160	1.29	1.61	1.84	2.28	2.67	1.94
5	Canada	298	1.83	1.90	1.86	1.94	2.02	1.91
6	Australia	121	1.40	1.49	1.55	1.85	1.99	1.66
7	UK	384	1.17	1.13	1.08	1.20	1.23	1.16
8	Turkey	135	0.49	0.64	0.81	0.84	0.81	0.72
9	India	169	0.49	0.55	0.56	0.33	0.82	0.65
10	Netherlands	183	0.55	0.40	0.46	0.58	0.59	0.52
11	Spain	179	0.37	0.29	0.44	0.45	0.44	0.40
12	China	141	0.32	0.30	0.28	0.42	0.49	0.36

Source：S. H. Lin(Yuan Ze Univ.)

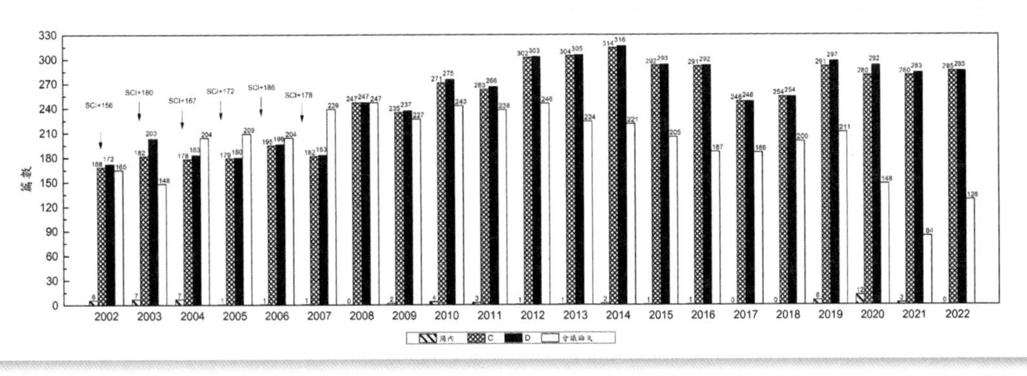

圖4-6 教授發表論文的統計。(統計臺大化工2002-2022為例)。

日本京都大學吉田教授來清大化工系訪問留念_民國63年
(本頁照片皆由「飛躍的半世紀」複製。)

中原理工學院(中原大學前身)創學初期，
授課教授上課實景_民國47年。

東海化工系教授群攝於東海理學院門口_民國48年。

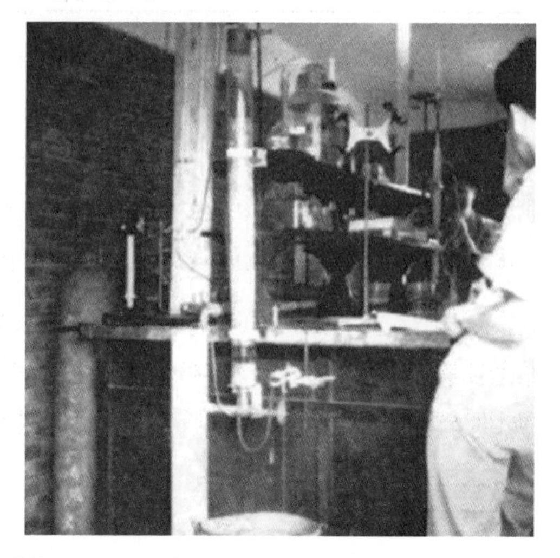

東海化工系單元操作實驗課一景-1959年。

附錄 大事紀

年代	紀事	備註
1918	日據臺灣總督府於臺北科大現址創設總督府工業學校時設立「應用化學科」為臺灣化工學校教育之始。	高工教育
1922	總督府工業學校改為五年制的州立臺北工業學校，仍有「應用化學科」	
1931	日據臺灣總督府在臺南設立臺南高等工業學校時創設應用化學科。	專科教育
1941	於1928創設於臺北的臺北帝國大學，增設立有五個講座的工學部應用化學科。	大學教育
1944	三月底該校改制為「臺南工業專門學校」，同年應用化學科改稱工業化學科。	
1945	學制由日本學制改為當時中國沿用的學制，所有應用化學科均改稱「化學工程學」系或科。臺北帝國大學改制為國立臺灣大學；臺南工業專門學校改制為省立臺南工業專科學校，工業化學科改稱化學工程科。	終戰 國民政府 接管臺灣
1947	省立臺南工業專科學校升格為臺灣省立工學院，而化學工程科改為化學工程系。	
1951	兵工學校設立化學工程系(現新生南路)。	
1952	臺大和省立工學院化工系增為兩班。 臺大首設化工機械(單元操作)實驗室。 美援總署遣普渡大學Shreve教授考察臺灣省立工學院化工系，擬美援該系方案。	
1953	Prof. Shreve建議新建「化工實驗室」，依美援方案Doody教授抵臺，擔任臺灣省立工學院化工系客座教授，開授「化工熱力學」等課。 省立工學院化工系併進電化系的部分學生與設備。	
1954	臺大開始增收僑生班；省立工學院開始收僑生	大學聯考 開始
1955	私立東海大學於臺中創立，設有化學工程系(單班)。 私立中原理工學院於中壢創立，設有化學工程系兼收夜間部學生。	
1956	臺灣省立工學院改制為省立成功大學。	
1958	成大化工系接受美援所建化工實驗室落成含單元操作與單元程序兩系列的實驗室。	
1961	臺大化工系陳成慶教授以Bird等著的”Transport Phenomena”為教科書開授「輸送現象」。	
1962	成功大學化工系首創研究所碩士班。	
1963	阮騫鴻教授於成大化工碩士班開授「化工動力學」。	
1964	臺灣大學化工系設研究所碩士班。	

年代	紀事	備註
1965	教育部頒布化工系大學部必修學分新增「化工動力學」	課程標準大幅修訂
1968	化工反應工程列為部訂必修課程。 文化大學造紙及陶業專修科改制為化學工程系分設造紙組與陶業組。	
1969	成功大學化工系首創研究所博士班。 中正理工學院(兵工學校)化工系設研究所碩士班。 國立中央大學在中壢復校設化學工程系。	
1970	臺灣大學化工系設研究所博士班，並於大學部試行分高分子化工組與一般化工組。 國立中央大學在中壢復校設有化學工程系。 私立大同工專升格學大同工學院設有化學工程系。	
1971	私立淡江大學增設化學工程系。 私立逢甲大學創於臺中設有應用化學系。	
1972	國立清華大學增設工業化學系所。 臺大化工系1970的分組教學因效果不著而取消。 淡江大學大學部准收夜間部學生。	
1974	國立臺灣技術學院創於臺北，設有化學工程技術系。 私立中原大學化工系設立應用化學研究所碩士班。	技職教育系統
1976	國立中央大學化工系准設研究所碩士班。	
1977	教育部頒布工學院化工相關系部定專業必修學分為80學分。	
1978	國立清華大學工業化學系增設高分子研究所(碩士班，博士班)。 教育部頒布部訂專業必修學分80學分。	
1980	清華大學工業化學系獲准改為化學工程系，高分子研究所也併入化工系。 成功大學化工系再增招一班。 中原大學化工系應化研究所改制為化工研究所，並獲准設博士班。 中正理工學院化工系(兵工學校)設研究所博士班。	
1981	大同工學院化工系准設研究所碩士班。 逢甲大學應化系獲准改制為化學工程系並增設研究所碩士班。	
1983	教育部刪減工科核心最低必修學分為50學分。	
1984	中央大學准設研究所博士班。	
1986	大同工學院化工系准設研究所博士班。	
1989	私立元智工學院於桃園內壢成立，設有化學工程系。	
1990	元智工學院化工系准設研究所碩士班。 私立高雄工學院於高雄縣大樹成立，設有化學工程系。 東海大學化工系准設研究所碩士班。	

年代	紀事	備註
1992	淡江大學大學化工系准設研究所碩士班。	
1993	中興大學准增設化學工程系。 私立長庚大學准設化學工程系。 國立中正大學於嘉義成立，並設化學工程碩士班。	
1994	新大學法公佈，研究所碩士班與博士班併入各相關學系。	
1996	長庚大學化學工程系准設研究所碩士班。	
1997	元智工學院升格並改稱元智大學 中興大學化工系准設研究所碩士班。 高雄工學院升格並改稱義守大學。 中正大學獲准設化學工程系大學部。	
1998	元智大學化工系准設研究所博士班。 中正大學化學工程系准設研究所博士班。	
1999	長庚大學化學工程系改制為化工與材料工程系，並准設研究所博士班。	
1999	大同工學院改名為大同大學，化工系正名為大同大學化學工程學系。	
2000	中興大學化工系准設研究所博士班。 逢甲大學化學工程系准設研究所博士班。 東海大學化工系准設研究所博士班。	
2001	淡江大學大學部准設研究所博士班。 中央大學化學工程系改制為化學工程與材料工程系。 文化大學化工系改制為化學工程與材料工程系。	
2002	義守大學大學化工系准設研究所碩士班。	
2003	淡江大學化工系改制為化學工程與材料工程系。	
2004	元智大學化工系改制為化學工程與材料工程系。	
2006	義守大學大學化工系准設研究所博士班。	
2008	東海大學化工系改制為化學工程與材料工程系	
2016	成功大學通識教育刪減4學分，化工系學士班畢業學分降為140學分。	
2019	大同大學化工系與生物工程系合併為化學工程與生物科技學系。	
2020	中央大學准設研究所工學博士班。	
2021	成功大學化工系學士班實驗課程整併，畢業學分降為138學分。	
2021	中國文化大學奈米材料碩士班因配合學校系所名稱合一政策，已更名為化學工程與材料工程學系碩士班。	

化學工

第七章

國立成功大學化工系名譽講座教授　翁鴻山

化工教育之檢討及展望

一、化工教育之回顧

自1918年臺灣總督府「民政學部該附屬工業講習所」升格為「臺灣總督府工業學校」，設置應用化學科起，歷經創設「臺南高等工業學校」應用化學科，1943年在「臺北帝國大學」增設內含應用化學科的工學部，在日治時期培育了少量應用化學領域的人才。

1945年臺灣光復後，除教育的體制和內容皆有重大的改變外，因不復有臺籍 / 日籍學生比例的限制，受教機會大增，以及政府發展教育的政策，學校和學生數量急遽增加。1950年起，美援的挹注以及美國教育理念的導入，使得臺灣中等以上的職業教育與高等工程教育，有巨幅的改變。上列二個因素應是造就1950年代臺灣經濟開始明顯成展，及隨後持續發展與1980年代臺灣經濟快速成長的原因。當然，化工科系所培育的人才，在這方面有重大的貢獻。

在1953年以前，臺灣共有工業職業學校十八所，分為初級與高級兩種，初級部因其畢業生不受業界歡迎，後來皆停辦。十八所工業職業學校中，有八所為省立。所設之科別分為機械，電機，化工，土木及礦冶五科。依學校規模設一至五科，但每一科範圍太廣，且教學太過理論化，培育的畢業生並不受工業界歡迎。為改進上列問題， 1958年，教育部決定各省立工職內之土木、化工、礦冶三科從1958學年度起不再招生。並為配合社會實際需要，原則上採取一面擴增工專或增辦工專，一面以新的相關單位行業訓練科目來代替，其中化工科改辦化驗科。1956年以後，因為本省教育當局全力發展職業教育，鼓勵新設私立職業學校。1956-1960年設立的私立工業職業學校共有四所。

戰後初期，大專層級的化工人才，主要是依賴省立臺北工業專科學校、省立工學院及臺灣大學三校培育。1955年起，因東海大學、中原理工學院、清華大學、中央大學、中國文化大學、大同工學院及淡江文理學院，陸續設置化學工程系(或工業化學系)，畢業生急速增加。同一時期，在教育部積極發展技職教育鼓勵下， 許多工業專科學校也相繼設立，至1980年已有24所二專或五專開辦化工類的學科，專科層級的化工人才也大幅增加。然而二十餘年來，工業專科學校陸續改制為技術學院，甚至改制為科技大學，目前已無工科類的專科學校。此一風潮所引發專科層級化工人才短缺的問題，值得審思。

二、化工教育之檢討

自1918年設置含應用化學科的臺灣總督府工業學校起，臺灣境內的工職學校至大學培育了無數化工類人才，對臺灣化學工業的發展作出極大的貢獻，在所謂「臺灣經濟奇蹟」的舞台上扮演了主要的角色。然而隨著環境的變遷以及技職與大專教育政策的改變，目前技職與大專教育和化工教育面臨許多問題，亟需檢討原因予以改進。

(一) 技職與大專教育面臨的問題：

1. 許多高職教師是由非專業科系畢業(已逐年改善)或欠缺專業技術訓練，學生要從實習課學習技術無法落實；技術學院與科技大學多數教師也欠缺實務經驗。

2. 政府投入技職教育的經費偏少。

3. 由於先前大專教育政策未能權衡國家社會的實際需求，於1997年起容許專科學校改制，五年內有三十幾所改制，校數因而銳減，目前已無工科類的專科學校，導致企業界無從聘用專科畢業生，中層工程技術人員因而逐年減少。

4. 大專院校過分的擴張(80學年度有普通大學21所、普通學院26、科技大學0所、技術學院3所、專科學校73所，合計123所；90學年度有普通大學45所、普通學院23、科技大學12所、技術學院55、專科學校19所，合計154所) ，不僅拉低入學學生的素質，也稀釋了師資及外在可提供的資源；而國立大專院校的增設，則導致政府分配給各校的經費明顯減少，教學效果降低。P.240 倒數第4項

5. 入學學生的素質降低，加之，有些學校之教學績效欠佳，企業界不願聘用其畢業生。

6. 技術學院與科技大學的課程幾乎與普通大學相同；校內實習課變少，校外實習也幾乎沒有。

7. 大學和技術學院的學生自第三學年下學期起，就忙著準備研究所甄試或入學考試，無心上課或選修較輕鬆的課，而未能踏實地學好該學的知識與技術。

8. 大專生延後畢業的現象日益惡化，一百學年度(2012年)已高達19.1 %。延後畢業的原因中，功課欠佳未能修滿學分及選讀輔系或雙主修者僅占少數，多數為想重考研究所、逃避兵役或不願承受就業壓力。此一現象不僅造成浪費教育資源，也使得投入就業人力下降。

9. 學校和業界的聯繫太少，開授應用性的課程不夠多，建教合作研究很少。

10. 學生外國語文能力及國際認知不足。

（二）化工教育面臨的問題：

1. 少數化工廠未能作好污染防治及輕忽工廠安全而發生多起事故，社會大眾對化工廠產生偏見，高中學生不願意選讀化工科系，導致：

   (1) 許多校院將化工系改名；

   (2) 甚至有私立校院停辦化工科系，改設其它科系。

2. 1980年代環保與生物科技的興起，以及隨後半導體與光電公司的大量創設，雖然導致學生學習化工課程的意願降低，畢業後選擇傳統化公司的意願大幅降低。但是由於這些公司吸納許多化工畢業生，使得高中學生不願意選讀化工科系的現象已有轉變的跡象。

3. 同上列的原因，教師及研究生們也轉向研究半導體、光電與生物科技等相關題目，鮮少研究化工方面的課題。

4. 有些學校為節省材料和藥品的支出，實習或實驗課的組數減少、每組學生人數增加，或學生實驗室有些儀器設備專供教師和研究生使用，對大學部學生只作示範講解，因此學習效果降低。

(三) 對改進上列問題的建議：

1. 教育部宜慎重參考經建會收集的產業人力資料，規劃調整各校院科系所及招生名額。

2. 教育部宜定時檢討技職教育之成效，行政院也應寬列預算協助改進技職教育，並儘速核定最近教育部提出之「技職教育再造方案」。

3. 由教育部和各工會協商，訂定技職教師接受專業技術訓練的計畫，並落實執行。

4. 在技術學院和科技大學設置有化工類科的專科部。

5. 請化工學會加強宣導化工科系學習的內容及畢業後的就業情形，包括：有約半數的化工科系所畢業生在光電和半導體產業任職，讓中學生和家長們對化工科系及畢業生出路有正確的認識。

6. 配合化工學會推行化工證照制度，鼓勵各化工公司聘用有證照者。

7. 確實督導實習或實驗課；引導學生選修化工製程與設計方面的課程。

8. 加強學校和業界的聯繫，開授應用性的科目，推展建教合作。

9. 鼓勵學生選修跨領域的課程，並引導他們思考具創意的問題，進而創新。

10. 鼓勵碩、博士生嘗試創新研究，及到業界實習，也請業界提供獎勵辦法。

11. 鼓勵教師與業界合作，從事有實質效益、可決解實務聞題或創新的產學合作研究計畫。

12. 加強語文訓練及國際交流。

三、十二年國民基本教育對技職教育的影響

教育部將自103學年度全面實施「十二年國民基本教育計畫」，由於該計畫的施行，對高職及五專之技職教育將產生重大的影響，茲將其特色摘錄如下：

1. 高職及五專校方得針對特定一種或多種課程領域，如新興產業、重點產業、等加強發展。

2. 高職五專是技職教育體系之始，即高職(五專) —科技大學(技術學院)—碩士 — 博士學程，以務實致用為導向。學生可循此一管道就學，在某一階段受教後就業或繼續升學。

3. 有「產學攜手合作計畫」配合實施，在此配套計畫中，校方可透過學制彈性，協調廠商提供高職與技專學生就學期間工作機會或津貼補助，或設施分享。對學生而言，可提升家庭經濟弱勢學生升學與就業意願；對廠商而言，除技術交流外，亦可滿足業界缺工需求，穩定產業人力，減少流動。

依據上列產學攜手合作計畫，學校需先選定有意願合作之廠商，再由校方及合作廠商（職訓中心亦可加入）共同規劃研提合作計畫，並由技專校院向教育部提出申請開辦，以優先招收家庭經濟弱勢之學生。申請學校須共同具備下列領域之特殊類科或產業相關對應類科之一：(1) 特殊類科或嚴重缺工產業：模具、精密機械、精密加工、航海、航空維修、遊艇、半導體、紡織、服飾、表面處理等相關類科。(2) 六大新興產業：綠色能源、觀光旅遊、醫療照護、生物科技、文化創意及精緻農業等。

由於私立高中的學費將和公立高中相同，勢必有些家長，會將原擬上公立高職就讀的子女改送入私立高中，如此反而導致擬循技職體系就讀的學生數反而減少，教育部規劃和執行該計劃的專家學者應重視此問題，提出因應的辦法。

教育部復於108學年度依照不同教育階段（國民小學、國民中學及高級中等學校一年級）逐年實施，因此又稱為「108課綱」。該總綱對化工群的教育目標、核心素養、教學科目與時數、課程架構等皆有詳細規定及說明。

四、化工教育之展望

教育部推動的十二年國民基本教育，將自103學年度全面分區實施，由於此計畫有上列的特色，希望它的實施對高職及專科的化工教育有良好的影響，從而對廠商提供較豐富且適切的人力資源，然而教育部必需重視上述學生由公立高職改入私立高中的問題，儘早提出因應的措施。

為因應新科技的發展，從事跨領域的傳授和研究將蔚為風氣，其中有關特用化學品、半導體、光電、生化、生醫等科技將持續受到重視，而包括生質能與太陽能再生能源科技(方法和製程)未來將成為主流，不論高職或大專化工類科系都會傳授。

由於能源是全球共同的問題，更是臺灣重大的問題，傳授能源相關知識，包括化工製程節能的方法與策略與再生能源科技的研發，是重要的課題。煤炭和頁岩氣轉化應用相關的方法和製程也應獲得關注。此外，臺灣地區的傳統石化產業因為受到整體環境的限制，已無法持續發展。目前政府正推動石化產品高值化之政策，業界也改朝高值化的方向努力，化工科系的教學和研究也應配合。

由於包括感測器等微系統的設備和產品將會持續發展，希望跟它們相關的微觀輸送現象(流體力學、熱傳送、質量傳送)，及應用於微系統相關機械的原理、設計、操作和控制方法能在化工系所傳授和研究。

近年化工產業面臨多種挑戰，包括如何節能、減少碳排、應用AI科技等，所以在化工科系所除了強調工安與污染防治的問題外，宜宣導如何節能、減少碳排與ESG的觀念，並在適當的課程介紹淨零碳排與應用AI科技的作法。

盼望在技術學院和科技大學設置專科部的構想能付諸實現；化工學會推行化工證照制度能夠獲得業界的接納施行，從而增加化工廠的安全及環境的清淨。

大事記

資料來源：

汪知亭：臺灣教育史料新編，臺灣商務印書館公司，民國六十七年。

安後暐：美援與臺灣的職業教育，國史館，2010年。

徐南號：現代化與技職教育演變，幼獅文化事業公司，民國七十七年。

李園會：日據時期臺灣教育史，國立編譯館出版，復文書局發行，2005年。

江文雄：總說（本省職業教育之沿革與展望），臺灣教育發展史料彙編一職業教育篇，臺灣省政府教育廳編印，臺中圖書館出版，民國七十四年。

臺灣省政府教育廳編印：臺灣教育發展史料彙編一職業教育篇，臺中圖書館出版，民國七十四年。

臺灣省政府教育廳編印：臺灣教育發展史料彙編一大專教育篇，臺中圖書館出版，民國七十六年。

教育部中部辦公室編印：臺灣教育發展史料彙編一職業教育補述篇，民國八十九年。

教育部全球資訊網。

中華民國教育部部史全球資訊網。

一、　教育新政策及措施

1901年 臺灣總督府將民政部15課合併為總務、財務、通信、殖產、土木等五及警察本署，總務局下設學務課。

1904年 臺灣總督府頒布「臨時臺灣糖務局糖業講習生養成規程」。

1908年 總務局與警察本署合併為內務局，兼管教育行政。

1911年 總督府再度改組，分設民政部等五部門，民政部下設四局一署及三部，三部中包括學務部。

1919年 總督府再度改組，其中民政部改組為六局一部，六局中內務局分設學務、編修---等五課。

臺灣總督府公佈「臺灣教育令」。

臺灣總督府同時頒布兩個法令：一為「臺灣公立實業學校官制」，另一為「臺灣公立簡易實業學校官制」。

1920年 臺灣地方行政區域重新劃分為五州二廳。

1922年 總督府新頒「臺灣教育令」，規定1. 依日本國內實業學校法，設置實業學校及實業補習學校，2. 專科及大學教育依照日本國內法實施。

同年頒布「臺灣公立工業學校規則」及「臺灣公立實業補習學校規則」等四種，作為辦學的依據。其中有關工業學科依性質分十類，應用化學、分析、塗料、製藥、釀造、製革、油脂、製紙等歸為一類。

1924年 總督府再度改組，其中內務局中學務、編修、社寺及社會事業四課合併成文教課。

1926年 總督府將文教課提升為文教局，為一級單位。

1941年 日本政府廢除公學校(專收臺籍生)及小學校(主收日籍生)之差別，皆改為國民學校。

1941年 總督府公佈「中等學校令」，將實業學校、中等學校、高等女學校等統合於單一法令下。在該法令中，工業學校分工業化學、紡織、染色---等十五種。工業化學科之課程有工業概論、化學、化學製造、化學機械、機械、實習、工廠管理等科目。

1943年 日本政府開始在臺灣實施義務教育。

1945年 日本戰敗，國民政府接收臺灣。

1946年 臺灣行政長官公署訂頒臺灣省職業學校新舊制調整辦法。

1947年 國民政府公布職業學校規程。

1948年 國民政府公布大學法。

國民政府公布專科學校法。

教育部修訂公布大學文理法醫農工商師範八學院共同必修科目表及分系必修科目表施行要點。(1958、1965、1972、1977、1983年再次修訂。)

1952年 美援合作計畫開始，合作補助對象：工程教育為臺灣省立工學院(今國立成功大學)；職業教育為臺灣省立師範學院(今國立臺灣師範大學)及省立職業學校；科學教育為國立臺灣大學。

教育部公布各類職業學校暫行課程標準。

開始實施大專畢業生預備軍官訓練。

1953年 教育部舉行中美工業職業教育座談會，組織工業教育視察團，普遍視察全省工業職業學校及專科以上學校，決定採用美國工業職業學校單位行業訓練方式。

中國化學工程學會成立，並發行化工通訊，1968年改名「化工」。

1954年 大學校院開始聯合招生。

1955年 教育部選定八所示範工業職業學校，辦理單位行業科。

1957年 教育部成立臺灣工業職業教育及職業訓練調查團，進行大規模調查，歷時一年半，決定分年結束土木、化工、礦冶三科。

1959年 行政院公布國家長期發展科學計畫綱領，並成立國家長期發展科學委員會。

1960年 教育部公布大學暨獨立學院試辦夜間部辦法。

1960年 教育部公布職業學校課程標準。

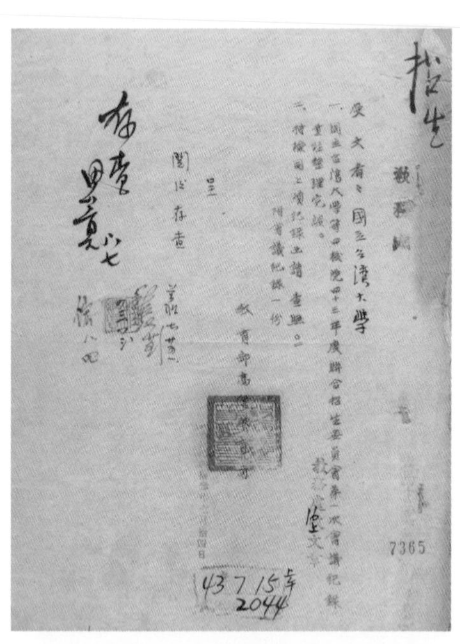

受文者：國立台灣大學

附會議紀錄一份

1954年四所大學校院開始聯合招生。教育部寄發招生委員會第一次會議記錄。[由《見證教育發展軌跡》(教育部等出版2006年)複製。

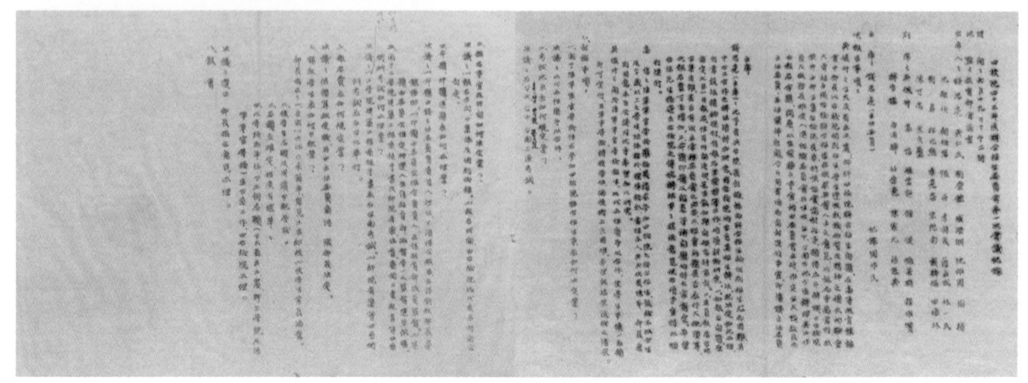

1965年 教育部頒布化工系大學部新課程標準，課程大幅修訂。

教育部公布專科以上學校夜間部設置辦法。(1981年修正。)

教育部公布職業學校設備標準。

教育部選定25所職業學校於54學年度起試辦五年制職業學校。

國家長期發展科學委員會（今國家科學委員會）在成功大學設立工程科學研究中心，該校為主辦單位，臺灣大學與交通大學為協辦單位。

1966年 教育部訂定五年制各學門專科學校共同必修科目表。

1968年 全面實施九年國民教育，初級職業學校及五年制高級職業學校停辦。

教育部公布公私立專科以上學校試辦二年制實用技藝部辦法。

教育部公布公私營企業機構設立二年制實用技藝專科學校申請須知

教育部公布大學研究所招收博士班研究生辦法。(1981年修正。)

教育部成立專科職業教育司。(1973年改名技術及職業教育司。)

1969年 國家長期發展科學委員會改組為國家科學委員會。

1970年 中國化學工程學會開始發行英文版會誌
(Journal of the Chinese Institute of Chemical Engineers)。

教育部頒布五年制工業專科學校科目表施行要點。

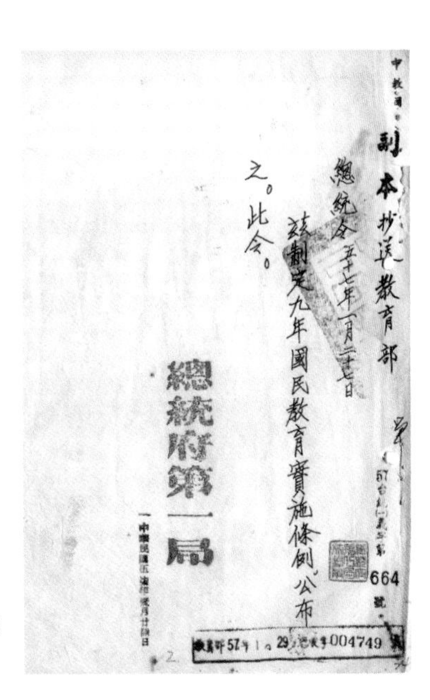
副本 抄送教育部

總統令 五十七年一月二十七日

茲制定九年國民教育實施條例，公布之。此令。

664號

總統府第一局

57.1.29 004749

總統令公布制定九年國民教育實施條例(1968年)。(由《見證教育發展軌跡》複製。)

1972年 國民政府公布大學法。

1973年 教育部公布大學研究所組織規程。

教育部公布專科以上學校教師出國講學研究或進修辦法。

國家科學委員會公布延攬國外人才回國處理要點。

國家科學委員會公布補助海外國人回國教學研究處理要點。(1980、1985年兩度修正。)

1974年 總統手令公布私立學校法。

教育部公布大學規程。

教育部發布建教合作實施辦法。

1976年 教育部修正專科學校法，將職業學校、專科學校及技術學院三者聯貫，形成技術職業教育一貫制。

教育部發布各級各類私立學校設立標準。

總統令修正公布職業學校法。

教育部開始工學院評鑑。

1977年 教育部公布獎助私立大專院校改善師資處理要點。

1978年 教育部公布專科學校規程。頒布部定專業必修學分為80學分。

1979年 教育部頒行公私立獨立學院改名為大學審查標準。

行政院核定工職教育改進計畫。

1980年 教育部公布專科以上學校夜間部設置辦法。

1981年 教育部修正專科以上學校夜間部設置辦法。

教育部修正獎助私立大專院校改善師資處理要點。

教育部頒布輔導專科學校提高師資素質實施要點。(1985、1986年兩度修正公布。)

1982年 總統手令公布大學法。

1982年 教育部公布工職、工專教師保送甄試進修技術學院實施要點。

1983年 教育部發布修正工業類高級職業學校課程標準。

教育部公布擴大延攬旅外學人回國任教處理要點。

國家科學委員會公布補助國內學人新任教學研究處理要點。

教育部與國家科學委員會公布加強培育及延攬高級科技人才方案。

教育部修正公布獎助私立大專院校改善師資處理要點。

教育部公布工學院化學工程學系必修科目表。刪減工科核心最低必修學分為50學分。

教育部公布五年制工業專科學校化學工程科課程標準暨設備標準施行要點。在該要點中，化學工程科課程分生產操作組與化工技術組兩組釘定。

教育部公布二年制工業專科學校化學工程科課程標準暨設備標準施行要點。

1984年 教育部公布大學規程。

教育部公布教育部辦理大學教育評鑑實施要點。

1985年 教育部公布開放新設私立學校處理要點。

教育部公布大學暨獨立學院研究所設置要點。

教育部頒布專科學校推廣教育實施辦法。

國家科學委員會修正公布延攬國外人才回國處理要點。

國家科學委員會修正公布補助國內學人新任教學研究處理要點。

國家科學委員會公布「一般研究獎助費」申請注意事項。

國家科學委員會公布「傑出研究獎助費」處理要點。

1987年 教育部擬訂改進與發展技職教育五年計畫。

1989年 教育部為了「改善化工汙染防治教育」分三年撥款補助各校化工系。

1990年 臺灣學術網路成立，建立國內第一個網際網路，提供全國教育、學術及教學研究之用途，並帶動國內網路發展。

1992年 行政院通過發展與改進技術及職業教育中程計畫。

1994年 總統令公布修正大學法。

1995年 教育部發布大學碩士班研究生逕修讀博士學位辦法。

1996年 中國化學工程學會會誌(Journal of the Chinese Institute of Chemical Engineers)被列為國際科學索引指標（SCI Indexed）之期刊。

教育部修正公布高級職業學校試辦學年學分制實施要點，修習學分數下限降低至160學分，選修科目放寬為30%至50%。

立法院三讀通過〈專科學校法〉修正案，賦予專科學校改制學院及附設專科部法源依據，於85學年度起實施。

1998年 教育部完成大學教育評鑑實施要點。

教育部公布教育部遴選專科學校改制技術學院並核准專科部實施辦法，輔導績優專科學校改制技術學院並附設專科部。

總統令修正公布私立學校法。

教育部發布大學及分部設立標準。

1997年 教育部公布高職免試多元入學方案，自90學年度起實施。

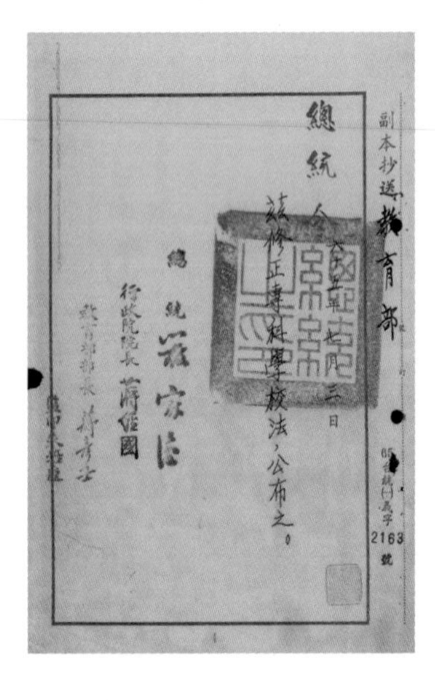

副本抄送教育部

總統令

茲修正專科學校法，公布之。

總統 嚴家淦

行政院院長 蔣經國

2163號

總統令公布修正專科學校法(1987年)。(由《見證教育發展軌跡》複製。)

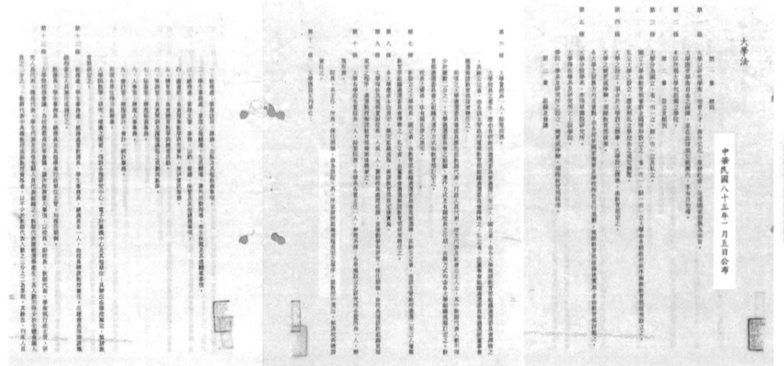

大學法

中華民國八十三年一月五日公布

總統令

總統令公布修正大學法(1994年)。(由《見證教育發展軌跡》複製。)

教育部修正公布「教育部遴選專科學校改制技術學院並核准附設專科部實施要點」。

教育部公布專科學校五年制推薦甄選入學方案實施要點，自87學年度起，由各校自行自教育部核定之招生總名額中，提列20%至50%之名額辦理推薦甄選。

教育部公布88學年度技術學院四年制及專科學校二年制試辦推薦甄選入學方案實施要點。

教育部公布五專多元入學方案，於90學年度廢除五專聯招。

1998年 教育部開始執行「化學工程教育改進計畫」，包括「化工安全教育」、「程序工程」與「化工電腦教學」三項共三年，及發展「特用化學品教學」為期五年。

教育部開始推動技職教育一貫課程，其中包含化工相關系科的化工群。改革高職、專科與科技大學/技術學院的課程並將三者銜接。

教育部公布建立技專校院、訓練機構及企業三聯進修新學制。

2002年 教育部核定通過嘉南藥理學院、崑山技術學院、樹德技術學院自89學年度起改名為大學；國立臺灣高雄科學技術學院報經行政院同意後亦自89學年度起改名為大學。

教育部推動研究型大學整合計畫。

教育部修正二技多元入學方案。

2003年 教育部修正五專多元入學方案。

大學招生委員會聯合會討論93學年度大學多元入學甄選入學規定，決議將現行各大學共同招生注意事項辦法及招生要點，合併訂定成甄選入學招生辦法。

2004年 總統令修正公布專科學校法。

教育部修正發布教育部推動高中職及五專入學方案補助要點。

教育部訂定發布高級職業學校建教合作實施辦法。

總統令修正公布職業學校法。

教育部修正高中及高職多元入學方案。

教育部訂定發布大學校院設置產業研發碩士專班推動實施要點。

教育部修正發布專科學校推廣教育實施辦法。

2005年 教育部推動發展國際一流大學及頂尖研究中心計畫。

教育部推動獎勵大學教學卓越計畫。

教育部訂定發布職業學校群科課程暫行綱要。

教育部訂定發布專科學校設立標準。

教育部修正發布專科學校法施行細則。

教育部修正發布專科學校改制技術學院與技術學院及科技大學設專科部實施辦法。規定因政策考量，專案核准由職校改制專校者，不得改技術學院。

教育部公布〈發展國際一流大學及頂尖研究中心計畫〉第1梯次審議結果，共計臺大等12校獲得補助。

教育部放寬技術人才以專業技術升等之規定，鼓勵大專校院教師以技術報告及產學合作成果送審教師資格。

大學法修正公布。

2006年 中國化學工程學會改名為臺灣化學工程學會。

核定公布94年度獲〈獎勵大學教學卓越計畫〉經費補助之13所學校名單。

教育部訂定發布大專校院產學合作實施辦法。

教育部（會銜國防部）廢止〈大專學生集訓實施辦法〉。

發布〈高級職業學校學生預修技專校院專業及實習課程實施要點〉

發布〈高級職業學校學生預修技專校院專業及實習課程實施要點〉

試辦「產學攜手計畫」、「高職重點產業類科就業方案」，結合企業與技職校院資源，縮短學用落差。

訂定發布「大專校院產學合作實施辦法」。

2007年 開辦產業二技學士專班，提供企業亟需人才。

辦理繁星計畫招收學生250名、高職菁英班160名，吸引偏鄉優秀畢業生暨具特殊技藝能學生升讀國立臺灣科大等4所科技大學。

修正發布〈專科學校專業及技術教師遴聘辦法〉。

繼續執行技專校院〈獎勵大學教學卓越計畫〉及相關子計畫。

2008年 教育部公布發展國際一流大學及頂尖研究中心計畫第2梯次審議結果。

總統令修正公布〈私立學校法〉，兼顧私立學校辦學之自主性及公共性，提昇私校競爭力。

教育部函頒十二年國民基本教育實施計畫—子計畫「學生生涯規劃與輔導」—方案10—1「國中與高中職學生生涯輔導實施方案」。

發布〈職業學校群科課程綱要〉，並自98學年度起實施。

教育部修正發布〈大學及其分校分部專科部設立變更停辦辦法〉。

2009年 教育部發布擴大高中職及五專免試入學實施方案。

教育部修正發布「教育部獎勵大學校院推動國際化補助計畫」，鼓勵各校強化國際交流及提升大學國際競爭力。

2010年 立法院三讀通過「專科學校法」修正案，保障專科生就學貸款項目。

教育部發布「臺灣學術網路管理規範」。

教育部召開第八次全國教育會議，揭示「新世紀、新教育、新承諾」三大願景及「精緻、創新、公義、永續」四大主軸。

總統令修正公布〈大學法〉、〈專科學校法〉及〈兩岸人民關係條例〉。

總統於元旦宣示啟動十二年國民基本教育，分階段逐步實施，先從高職做起。預定民國103年高中職學生全面免學費、大部分免試入學。

2011年 大學多元入學「繁星計畫」與「學校推薦」整併為「繁星推薦」。

教育部發布〈邁向頂尖大學計畫〉審議結果，計12所大學，包括34個研究中心獲得補助邁向頂尖大學計畫。

行政院核定「十二年國民基本教育實施計畫」，計畫包含7大工作要項（10個方案），11項配套措施（19個方案），共29個方案。

總統令修正公布〈私立學校法〉。

2012年 教育部修正發布〈大專校院產學合作實施辦法〉全文11條併同名稱修正為〈專科以上學校產學合作實施辦法〉。

教育部試辦推動〈發展典範科技大學計畫〉，共有6所科技大學獲選推動計畫，另有2所私立科技大學獲補助學校成立產學研發中心。

自101學年度起，除二技護理類日間部採聯合登記分發入學外，其餘採申請入學，由各校自行辦理招生，包含日間部及進修部；報考二技日間部，須參加二技統一入學測驗考試。

教育部發布〈國立大學合併推動辦法〉。

2013年 教育部推動〈發展典範科技大學計畫〉。

教育部修正發布〈大學評鑑辦法〉。

教育部內部各司處調整為綜合規劃司、高等教育司、技術及職業教育司、終身教育司、國際及兩岸教育司、師資培育及藝術教育司、資訊及科技教育司、學生事務及特殊教育司。

總統令修正公布〈學位授予法〉。

總統令修正公布〈專科學校法〉。

行政院核定〈能源科技人才培育計畫（103—106）〉。

行政院核定〈教育學術研究骨幹網路頻寬效能提升計畫（103—104）〉。

行政院核定〈生技產業創新創業人才培育計畫（103—106）〉。

教育部試辦推動技專校院〈產業學院〉計畫，評選補助47個專班進行推廣，建立特有產學合作人才培育機制。

行政院核定〈第二期技職教育再造計畫〉。

教育部發布《人才培育白皮書》。

2014年 配合十二年國民基本教育之實施，教育部發布以下辦法：〈高級中等學校及其分校分部設立改制合併停辦辦法〉、〈高級中等學校評鑑辦法〉、〈高級中等學校群科學程設立變更停辦辦法〉、〈高級中等學校實習課程實施辦法〉、〈高級中等學校專業及技術教師遴聘辦法〉等。

總統令修正公布〈私立學校法〉。

教育部修正發布〈專科以上學校總量發展規模與資源條件標準〉。

總統令修正公布〈專科學校法〉。

十二年國民基本教育全面實施。十二年國民基本教育分兩階段，前九年為國民教育，後三年為高級中等教育，高級中等教育階段之對象為15歲以上之國民，主要內涵為：普及、自願非強迫入學、免學費、公私立學校並行、免試入學為主、學校類型多元及普通與職業教育兼顧。

教育部修正發布〈高級中等學校多元入學招生辦法〉。

教育部發布〈大專校院合併處理原則〉。

教育部發布〈十二年國民基本教育課程綱要總綱〉，並自108學年度，依照不同教育階段逐年實施。

2015年 總統令公布〈技術及職業教育法〉。

教育部修正發布〈專科以上學校及其分校分部專科部高職部設立變更停辦辦法〉。

教育部修正發布〈高級中等學校多元入學招生辦法〉。

教育部發布〈技專校院教師進行產業研習或研究實施辦法〉。

教育部發布〈專科以上學校業界專家協同教學實施辦法〉。

總統令修正公布〈大學法〉。

2016年 教育部修正發布〈教育部補助大專校院推動教師多元升等制度試辦學校計畫審查作業要點〉。

教育部修正發布〈高級中等學校多元入學招生辦法〉。

行政院核准「大專校院轉型及退場基金」設置計畫書。

教育部修正發布〈大學評鑑辦法〉。

2017年 教育部修正發布〈專科以上學校及其分校分部專科部技術型高級中等學校部設立變更停辦辦法〉。

教育部制定推動十二年國民基本教育課程綱要高級中等教育階段各類型學校相關配套工作計畫。

教育部發布「高齡教育中程發展計畫（106—109年）」。

教育部修正發布〈教育部補助獎勵大學教學卓越計畫及區域教學資源中心計畫實施要點〉。

教育部修正發布〈教育部獎勵私立大學校院校務發展計畫要點〉。

教育部發布〈教育部補助大專校院辦理五年制專科學校畢業生投入職場要點〉。

教育部發布〈教育部推動大專校院社會責任實踐計畫補助要點〉。

教育部修正發布〈大專校院合併處理原則〉。

教育部成立「大專校院轉型及退場基金」。

行政院核定「高等教育深耕計畫」。

教育部修正發布〈教育部協助大學校院產學合作培育研發菁英計畫補助作業要點〉全文11點併同名稱修正為〈教育部補助大學校院產學合作培育博士級研發人才計畫作業要點〉。

行政院核定「前瞻基礎建設計畫－校園社區化改造計畫」。

行政院核定「前瞻基礎建設計畫—人才培育促進就業之建設—優化技職校院實作環境計畫」。

教育部正式推動補助大專校院申請「大學社會責任實踐試辦計畫」。

教育部修正發布〈專科以上學校產學合作實施辦法〉。

教育部發布〈教育部優化技職校院實作環境計畫補助要點〉。

教育部成立「私立大專校院轉型退場專案輔導辦公室」。

教育部修正發布〈十二年國民基本教育課程綱要前導學校暨機構作業要點〉。

教育部發布〈大專校院轉型及退場基金補助及融資要點〉。

2018年 107學年度起技專校院開辦四技二專特殊選才入學聯合招生，由技專校院提供少量招生名額試辦，不採計四技二專統一入學測驗及大學學科能力測驗成績。

教育部修正發布〈教育部獎勵私立大學校院校務發展計畫要點〉，並自107年1月1日生效。

教育部推動「大學社會責任實踐計畫」。

教育部訂定發布〈教育部補助大學產業創新研發計畫作業要點〉，並自即日生效。

教育部訂定發布〈公立專科以上學校校長教授副教授延長服務辦法〉。

育部修正發布〈教育部補助大學校院創新創業扎根計畫作業要點〉，並修正名稱為〈教育部補助大專校院創新創業扎根計畫作業要點〉，並自即日生效。

教育部修正發布〈大學辦理產業碩士專班計畫審核要點〉，並自即日生效。

教育部訂定發布「職業教育中程發展計畫」。

教育部訂定發布〈教育部補助大專校院延攬國際頂尖人才作業要點〉，並自107年8月1日生效。

教育部修正發布〈教育部補助大專校院教學實踐研究計畫作業要點〉部分規定，並自即日生效。

總統令修正公布〈學位授予法〉全文20條；除第4條及第5條第1項之施行日期由行政院定之外，自公布日施行。

2019年 教育部修正發布〈大專校院轉型及退場基金補助及融資要點〉。

教育部修正發布〈教育部輔導私立大專校院改善及停辦實施原則〉。

總統令修正公布〈專科學校法〉第11條、第12條，增訂第32—1條，修正重點包含將夜間部修正為進修部、增訂具專科學校畢業程度者之自學進修學力鑑定考試之法源依據等。

教育部訂定發布〈十二年國民基本教育高級中等學校建教合作班課程實施規範〉。

教育部訂定發布〈十二年國民基本教育實用技能學程課程實施規範（含一般科目及專業科目）〉。

教育部修正發布〈專科以上學校及其分校分部專科部技術型高級中等學校部設立變更停辦辦法〉部分條文。

教育部修正發布〈國立大學合併推動辦法〉第3條。

2020年 教育部修正發布〈技術及職業教育法施行細則〉第6、7條條文。

教育部修正發布〈專科以上學校遴聘業界專家協同教學實施案辦法〉。

總統令修正公布〈教師法〉，自本年6月30日施行。

教育部修正發布〈教師法施行細則〉及〈教師進修研究等專業發展辦法〉等計14項教師法授權子法。

2021年 教育部修正發布〈十二年國民基本教育課程綱要總綱〉。

教育部修正發布〈大學擴大申請入學名額比率審查基準〉。

教育部訂定發布〈教育部補助大專校院STEM領域及女性研發人才培育計畫要點〉。

教育部修正發布〈教育部補助技專校院辦理教師產業研習實施要點〉。

教育部修正發布〈五專多元入學方案〉。

教育部修正發布〈大專校院轉型及退場基金收支保管及運用辦法〉。

教育部訂定發布〈大專校院推動雙語化計畫補助暨經費使用原則〉。

教育部修正發布〈教育部輔導私立大專校院改善及停辦實施原則〉。

教育部修正發布〈大專校院轉型及退場基金作業要點〉。

教育部修正發布〈教育部補助技專校院辦理產學合作國際專班申請及審查作業要點〉。

教育部修正發布〈教育部產學攜手合作計畫補助要點〉。

2022年 教育部修正發布〈入學大學同等學力認定標準〉第2條。使就讀五年制專科學校休、退學，始申請參與高級中等教育階段非學校型態實驗教育者，能比照高級中等學校採計其五年制專科學校就讀時間。

教育部訂定發布〈教育部建置區域產業人才及技術培育基地計畫補助要點〉。

教育部修正發布〈入學專科學校同等學力認定標準〉第2條。開放畢業年級相當於國內高級中等學校二年級之國外畢業生得以同等學力報考二年制專科學校一年級新生入學考試。

總統公布〈私立高級中等以上學校退場條例〉全文25條。

教育部訂定發布〈私立高級中等以上學校退場基金補助墊付辦法〉。

教育部訂定發布〈專案輔導學校停止全部招生後停辦時仍在校學生分發辦法〉。

二、新設化工領域科系(因學校甚多，故僅列出領先創辦之科系)

1905年 臺灣總督府在臺南縣大目降(在今新化)創設糖業講習所，招收公學校畢業生或同等學力學生，講習二年，講習分製糖科及機械科，製糖科課程有農學概要、甘蔗栽培法、化學、製糖分析、數學、日語或臺語、實習等科目。

1906年 上列二科合併成一科。講習所的教育業務一直維持到1921年。

1911年 臺灣總督府連續三年編預算，籌設工業講習所。此民政學部附設

之工業講習所設於臺北大安庄(臺北科技大學現址)，分木工、金電工兩大類，修業年限三年，招收公學校畢業生或同等學力之臺籍學生。

1912年 工業講習所第一次招生，招收六十名學生。

1917年 重新修訂工業講習所規則，設機械、電工、土木建築、應用化學、家具金工等科。應用化學科分製造、釀造、色染等三租，為臺灣境內中等化工教育之始。

1918年 臺灣總督府於工業講習所原址增設總督府工業學校，供日籍學生就讀，共設立機械、應用化學科及土木三科。

1919年 臺灣總督府工業講習所改為臺灣公立臺北工業學校，供臺籍學生就讀。

1921年 總督府工業學校改為臺北州立臺北第一工業學校，而臺灣公立臺北工業學校則更名為臺北州立臺北第二工業學校。

1922年 臺北州立臺北第一工業學校改稱臺北第一工業學校，兼收臺籍學生。

1923年 上列二校合併為五年制的臺北州立臺北工業學校，仍有應用化學科。另設三年制專修科。

至1944年共創立九所工業學校：除臺北工業學校外，有臺中工業學校(1938年)、花蓮港工業學校(1940年)、臺南工業學校(1941年)、高雄工業學校(1942年)、彰化工業學校(1944年)、新竹工業學校(1944年)、嘉義工業學校(1944年)及私立開南工業學校(1939年)。

1928年 日本政府在臺北創設臺北帝國大學。

1931年 臺灣總督府在臺南創設臺南高等工業學校，設有應用化學科。為臺灣專科化工教育之始。

1940年 臺南高等工業學校增設電氣化學科。

1941年 臺北帝國大學增設有應用化學科(五個講座)的工學部，為臺灣境內大學化工教育之始。

1944年 臺南高等工業學校改制為臺南工業專門學校，應用化學科改稱化學工業科。

1945年 臺灣光復，學制由日本學制改為中國沿用的學制，所有應用化學科及化學工業科均改稱「化學工程學」系或科。

臺北帝國大學改制為國立臺灣大學。

臺北州立臺北工業學校改制為省立臺北工業學校，並將應用化學科改為化學工程科，分初級及高級兩部。

1946年 3月，臺南工業專門學校改制為省立臺南工業專科學校。

1946年 10月，省立臺南工業專科學校升格為臺灣省立工學院，而化學工程科改為化學工程系。

1948年 省立臺北工業學校改制專科學校，為五年制，招收初中畢業生，設有化工科。

1952年 省立臺北工業專科學校增設二年制，學生一部份除由煙酒公賣局、臺紙公司、臺鹼公司薦送外，餘額招收高中畢業生。

1953年 省立臺北工業專科學校增設三年制，開始招收高中及高職畢業生。

1954年 臺灣大學開始增設僑生班；省立工學院開始收僑生。

1955年 私立東海大學於臺中創立， 設有化學工程系；私立中原理工學院於中壢創立， 設有化學工程系，兼收夜間部學生。(為私立大學校院化工教育之始。)

國立清華大學於新竹復校，初設國內第一所碩士班的核工研究所。

1956年 省立工學院改制為省立成功大學。

1961年 省立臺北工業專科學校增設二年制，招收高工畢業生，先後開設化工等六科。

1962年 成功大學化工系開辦研究所碩士班，為臺灣研究所化工教育之始。

1965年 省立臺北工業專科學校增設三年制夜間部，先後開設化工等九科。

1969年 成功大學化工系開辦研究所博士班，為臺灣博士層級化工教育之始。

1972年 限於當時不得增設化工系之規定，清華大學改設工業化學系(1980正名為化學工程學系)。

1974年 國立臺灣工業技術學院創於臺北， 設有紡織工程技術系。

1978年 國立臺灣工業技術學院化學工程技術系正式成立，招收二年制與四年制學生各一班。(為大學層級化工技職教育之始。)

國立清華大學工業化學系增設高分子研究所(碩士班、博士班)。

1991年 國立雲林技術學院成立。

1994年 國立雲林技術學院成立化學工程系，首先招收二年制學生。

省立臺北工業專科學校升格為國立臺北技術學院，化工系招收二年制與四年制學生。

私立朝陽技術學院核准自83學年開始招生，成為國內第一所成立之私立技術學院。

1995年 私立朝陽技術學院成立應用化學系與應用化學研究所招收四年制與碩士班學生。

1996年 私立南臺工商專科學校改制為私立南臺技術學院，次年開始招收化工二技學生。

1997年 教育部於86年7月核定國立臺灣工業技術學院等五校改名為科技大學。包括：國立臺灣科技大學、國立雲林科技大學、國立臺北科技大學、私立朝陽科技大學。

教育部核准四所國立專科學校、五所私立專科學校改制為技術學院。設有化工學門相關系所之技術學院包括：國立高雄科學技術學院、私立明新技術學院、私立大華技術學院、私立輔英技術學院、私立弘光技術學院。

2012年 行政院核定國立高雄第一科技大學、國立高雄海洋科技大學及國立高雄應用科技大學，自107年2月1日起正式合併為「國立高雄科技大學」。

2019年 亞太創意技術學院自108年8月1日起停辦。

2022年 大同技術學院：勒令停招，112學年度停止全部招生，並於112學年度結束時停辦中州科技大學：111學年度起停招，2023年7月31日停辦。

臺灣首府大學：111學年度起停招，2023年7月31日停辦。

明道大學：勒令停招，112學年度停止全部招生，並於112學年度結束時停辦。

環球科技大學：勒令停招，112學年度停止全部招生，並於112學年度結束時停辦。

東方設計大學：112學年度全面停招，2024年7月31日停辦。

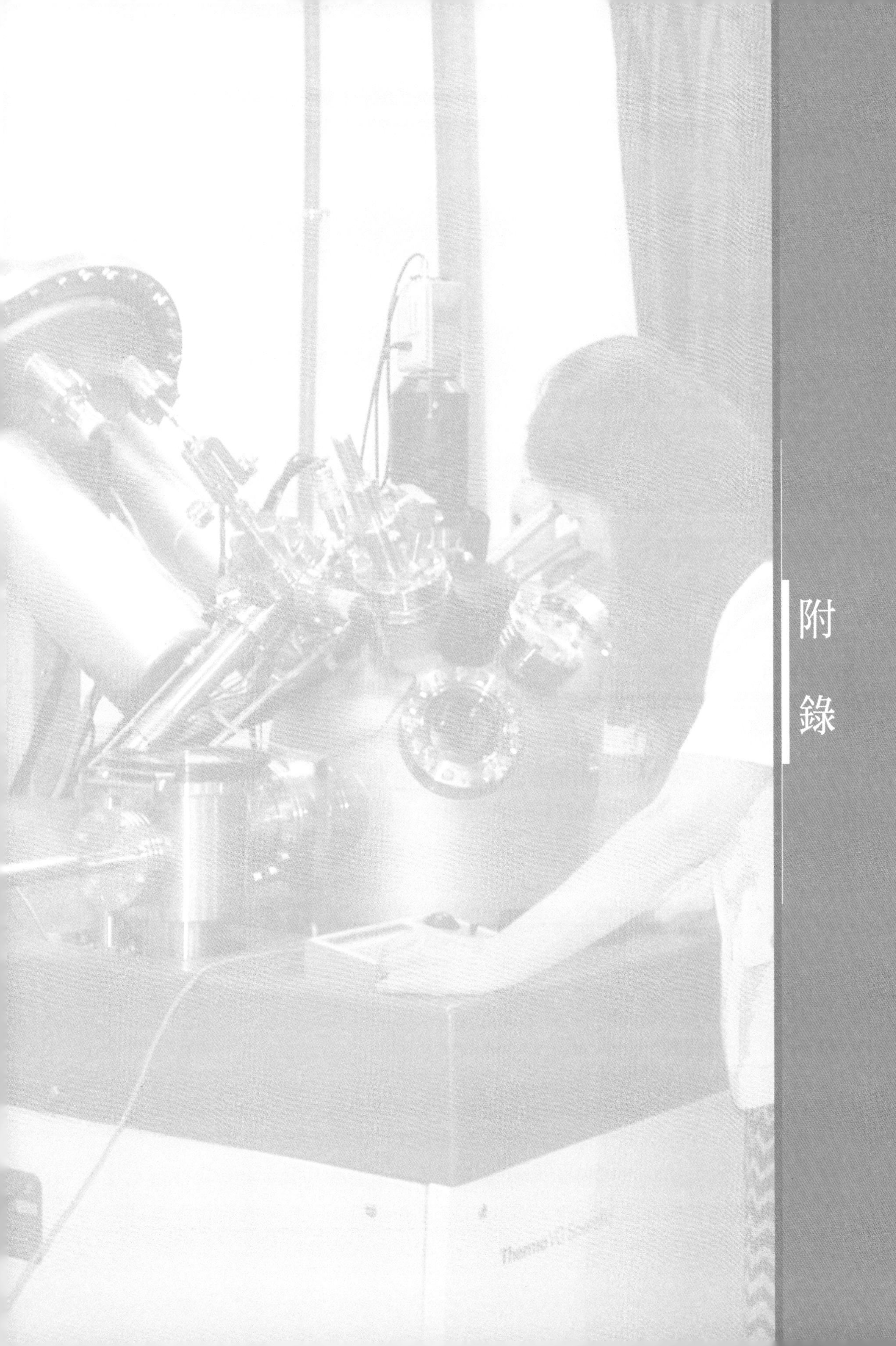

附錄

臺南高等工業學校開校典禮致詞

若槻道隆 校長

昭和六年(1931年)四月十日
刊於臺灣時報 昭和六年六月號
蔡郁蘋 譯/石萬壽 潤文
蔡佳蓉 提供

昭和六年四月十日是臺南高等工業學校所舉行的第一次入學儀式，也是本校成立的最適當時機，因為此時正逢臺灣各種專科學校進行調整其體系之際。

記得之前昭和二年十月，臺灣總督上山滿之進閣下，曾於總督府評議會上提出關於“徹底執行實業教育普及化之對策”的諮詢案，委員們回應其提案，希望能夠“儘速設立工業相關的專門學校”。之後昭和三年七月，文教局提出設立高等工業學校提案，為當時的川村總督所採納，並於第五十六屆議會時通過設立的預算。當時島內的輿論也強烈反對在本島設立兩所高等商業學校，認為應該廢除其中一所，改設立為高等工業學校。

由本島產業之趨勢觀之，其生產價額，於明治三十五年為柒仟壹佰萬圓，大正元年(1911年)為壹億伍仟萬圓，大正十年為參億參仟陸佰萬圓，昭和元年(1926年)為伍億玖仟柒佰萬圓，昭和四年實際上已呈現陸億柒仟餘萬圓之盛況。

其中，除去屬於專賣之工業總額之後仍有貳億肆仟參佰萬圓，今列出生產價額達到佰萬圓以上之工業，如下所述：

由上列所記載工業種類看來，本島主要工業可說大部份為農業加工業以及家庭工業方面，可見臺灣尚未由農業社會進入工業社會，在此情況下更迫切需要設立培養專門技術人員之高等工業學校。

設立之原因有三：一是輿論的提倡，二是總督府評議會之期望，三是教育機關的整頓。除此之外，尚可列出二、三理由。

其一，接受工業專門教育（除去接受大學教育）能在島內就職者，根據昭和五年之調查，以機械工學科出身者110名、應用化學科88名為首，總數多達425名。

機械及器具工業：鐵工品	3,949,867　円
纖維工業：織物（包含棉織品、麻織品）	1,764,282
化學工業：煉瓦	2,849,309
屋根瓦（包含內地、本島形）	1,345,182
水泥	3,384,783
板狀樟腦	1,084,851
調合肥料	4,271,870
植物性油	1,513,263
植物性油甲白	1,645,517
酒精（去稅）	5,880,219
食料品工業：砂糖（去稅）	150, 878, 434
麵類	3,045,267
穀粉	2,364,237
醬油	2,174,639
烏龍茶	3,744,867
包種茶	6,848,979
菓子類	4,598,781
雜工業： 木製品	4,477,033
金銀細工品	2,161,805
竹細工	1,456,848
紙帽	3,136,146
（化學纖維）帽	1,120,970
馬尼拉帽	2,032,494
金銀紙	1,739,630
特殊工業：製冰	1,406,352

其二，由於在島內完成中等教育，有志就讀工業學校者每年逐漸增加。即昭和元年有21名，昭和三年有52名，昭和五年有99名，今年本校志願者實際上多達408名，由此可知今日青年有志於就讀工業學校趨之若鶩。

此外，為了給與這許多志願者從事關於工業之專門知識，以因應島內之需要，再加上各方面顯示出興盛的現象，適足以使中華民國或者南洋方面之人材得以發揮所長，這是臺灣應該加以正視的。

再說即使現在臺灣為農業社會，但已有多人重視工業，如從事甘蔗板、天然瓦斯、酒精、重曹、肥料、纖維工業、罐頭工業等。（詳細說明省略之）

此等工業尚且需要巨額資本進行更多研究調查，由農業往工商業進展是理所當然之路程，臺灣亦不例外。

學校是教育學生之場所，即使不一定是研究調查機構，也不能說完全無研究之餘地。有優秀教師在旁邊教導學生，將會有許多發明發現，對科學界亦有所貢獻，遠在歐美國家並不以此為重，然過去一年我國之早大、濱松高工、東北大學等則有實例。教師在旁邊教育時常使研究實驗怠惰，結果對於教育學生產生影響，變成活生生呈現出近身之典型模範。假如有此比較完備之設備，過給予民間研究者方便，由此增進社會一般工業科學知識，將產生良好環境，將非難事。

從來我國學校，總是固守於所謂的象牙塔內，缺乏與周圍之交涉接觸，時常引發抱怨，如今帶給教育者極大之覺悟，更且學校研究性質上，多於實際社會接觸，若是二者時常相提攜，誰也無法預估產生什麼從來未見之產業，這可說是我臺南高等工業學校在臺灣實質上擁有之特殊使命。

審視歐美教育機關，發現他們的學科多數實際上是根據社會需要而設立。就工業教育而言，例如福特發明自動車，從事自動車製造需要數萬名職工，其修繕也必須多數修繕工。此時，設立無數養成自動車從業員之學校進行新研究，可說是承擔開拓新局面之情況。由此類推，不僅實業教育，其他文科方面教育，也要走上相同路徑。

而在我國，自古民可使由之不可使知之，此主義馴化之結果，由日常生活身邊之事，至文化理想之設施，若等待所謂上方之指導命令，則幾乎沒有任何一個行為是自發性。而教育機關，其必須先於廟堂，由先進者設立，一般人跟隨之，逐漸地文化之惠澤散布四方。遲於接受近世文明之我國，實在不得不停止此事，這是自然趨勢。

在本島設立高等工業學校，尚有一理由未列出。確實，臺灣現狀可能尚未脫離農業本位。然而早晚必須振興工業產業之事，肯定有識之人已經開始明瞭此問題。況且即使無法脫離農業產品加工業領域，其工產價值卻已經突破貳億肆仟萬圓，依照專家所言，已充滿認識到其他工業興盛之可能性。

然而發展大工業，無論如何必須借助大資本者甚多，此無需贅言。

何時本島能夠吸收，此事即使今日無法斷言，但依研究結果，先行預備確實有利，投資者將出現這是顯而易見的。

僅管如此，上述所言或為空談，或基於許多假定之愚案。本校設立依據何種理由，如今再去討論亦無任何效果，因為凱撒已渡過盧比孔河，就該結束。由今日開始再經過三年，將送出年輕技術人員至社會上。我等對學生有感而發痛切指示其任務，必須思考在今日之臺灣如何成為技術人員，如何處世。我於入學宣誓儀式中，首先期望諸生應該留意將來需具備技術人員之人格，而不單單是修得專業知識而已。應時常懷有報恩感謝之念。歡喜從事基層工作，而歡喜從事人們討厭之勞務。

遵奉規則命令，經營秩序規律之生活。不要厭惡勞動，宜擁有冷靜頭腦，寬廣之心，手腳輕快做事。本文並非全為自我的想法，而是基於建立踏實穩健之校風，體現國家設立本校之主旨，想要培養人材對於本島產業有些微直接、間接貢獻之念頭。基於此點，深切期望各位官民不吝給予充分支援指教。

臺灣時報社特意委託寄稿，然匆匆開校，事務多端，加上平時遲筆，心有餘才完成此文，唯恐誤解，衷心無法完成責任之云云。

臺南高等工業學校の開校に當りて

若槻道隆

一

本年四月十日を以て臺南高等工業學校は其の第一回の入學式を擧行し、玆に名實共に本校は設立の運に至つたのである。而して臺灣に於ける各種專門學校も是で略一通り其の體系を整へたわけである。

之れより先昭和二年十月、時の臺灣總督上山滿之進閣下は總督府評議會に於て「實業的教育の普及徹底に付執るべき方策」に關する諸問案を提出せられた。委員會は其の答申中に「速に工業に關する專門學校の設置」を要望した。翌三年七月、右の答申に基き、文教局より高等工業學校設置案を提出し、時の川村總督の納るゝ所となり、第五十六議會も同校設立の豫算を承認するに至つた。當時島内に於ても、本島に二の高等商業學校を置くは多きに過ぐるを以て、寧ろ其の一を廢しても高等工業學校を設くべしとの世論が相當に強かつたのである。

二

翻つて本島產業の趨勢を見るに、其の生產價額は、明治三十五年度に於て七千百萬圓なりしものが、大正元年に於ては一億五千萬圓となり、大正十年に於ては三億八千六百萬圓、昭和元年に於ては五億九千七百萬圓、昭和四年に於ては實に六億七千餘萬圓と云ふ盛況を呈するに至つた。

此の中工產總額は專賣に屬するものを除いて二億四千三百萬圓で、今生產價額年額百萬圓以上のものを列記すれば左の通りである。

機械及器具工業	
鐵工品	三、九四九、八六七圓
纖維工業	
織物(綿織物麻織物を含む)	一、七六四、二八二
化學工業	
煉瓦	二、八四九、三〇九
屋根瓦(內地形本島形を含む)	一、三四五、一八二
セメント	三、三八四、七八三
板狀樟腦	一、〇八四、八五一
調合肥料	四、二七一、八七〇
植物性油	一、五一三、二六三
植物性油粕	一、六四五、五一七
酒精(稅拔)	五、八八〇、二一九

食料品工業	
砂糖（税拔）	一五〇、八七八、四三四
麵類	三、〇四五、二六七
穀粉	二、三六四、二三七
醬油	二、一七四、六三九
烏龍茶	三、七四四、八七六
包種茶	六、四八四、九七九
菓子類	四、五九八、七八一
雜工業	
木製品	四、四七七、〇三三
金銀細工品	二、一六一、八〇五
竹細工	一、四五六、八四八
紙帽	三、一三六、一四六
ヴイスコス帽	一、一二〇、九七〇
マニラ麻帽	二、〇三二、四九四
金銀紙	一、七三九、六三〇
特殊工業	
製氷	一、四〇六、三五二

然し以上列記した工業の種類によつて見れば、本島の主要工業の大部分は農產加工業に非ざれば家內工業と云ふべき程度のものである。臺灣は未だ農產地帶であつて工業地帶と云ふ事は出來ない。然らば何故に專門技術家を養成する事を目

的とする高等工業學校が設立されるに至つたのであらうか。

三

世論が之を唱導したのも其の原因であらう。總督府評議會が要望したのも其の原因であらう。教育機關の整備と云ふ事も其の理由であらう。吾人は是等の他に尙二三の理由を數へる事が出來る。

其の一は工業に關する專門教育を受けたもの(大學教育を受けたるものは之を除く)で島内に就職して居るものが思つたより多いことである。卽ち昭和五年の調によれば、機械工學科出身者の百十一名、應用化學科の八十八名を筆頭として、總數四百二十五名の多きに達して居る。

其の二は島内の中等教育を終へたもので、工業專門學校に志願するものが近時逐年增加しつゝある事である。卽ち昭和元年には二十一名であつたものが三年には五十二名、五年には九十九名となり、本年の本校志願者は實に四百〇八名の多きに達したのであるが、如何に今日の青年が工業方面に進出せんとして居るかの一端を知る事が出來るであらう。

されば是等多數の志願者に工業に關する專門知識を與へ以て島内の需要に應じ、併せて各種の方面に勃興の機運を示しつゝある中華民國或は南洋方面に人材を供給する事は、特殊の事情にある我臺灣としては正に著目すべき事ではなからうか。

四

さて又他の一面より觀るに、現在でこそ農業臺灣であるけれども、現に世人によつて注目されつゝある工業も決して尠しとはしない。卽ちバガス工業、天然瓦斯工業、酒精工業、曹達工業、肥料工業、纖維工業、罐詰工業等を數へる事が出來る。(詳細なる說明は之を略す)

是等の工業は尙幾多の研究調査と多額の資本とを要する事ではあるが、農業より商工業に進むは當然の進路であつて、臺灣も亦其の例に外れると云ふ事はあり得べからざる事であらう。

五

學校は生徒教養の道場で、必ずしも研究調査の機關ではないけれども、全然研究の餘地がないとは云へないのである。優秀なる教官は生徒教養の傍ら幾多の發明發見をなし科學界に貢献せるは遠く歐米に其の例を執るを要しない。過去一年に於ける我邦にても早大、濱松高工、東北大學等に其の實例を見る事が出來る。教官が教養の傍ら常に研究實驗を怠らざる事は、やがて生徒教養にも大なる刺戟となり、生きた手近な模範を示す事にもなるのである。若し夫れ比較的完備せる設備を有するに於ては、或は民間の研究者に利便を與へ、其の地方より延いては社會一般の工業科學の知識を增進し、一種の雰圍氣を生ずるに至るであらう事も必ずしも望み難い事ではない。

從來の我邦の學校は兎角所謂象牙の塔に立て籠り、周圍との關係交渉に接觸の圓滿を缺いた怨がないではなかつたが、今や所謂教育者も大に目覺めて來たやうであるし、又學校の性質上、大に實社會と接觸し、常に相提携して行つたならば、從來顧みられなかつた產業が新に起り得ないとは誰が斷言出來やう。此の點に於て我臺南高等工業學校は臺灣に於て實に特殊の使命を持つて居ると云ふべきである。

六

歐米の教育機關を見るに、其の多くは、實社會の要求によつて設けられた觀がある。工業教育に就て云ふならば、例へばフォードが自動車を發明したとする。さうすると其の製造に從事する幾萬の職工を必要とし、其の修繕にも亦多數の修繕工が必要となる。茲に於て自動車に關する從業員を養成する學校が無數に設けられ、更に其等の學校が新に研究をなして新方面の開拓に任ずると云ふやうな有樣である。斯くの如き事は單り實業的教育に就てばかりでなく、他の文科的方面の教育に於ても、概ね同じやうな徑路をとつて居るやうに見られるのである。

然るに我邦に於ては、古來民は依らしむべし知らしむべからずの主義で馴致せられた結果、日常生活の卑近な事から、文化理想の施設に至るまで、所謂お上の指導命令を俟たなければ、殆んど何一として自發的に行はれたものがない。教育機關の如きも、其の必要が先づ廟堂に於ける先達者によつて施設せられ、一般人は之に隨順して、漸次文化の惠澤が四方に及んで行つたのである。近世文明の惠に浴する事の遲かつた我邦としては、誠に止むを得ない事ではあるが、或は是が自然の趨勢であつたかも知れない。

七

本島に高等工業學校を設けたのも以上の理由も其の一と數へる事が出來ないであらうか。成程臺灣の現狀から云へばいまだ農業本位の域を脫しないかも知れない。然し早晚工業により產業を振興せしめねばならぬ事は必ずしも識者を俟つて後始めて知るやうな問題ではない。況んや農產品加工の域を脫しないとしても、其の工產價格は既に二億四千萬圓を突破して居るばかりでなく、專門家の言に依れば其の他の工業も勃興し得る可能性を充分認めらるゝに於てをや。

然し、又一方から云へば、大工業を起すには、何うしても大資本の力に俟たねばならぬものが多い事は云ふ迄もない事である。果して本島に大資本を吸收する事が可能であらうか。之は今遽かに何れとも斷言の出來る問題ではないけれども、研究の結果にして、採算上確實に有利なりとの見込みが立つならば投資者の出現は火を睹るより明なる事であらう。

八

遮莫、以上の所說は机上の推論と幾多の假定に基いた愚案に過ぎない。本校の設立が如何なる理由に依つて出來たにせよ、今更ら詮議をして見ても何の詮もない事である。ルビコンは既に渡つて仕舞つたのである。今日から三年經てば少壯技術家は世に送り出されるのである。吾々としては、生徒に對して、現在の臺灣に對して如何に考へ技術家として如何に身を處さねばならぬかを指示する責務を痛切に感ずるばかりである。余は去る入學宣誓式に當りて、先づ諸生に望むに將來人格を具へたる技術家たることを心掛くべきこと、從つて單に專門知識の修得のみを以て足れりとすべからざること。常に報恩感謝の念を懷くべきこと。喜んで下座を行ずること、從つて人の厭がる勞務に喜んで服すること。規則命令を遵奉し秩序規律ある生活を營むこと。勞働を厭はぬこと。頭は冷靜に心は廣く手足は輕くと云ふやうな事を以てした。是すが自

7——臺南高等工業學校の開校に當りて

分の考へて居る總てゞはないが、著實穩健な校風を作り、國家が本校を設けた主旨を體し、聊かなりとも本島の產業に直接間接に貢献し得る人物を作り出したいと念じて居る。此の點に關しては切に官民各位の御同情と御後援を惜しまれざらんことを願つて止まない。

臺灣時報社より折角寄稿を依頼されたけれども開校匆々で事務多端、加ふるに平素の遲筆、意餘りありて文之に伴はず、衷心諒解を忍れつゝ敢て責をふさぐと云爾

太平洋會議

太平洋問題調査會（Institute of Pacific Relations）の第三回は一九二九年我京都市に開催（第一回一九二五年布哇、第二回二七年同）されたが第四回は今秋十月末中華民國に於て開催の豫定で、決定せる議題は

一般議題

一、太平洋に於ける國際經濟關係に就いて
一、太平洋に於ける通商關係
一、太平洋に於ける關稅狀況

一、支那の經濟的進歩について
一、太平洋貿易と通商の進歩
一、太平洋航路の進歩

支那國際關係に關する議題

一、各國人の事情、所有權、租界及居留地
一、移住、沿岸及河川航行の制限

一、外國人に關する責任
一、最近の外交關係諸問題

技術的議題

一、食糧人口問題

一、移民及人種問題其の他

臺灣工程教育史－第拾陸篇

臺灣化工教育史（增訂版）

主　編｜翁鴻山

發行人　蘇慧貞

發行所　財團法人成大研究發展基金會

出版者　成大出版社

總編輯　徐珊惠

初　版　由台灣化學工程學會出版及發行

地　址　70101臺南市東區大學路1號

電　話　886-6-2082330

傳　眞　886-6-2089303

網　址　http://ccmc.web2.ncku.edu.tw

排　版　雲想視覺廣告／陳玉寧

印　製　富詠欣印刷實業

增訂一版　2023年12月

定　價　980元

ＩＳＢＮ　978-626-98104-3-7

■ 政府出版品展售處

國家書店松江門市

10485 台北市松江路209號1樓

886-2-25180207

■ 五南文化廣場台中總店

40354台中市西區台灣大道二段85號

886-4-22260330

國家圖書館出版品預行編目（CIP）資料

臺灣工程教育史－第拾陸篇

臺灣化工教育史（增訂版）／翁鴻山 主編.

--增訂一版. --臺南市：成大出版社出版：財團法人成大發展基金會發行, 2023.12. 初版：由台灣化學工程學會出版及發行

面；19*26公分（臺灣化工教育史(增訂版). 16. 第拾陸篇）

1. CST：化學工程 2. CST：教育史 3. CST：臺灣

ISBN 978-626-98104-3-7（精裝）

460.03　　112021619